U0382193

茶与宋代社会生活

（修订本）

沈冬梅 著

中国社会科学出版社

图书在版编目(CIP)数据

茶与宋代社会生活/沈冬梅著.—修订本.—北京：中国社会科学出版社，2015.12（2022.11重印）
ISBN 978-7-5161-7474-6

Ⅰ.①茶… Ⅱ.①沈… Ⅲ.①茶叶—文化—中国—宋代 Ⅳ.①TS971

中国版本图书馆CIP数据核字(2015)第312008号

出 版 人　赵剑英
责任编辑　郭沂纹　安　芳
特约编辑　纪　宏
责任校对　闫　萃
责任印制　李寡寡

出　　版　中国社会科学出版社
社　　址　北京鼓楼西大街甲158号
邮　　编　100720
网　　址　http://www.csspw.cn
发 行 部　010-84083685
门 市 部　010-84029450
经　　销　新华书店及其他书店

印　　刷　北京君升印刷有限公司
装　　订　廊坊市广阳区广增装订厂
版　　次　2015年12月第1版
印　　次　2022年11月第4次印刷

开　　本　710×1000　1/16
印　　张　19.5
字　　数　342千字
定　　价　69.00元

目　　录

第三编 茶与宋代社会生活

第四编　茶与宋代文化

序　论

物质是精神世界不可或缺的基础，但物质之于精神的意义又不仅局限于此。某些特定的物质，在适当的社会历史机缘下，自身也进入了精神文化的领域，成为兼具物质与精神双重特性的文化现象。茶便是这样的一种物质。茶在为人类提供物质消费与享受的同时，又在人类精神文化领域触发了一系列的活动，在人类社会历史文化的发展轨迹中留下了自己的痕迹，与人类社会历史的诸多方面发生了密切的关联，它与政治、经济、军事、外交、思想、文化、民俗、艺术之间的关系至为深切，成为人类社会生活一个重要的组成部分。

饮食生人，饮料在人类社会的日常生活中一直占有相当重要的地位。居常备用日常饮料，由来已久，周秦都置有专管饮料的官员①，唯其称汤、称浆、称羹而已。《诗经·小雅·大东》云："或以其酒，不以其浆"；《孟子·告子上》曰："冬日则饮汤，夏日则饮水"；《列子·黄帝》曰："夫浆人特为食羹之货，无多余之赢"。所说浆、汤、羹等，或是开水，或是极薄的酒，或是类似于菜汤之类的饮料。

虽然相传茶早在神农的时候就被发现和利用，虽然《诗经》中有多篇诗什提及"荼"字，但是由于早期的茶字借用荼字，荼之义与野菜、茅花等共字，研究者对于《诗经》及《周礼》中的荼字是否即是指茶有着截然相反的两种观点。

较为明确地相称为茶饮的记载迟至汉代才见到，西汉王褒写于宣帝神爵三年（前 59）的《僮约》中有"武阳买荼""烹荼尽（净）具"语，

---

① 见《周礼·天官冢宰上·浆人》："浆人，奄五人，女浆十有五人，奚百有五十人。"《周礼·天官冢宰上·浆人》："浆人，掌共王之六饮：水、浆、醴、凉、医、酏，入于酒府。"《汉书》卷十九《百官公卿表上》："六丞属官有尚书、符节、太医、太官、汤官、导官、乐府、若卢。"

表明茶已进入饮食，而1990年在浙江湖州一座东汉晚期墓中发现的一只完整的青瓷贮茶瓮，肩部有一“荼”字[①]，则为茶饮的实物证据。只是这一时期及以后相当长的一段时间里，茶饮都是由茶叶夹煮他物而成的一种混合型饮料，如三国魏时的《广雅》云：“荆巴间采茶作饼，成，以米膏出之，若饮，先炙令色赤，捣末置瓷器中，以汤浇覆之，用葱姜芼之，其饮醒酒，令人不眠。”[②] 唐代以后，饮茶的地区渐次遍及全国，唐玄宗之前还出现了专门指称茶叶的专用字“茶”，因而被收入唐玄宗作序的字书《开元文字音义》中，但此后很长时间，人们还是荼、茶并用[③]。直到公元764年以后陆羽撰写《茶经》，专用茶字，并大力提倡除盐以外不加任何其他物品的较为单纯的茶饮之后，茶才得以渐渐以我们今天所熟知的清纯的身影长驻我们的生活。

从唐中后期开始，茶在人们生活中所占的地位日益重要，曾有“茶为食物，无异米盐”的说法[④]。宋朝建立不久，便因为太宗于太平兴国二年（977）诏令建州北苑规模龙凤专造贡茶，渐渐形成了一套空前绝后的贡茶规制。宋代社会各阶层上自帝王下至乞丐无不饮茶，即如时人李觏所说：“君子小人靡不嗜也，富贵贫贱靡不用也。”[⑤] 作为一种日常消费物品，茶在宋代民众日常生活中变得不可或缺：“盖人家每日不可缺者，柴米油盐酱醋茶。”[⑥] 正如王安石在《议茶法》文中所说：“夫茶之为民用，等于米盐，不可一日以无。”[⑦] 在茶成为宋代全社会普遍接受的饮料的前提下，它与社会生活的诸多方面都发生了很多的关联，出现不少与茶相关的社会现象、习俗或观念，如客来敬茶的习俗、将茶用于婚姻诸步骤的习俗，重视茶与养生的关系，清楚地辨别茶与酒之间的关系，茶肆成为社会

---

① 见闵泉《湖州发现东汉晚期贮茶瓮》，《中国文物报》1990年8月2日第1版。

② 据《太平御览》卷八六七引。

③ 顾炎武在《唐韵正》卷四中记述道：“愚游泰山岱岳，观览唐碑题名，见大历十四年（779）刻荼药字，贞元十四年（798）刻荼宴字，皆作荼……其时字体尚未变。至会昌元年（841）柳公权书《玄秘塔碑铭》、大中九年（855）裴休书《圭峰禅师碑》荼毗字，俱减此一画，则此字变于中唐以下也。”应该说顾炎武看到了在开元以后荼茶二字并用的情况，但他却忽视了茶字在开元时业已存在的事实。《茶经》卷上《一之源》中“其字，或从草，或从木，或草木并”下有注云：“从草，当作茶，其字出《开元文字音义》。”

④ 《旧唐书》卷一七三《李珏传》。

⑤ 《盱江集》卷一六《富国策第十》。

⑥ 《梦粱录》卷一六《鲞铺》。

⑦ 《临川集》卷七〇。

中一个专门的服务性行业，等等。种种观念与习俗不仅为宋代形成空前繁荣的茶文化提供了广泛的社会基础，它们自身也成为宋代茶文化多姿多彩的现象之一，同时它们一起极大地丰富了宋代民众的日常生活与社会生活。

由于茶在社会日常生活中日益重要，宋代的茶叶经济也空前繁荣，政府为管理茶叶经济设置了多种茶政机构，制定了很多茶法，并随着政治、经济、军事形势的变化而经常修订茶法。在文化领域，宋代茶书专门著作也呈现了中国茶叶著述史上的一个新高潮，据不完全统计，宋代可考的茶书共有三十部，远远超过唐五代时期的十二部。它们较详细地记录了宋代代表性茶饮茶艺方式，以及一些与之相关的社会文化现象。所有这些，都使得茶业成为研究宋代政治、社会、经济、军事、文化的良好的切入点。

同时，茶文化有其自身的发展轨迹。唐中期以前，茶叶的主导形式是饼茶，主导食用方式是夹杂他物煮羹为饮，在陆羽《茶经》提倡之后，单纯煎煮末茶渐渐成为主导方式，陕西法门寺地宫出土的唐僖宗供奉物中有唐代宫廷茶具：茶罗、茶碾、银则、长柄勺、大小盐台、银火箸、玻璃茶碗、茶柘、秘瓷茶碗等，都是《茶经》所列二十八件茶具中的器物，表明唐皇室也使用这种饮茶方式。但在同时，全国不同地区依然还共存着多种与之不同的饮茶方式。入宋，茶叶的形式有片茶（即饼茶）、散茶（即叶茶）两种，以饼茶为主导形态，而主导饮用方式则以末茶点饮不夹杂任何他物也不入盐的方式为代表，与之相关的是出现了以建窑兔毫盏等器物为代表的宋代茶具。同时在四川等地区则有加入姜盐等物的饮用习俗，而这在点试上品片茶时绝对不能使用。明以后，叶茶成为茶叶的基本形态，瀹泡法成为基本的饮茶方式并一直沿用至今，而茶具也转向以茶壶等为代表的系列。除了偶尔也有文人以末茶茶艺作为雅玩之外，末茶茶艺基本上就走出了中国茶文化发展的历史轨道。

与茶有关的还有一个重要的文化交流现象，那就是茶往日本、韩国等国家和地区的传播。现在茶道文化已经成为日本文化一个非常著名的代表性文化现象，而在日本茶道文化的发生和出现之初，唐、宋两代对其都有影响，在日本茶道文化与唐、宋茶文化之间存在着一定的渊源关系，而且日本茶道与宋代茶文化之间的关系更近。

以上所有这些，使得茶与宋代社会诸方面的关系成为一个值得去探讨的社会生活史、文化史、文化交流史方面的课题。

既往有关宋代茶叶的研究大多集中在了茶叶经济一方面。20 世纪 80 年代中后期以来，茶文化受到了文化界的广泛关注，但基础性研究工作却相对薄弱。唐以来各历史时期茶文化自身的发展脉络：茶叶生产制造的过程步骤、茶叶形态、各历史时期的茶饮茶艺方式及主导方式、茶艺用具及主导茶器具等，都需要认真研究加以厘清；不同历史时期社会生活中与茶有关的习俗、观念、茶饮料业，以及社会中形成的与茶有关的诸种文化现象真实状况，都需要客观论定；此外，虽然茶文化界一致认为茶在唐后期传入日本，但对于究竟何时何种茶艺与日本茶道有着渊源关系却尚不完全清楚，还需仔细予以辨别这一文化交流问题。

所以笔者选择《茶与宋代社会生活》这一课题，意在梳理宋代茶艺、茶文化及茶文化交流的基本脉络，探究宋代社会生活中的茶文化生活，为社会生活史及茶文化史的研究做一些基础性的工作。

本书试图通过对宋代丰富复杂的茶文化现象的考察研究，以及不同时代茶文化现象的比较，从历史发展的进程中理解中国茶文化，以此阐明宋代末茶茶艺在中国茶文化史中承上启下的重要地位。并且仔细分辨宋代不同地区的多种茶饮方式与主导茶艺形式以及它们在不同时期的变化，而以主导茶艺为主线来说明宋代的茶文化，力图为宋代茶文化勾勒出尽可能接近历史真实的概貌。

在研究过程中，笔者不局限于正史中的材料，广泛利用了宋人笔记和诗词、书画等文艺作品，尽量捕捉散存于其中的零星材料。本书也不局限于文献资料，还广泛收集有关的考古和实物资料，通过文献与实物的互相比较，力图有所发明。此外，也尽量搜集、考订、利用宋代中日间茶文化交流在日本茶道中保存的中国茶文化材料。即便如此，相关材料的缺乏仍然是本课题面临的最大困难，一些重要问题由于相关材料的不足，无法进行透彻的研究与说明。当然，宋人传今的文献极为浩瀚，虽然已经尽力搜罗，但囿于才学识见，仍然难免挂一漏万。期待日后能有更多的发现。

第一编　宋代茶艺

作为一种物质消费方式，茶艺必然随着茶叶生产制作方式的变化而有所变化；同时，作为与精神文化密切相关的物质消费，茶艺又必然随着人们精神与价值之取向的变化而变化，人们的审美情趣与审美标准的变化，也必然对茶艺的审美趣味与鉴赏标准产生潜移默化的影响。

在茶叶生产制作方式变化与社会精神价值取向变化的共同作用下，相对唐代而言，宋代茶艺在茶叶生产的某些过程、成品茶叶样式、点茶技艺、茶艺器具、鉴赏标准等方面都产生了较大的变化，都远比唐代精细，使宋代成了中国茶文化史上风格极为鲜明的一个历史时期，在中国茶文化史上起着承上启下的作用，并且对日本茶道的形成有着深切的影响。

第一章　宋代的茶叶制造

第一节　采茶时间与上品茶的观念

任何一种产品，由于其原材料及加工工艺的不同，品质都会有高低上下之分；而与农业产品有关的几乎所有产品，原材料的品质都至为重要。未经加工即进入销售和消费领域的农产品，除产地这一非人力所能为的因素外，与其品质相关的重要参数几乎都是生长期、季节等农业化的指数，其中的植物产品，更是以生长时期、采摘时间等为评判的标准。

作为一种农作物，茶叶具有自己特定的栽培、生长、收获期。在中国很多产茶区，采茶时间都分为春秋两季，而且在观念上人们都极注重春茶，如邵晋涵《尔雅正义》释木第十四“槚”条云：“以春采者为良。”这点从古至今并无多大改变。所以一般论述中所指的皆是春茶。

古人已经意识到了因采茶时间早晚先后而形成的茶叶之间的区别，郭璞注《尔雅》“槚”云：“今呼早采者为荼，晚取者为茗。”[①] 称呼的不同表明古人对采茶时间不同而致茶叶具有不同品性的认识。但是，直接以采茶时间的早晚来品第茶叶的品次的观念，却不是从茶开始进入饮食领域时就同步出现的。至今愈演愈烈的春茶贵早的观念，在唐以前并没有明显的表现，而是在唐末五代时出现，在宋代形成并且在宋代就发展到农耕社会的极致。

唐时，“凡采茶，在二月、三月、四月之间”[②]，也就是现今公历的三月中下旬至五月中下旬，对于所采之茶的品质，并无早即是好的想法，而

---

① 《尔雅注疏》卷九。

② 陆羽:《茶经》卷上《三之造》。明代张谦德等人也著有《茶经》，此后引注《茶经》，除注明作者外，皆为陆羽《茶经》。

是注重茶叶自身的生长状况，选取采摘的标准是茶叶要长得健壮肥腴，所谓“选其中枝颖拔者采焉”[①]。

唐人言茶，“以新为贵”[②]，但对春茶的时间并无特别的讲究。杨晔《膳夫经手录》在言及唐代名茶蒙顶茶时说：“春时，所在吃之皆好。”而且这蒙顶茶也是谷雨（4 月 20 日[③]）之后才开始采摘的，大规模采摘更可能要迟至“春夏之交”。从晚唐诗人卢仝起，人们开始将茶之贵与时间联系在一起：“天子未尝阳羡茶，百草不敢先开花。”[④] 但也只是表明了“茶称瑞草魁”[⑤] 的观念，并无以时间之先后品第茶叶的意思。到僧齐己写茶诗《咏茶十二韵》“甘传天下口，贵占火前名”及《闻道林诸友尝茶因有寄》“高人爱惜藏岩里，白硾封题寄火前”[⑥] 时，人们已经开始将时间较早的“火前”茶看成较好的茶叶了。

最晚到五代时，人们就已经开始用时间先后来品第茶叶品质了，如毛文锡《茶谱》中言：“邛州之临邛、临溪、思安、火井，有早春、火前、火后、嫩绿等上中下茶。”但仍未认为时间越早茶叶就越好。当时人们认为从时间上来论最好的茶叶是采摘制造于某个特定时间的，如“龙安有骑火茶，最上，言不在火前、不在火后作也。清明（4 月 5 日）改火，故曰骑火”[⑦]。

北宋初，品质好的茶叶与唐末、五代相同，仍然是“采以清明”[⑧]，以“开缄试新火”[⑨] 即明前茶为贵。但由于宋太宗太平兴国二年（977）皇帝本人开始亲自关心过问贡茶，太宗及其后各朝皇帝对贡茶的重视，刺激了宋代贡茶制度的急剧发展，主持贡茶的地方官员竞相争宠贡新，“人情好先务取胜，百物贵早相矜夸”[⑩]，致使每年首批进贡新茶的时间越来

---

① 《茶经》卷上《三之造》。

② 刘禹锡：《代武中丞谢赐新茶》，见《全唐文》卷六〇二。

③ 节气下所注阳历月日，历年同一节气最多只有前后一天之差。

④ 卢仝：《走笔谢孟谏议寄新茶》，《全唐诗》卷三八八。

⑤ 杜牧：《题茶山》，《全唐诗》卷五二二。

⑥ 见《全唐诗》卷八四三、卷八四六。

⑦ 毛文锡：《茶谱》。明代朱权、钱椿年等人亦都著有《茶谱》，此后引注《茶谱》除注明作者外，皆为毛文锡《茶谱》。

⑧ 宋祁：《甘露茶赞》，见《景文集》卷四七。

⑨ 丁谓：《煎茶》，见《苕溪渔隐丛话》前集卷四六。《全宋诗》卷一〇一“新火”作“雨前”。

⑩ 欧阳修：《尝新茶呈圣俞》，《全宋诗》卷二八八。

越早。至仁宗朝，官焙茶已经以“近社”为佳：“破春龙焙走新茶，尽是西溪近社芽。”① 民间好茶亦以社前为佳：“黄蜡青沙未破封，已知双井社前烘。”② 到北宋中后期，上品茶的时间概念已从清明之前提前到了社日③之前，因为北苑官焙常在惊蛰（3 月 5 日）前三日兴役开焙造茶（遇闰则后二日），“浃日乃成，飞骑疾驰，不出中春（春分，3 月 20 日前后），已至京师，号为头纲”④。

惊蛰是万物开始萌发的时节，在中国南方温暖的福建，如建安北苑壑源，茶叶自惊蛰前十日就开始发芽，以惊蛰为候采摘茶叶，倒也不悖于物候之理。

与惊蛰开摘茶叶相关的，还有一个民俗文化学的现象——喊山，这是一个与西方复活节顺势巫术民俗相类似的、春天万物复苏的民俗。先春（春分前）喊山，即在惊蛰前三天开焙采茶之日，凌晨五更天之时，聚集千百人上茶山，一边击鼓一边喊：“茶发芽！茶发芽!”《宋史·方偕传》记曰：“县产茶，每岁先社日，调民数千，鼓噪山旁，以达阳气。”虽然仁宗年间方偕知建安县时，“以为害农，奏罢之”⑤。但似乎在方偕之后，喊山的习惯并未停息，只是此后喊山的人数不再像此前有数千人之多，一般都在千百人左右。据《文昌杂录》卷四载：“建州上春采茶时，茶园人无数，击鼓闻数十里。”欧阳修有多首茶诗记叙了此事：“溪山击鼓助雷惊，逗晓灵芽发翠茎。”⑥ “年穷腊尽春欲动，蛰雷未起驱龙蛇。夜闻击鼓满山谷，千人助叫声喊呀。万木寒凝睡不醒，唯有此树（茶树）先萌芽。乃知此为最灵物，宜其独得天地之英华。”⑦

因北苑茶在惊蛰前就发芽，不同于其他众多的植物，喊山就成了摘茶前的一个重要的民俗仪式。茶树似乎是被“茶发芽”的喊山之声喊醒而发芽的，采茶人也被这种由自己作出的、在世界很多民族中流行甚久并形成多种传统的或民俗的文化现象的顺势巫术所激发，更加认定茶是一种有

---

① 蔡襄：《和杜相公谢寄茶》，《端明集》卷六。

② 王庭珪：《向文刚读书斋试双井茶有怀黄超然》，《卢溪文集》卷十三。

③ 社日是古时祭祀土地神的日子，汉以前只有春社，汉以后开始有秋社。周代本用甲日，自宋代起，以立春、立秋后的第五个戊日为社日。本文言茶时一般都指春社。

④ 参见熊蕃《宣和北苑贡茶录》，赵汝砺《北苑别录·开焙》中也有相似记载。

⑤ 《宋史》卷三〇四。

⑥ 《和梅公仪尝茶》，《全宋诗》卷二九三。

⑦ 《尝新茶呈圣俞》，《全宋诗》卷二八八。

灵之物。这种认识当是宋人对茶之精神、文化品性认识的深层次的基础性的认识。

不过，到北宋末年熊蕃写《宣和北苑贡茶录》时，喊山的民俗文化意义似乎已经隐褪，退而变成了纯粹的上工号子。如熊蕃《御苑采茶歌十首》（初未编入《宣和北苑贡茶录》，熊克增补时编入）之第一首云："伐鼓危亭惊晓梦，啸呼齐上苑东桥。"击鼓上工。第四首云："一尉鸣钲三令趣，急持烟笼下山来。"并有自注曰："采茶不许见日出。"鸣锣收工。

这里的伐鼓啸呼上山，不再被我们理解为喊山，是因为至南宋中期同在北苑执事的赵汝砺对此事有同样而且更为明确的记载："每日常以五更挝鼓，集群夫于凤凰山（自注：山有打鼓亭），监采官人给一牌入山，至辰刻复鸣锣以聚之，恐其逾时贪多务得也。"① 很明显确是打鼓上工、鸣锣收工。

喊山这一民俗文化含义的隐褪，当和北苑官焙茶工所受负担与压迫日益加重有关。随着北苑贡茶量的年年加码，茶工的劳动强度显著加强，日采茶时间固定、有限而要求采茶量日益增大，采茶成为一项不堪承受的重负，而不再是一件富有创造性和富有情趣的事，喊山之声日渐消息，代之而响的，是驱赶人们上工、收工的锣鼓之声。

从喊山的变化，也可以预见经过元代这一贡茶顺延期，到明初时，明太祖为蠲免茶工的负担，而下诏罢贡团茶的历史背景之先声。

另外，喊山祈愿的民俗内涵在后代被礼仪化的祭祀程式包纳。元代官茶园移至崇安县武夷山，新官焙继承了建安北苑的喊山之习，但有所变通。至顺三年（1332），建宁总管暗都剌"于东皋茶园之隙地，筑建坛禅，以为祭礼之所。庶民子来，不日而成，台高五尺，方一丈六尺，亭其上，环以栏楯，植以花木"②。从此，喊山与有司的开山祭祀即在喊山台举行。清周亮工《闽小记》记元明时的武夷御茶园时记曰："御茶园在武夷第四曲，喊山台、通仙井俱在园畔。前朝著令，每岁惊蛰日，有司为文祭祀。祭毕，鸣金击鼓，台上扬声同喊曰'茶发芽'。"周亮工还在其《闽茶曲》中专门记叙此事："御茶园里筑高台，惊蛰鸣金礼数该。那识

① 《北苑别录·采茶》。

② 暗都剌：《喊山台记》，明喻政《茶集》卷之上，平安考槃亭藏本。

好风生两腋，都从着力喊山来。”[①] 从中我们不难领略到民俗的生命力。

惊蛰成为宋代茶叶采摘的季节之候以后，除去徽宗宣和年间的一段时间外，北宋后期至南宋中后期的头纲贡茶时间皆在春分或春社社日之前[②]。茶贵社前，成为宋代人们品定上品茶与时间相关的主要观念。如“茶茁其芽，贵在于社前，则已进御”[③]。又“茶之佳品，摘造在社前；其次则火前，谓寒食前也；其下则雨前，谓谷雨前也”[④]。

徽宗宣和年间，茶叶以早为贵，曾一度过分发展，甚至到了可笑的地步，居然在头一年的腊月贡头纲茶，在冬至（12 月 22 日）时就能吃到来春新茶！这种茶是以人力培育出来的，“或以小株用硫磺之类发于荫中，或以茶籽浸使生芽”，不仅“反不近自然”，而且大抵掺假，“十胯中八分旧者，止微取新香之气而已”[⑤]。

幸好人们对于新茶品味时间愈早愈好的偏好，有对于茶叶物性的理性认识作为纠偏机制，新春新茶早到头年腊月的事情，在北宋徽宗之后则再也没有一味盲目坚持下去。此后，宋代上品茶从时间上来论一直都是社前、火前、雨前。明初诏罢北苑贡团茶之后，社前的观念也随之消隐，而火前（或明前）、雨前茶的观念则一直沿用至今。

上品茶贵早，是在农耕社会中经济匮乏下“物以稀为贵”观念的一个典型产物，这是因为节令越早，某种特定农产品的出产量就越少。宋代上品茶时间没有一味地以早为贵下去的另一个原因是，茶不只是一种单纯的农业产品，它的最终产品形式是要经过加工的，其品质的高低还要看它的加工工艺及人力、技术与财力的投入，以及由此而产生的加工附加值。这些将在下一节展开论述。而在这里我们看到的是，宋代形成一种有别于唐代的、更为精致的茶文化现象，从采茶这一工序的时间选择上就开始了。

---

① 《闽小纪》卷一。

② 立春后第五个戊日为春社，其日适在春分前后。如 1997 年，春社在 3 月 17 日，春分在 3 月 20 日。

③ 蔡绦：《铁围山丛谈》卷六。

④ 参见王观国《学林》卷八《茶诗》。《宋史》卷一八四《食货志》记建宁腊茶亦有类似记载：“其最佳者曰社前，次曰火前，又曰雨前。”

⑤ 参见庄绰《鸡肋编》卷下及《铁围山丛谈》卷六。

第二节 茶叶生产工序

在中国近两千年的茶叶生产、饮用的发展历史中，茶叶经历了不加工、粗加工、精加工及工业化大生产等几个不同的加工工艺历程。不同的工艺与不同时代不同的茶饮茶艺文化相结合而赋予茶本身以不同的附加值，它们与茶叶本身所固有的植物农业产品所具有的农业化指标一起相互作用，决定了不同历史时期各不相同的茶叶品质和有关上品茶的观念。

宋代茶叶生产主要有六道工序：采茶，拣茶，蒸茶，研茶，造茶，焙茶。唐代茶叶生产从采摘茶叶到制成茶饼的工序是："采之、蒸之、捣之、拍之、焙之、穿之、封之。"① 最后穿与封实是茶叶的包装，除去这两道外，唐茶生产有五道基本工序。宋代茶叶生产的基本工序与唐代相同，但在工序上又存在一些具体差别，这些差别正是宋茶在唐茶基础上的发展，以下分述之。

第一道工序：采茶。除去上节所述对季节性时间的要求外，宋人对采茶条件的要求极高。首先是对时令气候的要求，即"阴不至于冻、晴不至于暄"的初春"薄寒气候"②，其次是对采茶当日时刻的要求，一定要在日出之前的清晨："采茶之法须是侵晨，不可见日。晨则夜露未晞，(这一观念当沿自杜育《荈赋》："受甘灵之霄降。") 茶芽肥润；见日则为阳气所薄，使芽之膏腴内耗，至受水而不鲜明。"③ 中国古代一直认为夜降甘露是非常富有灵气和营养的，汉武帝曾建露台以铜人托盘承露，就是因为他认为夜露有着神奇的功用。宋人认为对于茶的品质而言，晨露还有更明确的作用，在日出之前采茶，附着在茶叶表面的夜露所富含的"膏腴"便能得以保存，日出之后，夜露散发，茶叶之"膏腴"亦会随之而流失。宋人对采茶时间的这一要求，可以说是中国古代形而下的朴素唯物主义的一个具体体现。其实实际的情形，应当是茶叶表面的露水对采摘下来的茶叶有一定的保持滋润、新鲜的作用，如果茶叶表面无露水，在干燥高温的环境中，茶叶自身所含的水分就会蒸发，而干瘪枯萎的茶叶品质

---

① 《茶经》卷上《三之造》。

② 黄儒：《品茶要录》之一《采造过时》。

③ 《北苑别录·采茶》，另《东溪试茶录·采茶》《大观茶论·采摘》于此也有类似论述。

肯定不高。采茶的第三个要求是“凡断芽必以甲，不以指”，因为“以甲则速断不柔（揉），以指则多温易损”，又“虑汗气薰渍，茶不鲜洁”[①]。即不要让茶叶在采摘过程中受到物理损害和汗渍污染以保持其鲜洁度。

从《茶经》看，唐人对采茶并无多大讲究，只要求无云之晴天即可采之[②]，与宋代繁复的采茶要求相比显得至为简单，这反映出宋人对茶叶品质的重视从茶叶生产的第一步就开始了。

宋人对采茶时间的要求既有科学也有不甚科学之处，但在总体上反映了宋人对茶叶原材料与茶叶成品之间关系的认识。在这样的认识基础上，制造宋茶极品的建安北苑官焙在采茶时间上的要求就极为严格，如熊蕃《御苑采茶歌》之一：“伐鼓危亭惊晓梦，啸呼齐上苑东桥。”之二：“采采东方尚未明，玉芽同获见心诚。”之四：“纷纶争径蹂新苔，回首龙园晓色开。一尉鸣钲三令趣，急持烟笼下山来。（蕃自注：采茶不许见日出）”之五：“红日新升气转和，翠篮相逐下层坡。茶官正要龙芽润，不管新来带露多。（采新芽不折水）”就是要在清晨日出之前，采摘带有夜露的茶叶，为了避免工人贪多务得，超过规定的时间继续采茶，而使原料茶叶不合制造上品茶的要求，还专门设了一名官员在日出之前鸣钲收工。

宋代贡茶生产在茶叶采摘之后、蒸造之前，还要比唐茶多一道工序：拣茶。其实，采茶时业已有过一次选择：“芽择肥乳。”[③] 即要选择生长茁壮肥腴的芽叶采摘，这点与唐代采茶“选其中枝颖拔者采焉”[④] 相同。对摘下的茶叶的分拣，主要是要拣择出对所造茶之色味有损害的白合与乌蒂及盗叶，到南宋中期，需要拣择掉的又加入了紫色的茶叶。所谓白合，是“一鹰爪之芽，有两小叶抱而生者”，盗叶乃“新条叶之抱生而白者”，乌蒂则是“茶之蒂头”，“既撷则有乌蒂”。白合、盗叶会使茶汤味道涩淡，乌蒂、紫叶则会损害茶汤的颜色。[⑤]

拣茶的工序，最后发展成对用以制茶饼的茶叶原料品质的等级区分，这也是唐茶中所没有的。最高等级的茶叶原料称斗品、亚斗，首先是茶芽

---

① 参见《东溪试茶录·采茶》《大观茶论·采摘》；另《北苑别录·采茶》也有类似论述。

② 《茶经》卷上《三之造》。

③ 《东溪试茶录·茶病》。

④ 《茶经》卷上《三之造》。

⑤ 参见《东溪试茶录·茶病》《品茶要录》之二《白合盗叶》《北苑别录·拣茶》。

细小如雀舌谷粒者，又一说是指白茶。白茶天然生成，因其之白与斗茶以白色为上巧合，加上白茶树绝少，故在徽宗时及其后被奉为最上品。其次为经过拣择的茶叶，号拣芽，最后为一般茶叶，称茶芽。随着贡茶制作的日益精致，拣芽之内又分三品，倒而叙之依次为：中芽、小芽、水芽。中芽是已长成一旗一枪的芽叶；小芽指细小得像鹰爪一样的芽叶；水芽则是剔取小芽中心的一片，“将已拣熟芽再剔去，只取其心一缕，用珍器贮清泉渍之，光明莹洁，若银线然”[①]。从此，茶叶原料的等级又决定了以其制成茶饼的等级。

拣过的茶叶再三洗濯干净之后，就进入了制茶的第三道工序：蒸茶。此工序唐、宋皆同，唯宋人特别讲究蒸茶的火候，既不能蒸不熟，也不能蒸得太熟，因为不熟与过熟都会影响点试时茶汤的颜色。[②]

第四道工序：研茶[③]，与唐茶第三道工序捣茶相同，都是将叶状茶叶加工变成粉末状或糊状，宋茶要求“研膏惟热”[④]，唐茶也是“蒸罢热捣”[⑤]。一般的茶叶蒸洗后就研，而作为贡茶的建茶，在研之前还有一项最重要的工作榨茶，即将茶叶中的汁液榨压干净。因为“建茶之味远而力厚”，不这样就不能尽去茶膏（茶叶中的汁液），而“膏不尽则色味浊重”，影响茶汤的品质。榨茶也是一项繁重的工序：蒸好淋洗过的茶叶，“方入小榨，以去其水，又入大榨出其膏。先是包以布帛，束以竹皮，然后入大榨压之，至中夜取出揉匀，复如前入榨，谓之翻榨。彻晓奋击，必至于干净而后已”[⑥]。是否榨茶去膏也是建茶与其他地方茶叶的不同之处。[⑦]

唐人捣茶，要求捣成时“叶烂而芽笋存焉”[⑧]，并不认为越细越好；而在宋代北苑官焙，研茶要求极高，其所费工时是制成茶叶品质的重要参

---

① 《宣和北苑贡茶录》。

② 《品茶要录》之四《蒸不熟》、之五《过熟》。

③ 宋代一般的片茶蒸好后就“造茶”，压制成饼，并不经过研茶工序，只有福建建、剑二州的茶叶既蒸而研，即《宋史》卷一八三《食货志下》所说：“片茶蒸造，实棬模中串之，唯建、剑则既蒸而研。”

④ 《大观茶论·制造》。

⑤ 《茶经》卷下《五之煮》。

⑥ 《北苑别录·榨茶》。

⑦ 《品茶要录·后论》。

⑧ 《茶经》卷下《五之煮》。

数之一。贡茶第一纲龙团胜雪与白茶的研茶工序都是“十六水”，其余各纲次贡茶的研茶工序都是“十二水”。唐捣茶、宋研茶都是用水，这就像不久前还在中国南方农村地区使用的水磨面粉一样，加水研磨的次数越多，面粉或茶末就会越细。（今浙江龙游地区仍有“七日粉”）而对于宋茶来说，茶末越细，其品质就越高。

研茶、捣茶皆需水，水的品质高低也被看作茶叶品质高低的一个重要条件，受造好茶要求特殊水源观念的影响，唐宋两代贡茶之地都产生了关于贡茶制造所需之水的神话。唐吴兴贡紫笋茶，所用之水是当地的金沙泉水。相传金沙泉水相当神异，平时它没有泉水涌出，而当要开焙造贡茶时，地方官“具仪注”祭拜过之后，泉水便连珠涌出，造贡茶时出水量最大；接下来造祭祀用的茶叶时，出水量开始减少；再接下来造地方官太守自己享用的茶叶时，泉水就越来越少，等到这茶造好，泉水也刚好停止喷涌，神异之极![1] 唐代贡茶量小，因而它所用的水有着区分贵贱的灵性，宋代贡茶量极大，与之相需而成的，是北苑“昼夜酌之而不竭”的龙井水，由于“凡茶自北苑以上者皆资焉”，所以这里的水的神性就表现为取之不竭了。不过，宋人也看到了事物之间相辅相成的道理，“天下之理，未有不须而成者，有北苑之芽，而后有龙井之水……亦犹锦之于蜀江，胶之于阿井”[2]，各地著名的土产，都是以其独特的地理环境为依托的。景德三年（1006），权南剑州军事判官监建州造买纳茶务丘荷撰《北苑御泉亭记》记叙北苑官焙造茶所用之水龙凤泉的神异：“龙凤泉当所汲，或日百斛亡减。工罢，主者封完，逮期而闿，亦亡余。异哉！所谓山泽之精，神祇之灵，感于有德者，不特于茶，盖泉亦有之，故曰：有南方之禁泉焉。”[3] 庆历八年（1048）柯适撰文刻石记叙北苑贡茶事，其中亦言及“前引二泉曰龙凤池”。

宋代贡茶，对研茶这道工序的卫生状况比较讲究，如“至道二年九月乙未，诏建州岁贡龙凤茶。先是，研茶丁夫悉剃去须发，自今但幅巾，先洗涤手爪，给新净衣。吏敢违者论其罪”[4]。虽然先前剃去丁夫须发的手段对茶工不无侮辱，但在制茶过程中讲究卫生，也算是观念上的一种

---

① 《茶谱》。

② 《北苑别录·研茶》。

③ 参见明喻政《茶集》卷之上，平安考槃亭藏本。

④ 李焘：《续资治通鉴长编》卷四〇。

进步。

宋茶第五道工序，唐茶第四道工序，都是入棬模制造茶饼，陆羽称之为“拍”，宋人称之为“造茶”。棬模唐人皆以铁制，宋人则有以铜、竹、银制者；棬模的样式唐、宋都比较丰富多样，有圆、有方、有花，唯宋代贡茶所用大多数棬模都刻有龙凤图案。①

宋茶最后一道重要工序是焙茶，唐茶亦然。由于资料的缺乏，现在已无法知道唐人焙茶时的工作条件与注意事项，宋人焙茶则非常注重所用焙火的材料与火候。宋人认为焙茶最好是用炭火，因其火力通彻，又无火焰，而没有火焰就不会有烟，更不会因烟气而侵损茶味。但由于炭火虽火力通彻却费时长久，事实上增加制造成本，故茶民多不喜用炭这种“冷火”，为了快制快卖，他们用火常带烟焰，这就需要小心看候，否则茶饼就会受到烟气的熏损，点试时会有焦味。②

此外，北苑贡茶的焙茶工序亦极讲究工时，因为“焙数则首面干而香减，失焙则杂色剥而味散”③，所以不是一次焙好就完工，而是焙好之后，要“过沸汤爁之”，第二天再如是重复，每焙、爁一次为一宿火。但焙火之数不像研茶水数一样与成品茶的品质成正比，因为焙火数的多寡，要看茶饼自身的厚薄，茶饼“銙之厚者，有十火至于十五火；銙之薄者，亦八火至于六火”，待焙火之“火数既足，然后过汤上出色。出色之后，当置之密室，急以扇扇之，则色泽自然光莹矣”④。至此，宋代茶叶的复杂生产流程才算全部完成。

总起来说，唐茶唯新即好，其加工工艺附加给产品的质量因素是较小的；宋代上品茶的加工，人财物力投入巨大，其工艺的质量附加值则比较大，这些都在宋代上品茶的观念中留下了深深的烙印。但是宋茶的加工工艺中只有拣茶工序有较为明确的硬性指标可以检验，其他工序因无法检验而都有可能存在偷工减料、弄虚掺假等漏洞，从而在实际上减低茶叶的品质。

而关于宋代散茶即一般叶茶的制造方法，元代王祯在其《农书》卷十《百谷谱》中有具体记载：“采讫，以甑微蒸，生熟得所。蒸已，用筐

① 《茶经》卷上《二之具》，《宣和北苑贡茶录》图式。
② 《品茶要录》之九《伤焙》。
③ 《大观茶论·藏焙》。
④ 《北苑别录·过黄》。

箔薄摊，乘湿揉之，入焙，匀布火，烘令干，勿使焦，编竹为焙，裹蒻覆之，以收火气。”具体分为四大道工序：采茶、蒸茶、揉茶、焙茶。同明清以来直至现代叶茶的蒸青茶的制造方法基本相同，可见宋代的制茶方法，在茶叶历史的发展过程中也起着承上启下的作用。

第三节　唐宋上品茶观念的影响

明初，太祖朱元璋因认为建州贡茶“劳民”，因而于洪武二十四年（1391）下诏“罢造，惟令采茶芽以进”①。取消了官焙龙凤团茶的制作与进贡，从此以后，茶叶的主流形制变为散条形叶茶。叶茶的基本制作工序为采茶和炒制（包括拣择、蒸茶、炒制、烘焙），红茶还需在采茶和炒制之间加上发酵的过程，基本工序与唐宋茶并无根本性区别，而且在上品茶观念所包含的内容及相关方面，都与唐宋时期有着相当的相似，并且在唐宋的基础上有了更为理性与经验的发展。

一　关于采茶时间与上品茶

明清之际，在采茶时间上，大都以“谷雨前后收者为佳”②，明清诸多茶书中于此都有几乎相同的论述。具体而论，“采茶之候，贵及其时，太早则味不全，迟则神散。以谷雨前五日为上，后五日次之，再五日又次之”③。对于所采的茶叶，“不必太细，细则芽初萌而味欠足；不必太青，青则茶已老而味欠嫩。须在谷雨前后，觅成梗带叶微绿色而团且厚者为上”④。

明清时人们所认为的上品茶的采茶时间相较唐宋时为晚，一般都在“谷雨前后”，究其原因，大约有二，一是唐宋时的上品茶大多集中在四川、福建等纬度较低一些的南方地区，气候相对温暖一些，万物复苏的时间较偏北的地区相对要早一些；二是明清著述茶书的人中，有一些是自己亲自动手植茶、采茶、造茶的，实践的经验使他们对茶的看法更为理智，更能够从物性本身的特性出发，而不是一味只循着“人情好先”务争早

---

① 《明史》卷八一食货五《茶法》。
② 钱椿年：《茶谱・采茶》。
③ 张源：《茶录・采茶》。
④ 屠隆：《茶说・采茶》。

的偏执角度向前发展。春茶贵早的观念在理性认识面前相对收敛，但基调仍是以早为胜。

对于采茶之日具体的时间、气候要求，明清与唐宋亦是既相似又有区别。其要求是“惟在采摘之时，天色晴明”①，“要须采摘得宜，待其日出山霁，露收岚净可也”②，“更须天色晴明采之方妙。若闽广岭南多瘴疠之气，必待日出山霁，雾障岚气收净，采之可也。谷雨日晴明采者，能治痰嗽，疗百疾”③。具体而言：“彻夜无云，浥露采者为上，日中采者次之，阴雨中不宜采。”④ 因为“雨中采摘，则茶不香，须晴昼采。……故谷雨前后，最怕阴雨，阴雨宁不采，久雨初霁，亦须隔一两日方可。不然，必不香美”⑤。

从唐宋至明清，具体采茶时日都要求晴天无雨，唐时陆羽要求凌露采茶方为上品茶的观念，在宋代被极度发展，直至要求只能在清晨日出之前凌露采摘，方为上品。明清以后，仍以“浥露采者为上”，但并未将日出之后所采之茶视为不堪用者，只是略次于凌露采者而已。到了明后期“浥露采者为上”的观念亦渐趋淡薄，为了“恐耗其真液”，只要求“采茶入箪，不宜见风日”⑥ 就可。甚至在“烈日之下”所采者，只要处理得当，以“伞盖至舍，速倾净篮薄摊”⑦，其茶亦不会退为下品。

这种变化的原因亦当有二：一是对茶叶之膏腴见日后会为阳气所薄致使其内耗的观念有了更为理性的认识。二是随着社会对上品茶消费与需求的不断增长，随着生产规模的日益扩大，只在清晨日出之前采摘上品茶叶已经不能满足生产与消费需求。故而在沿袭唐宋上品茶采茶时间、气候要求的基础上，明清以后的采茶时间、气候要求等方面的观念，又有了更进一步的变化与发展。

二 关于加工工艺对茶叶品质的影响

首先是关于已经采摘下来的原料茶叶的拣择。钱椿年认为原料茶叶

---

① 钱椿年：《茶谱·采茶》。

② 田艺蘅：《煮泉小品》。

③ 屠隆：《茶说·采茶》。

④ 张源：《茶录·采茶》。

⑤ 罗廪：《茶解·采》。

⑥ 同上。

⑦ 冯可宾：《岕茶笺·采茶》。

"粗细皆可用"，只要"炒焙适中，盛贮如法"，皆可成为品质上好的茶叶。[①] 但这种观念并不广泛，很快大多数人都认为原料茶叶是需要经过拣择的，一般都需要"拣去老叶及枝梗碎屑"[②]，而明代最上品的松萝等茶，则还要求对原料茶叶先取其"叶腴津浓者，除筋摘片，断蒂去尖"[③]。至明末冯可宾认为"茶以细嫩为妙"[④]，则又复与宋时同。从此以细嫩为上品茶叶不可或缺的条件，延续至今，未有变更。

其次是茶叶的炒制工艺。明代制茶率有三种方法：一为炒制，二为生晒，三为蒸焙。生晒即是以自然日光晒制茶叶，田艺蘅认为："茶者以火作为次生晒者为上，亦更近自然，且断烟火气耳。况作人手器不洁，火候失宜，皆能损其香色也。生晒茶瀹之瓯中，则旗枪舒畅，青翠鲜明，尤为可爱。"[⑤] 蒸焙法则是先于锅内以水蒸之，再于竹帘之上以火烘焙[⑥]。

生晒与蒸焙的方法在明清及其后都较为少用，主流的制茶方法是炒制，其过程为一炒二焙。炒与焙用器皆为铁锅，"炒茶，铛宜热，焙，铛宜温。凡炒止可一握，候铛微炙手，置茶铛中，札札有声，急手炒匀。出之箕上薄摊，用扇扇冷，略加揉挼，再略炒，入文火铛焙干"[⑦]。炒制茶叶用火、用手，它所依赖的是以经验为基础的技术。炒茶用武火急炒、文火慢烘，这样茶叶的色与香才能被焙炒出来又不会炒焦，"火既不宜太烈，最忌炒制半干"，才能"勿使生硬，勿令过焦"[⑧]，又唯其以经验为基础，火候、温度、程度、时机完全靠炒制茶叶人的经验。炒制的质量最大限度地关乎成品茶叶的品质，因而可以说经验性技术，是明清以后焙炒制茶法工艺的核心部分。这既减少了宋代饼茶制作研茶、焙茶过程中纯人力的投入部分，又发展了其中技术性工艺的部分。但这技术又是人工经验性的技术，清代后期，国外制茶的机器设备进入中国，但却因人工不能掌握而致其制作出来的茶叶质量不好或品质不稳定，"必须延聘外洋茶师"[⑨]，

---

① 钱椿年：《茶谱·采茶》。
② 张源：《茶录·采茶》。
③ 程用宾：《茶录·选制》。
④ 冯可宾：《岕茶笺·采茶》。
⑤ 田艺蘅：《煮泉小品》。
⑥ 《岕茶笺·焙茶》中记录了蒸焙茶叶的具体做法。
⑦ 《茶解·制》。
⑧ 《茶说·焙茶》。
⑨ 程雨亭：《整饬皖茶文牍》。

故而中国真正好的上品茶还是人工用手炒制的。这种现象一直延续到现当代，现在中国主要的上品绿茶仍是人工手制。

三　关于特定地域、特殊品种与上品茶

首先，与农业相关的产品，自始以来都与所出产的地域相关。唐后期以来茶叶品名，大多以地名加品质特征复合命名，而地名的地理范围是相对较大的，或为县，或为县以下的地理单位，且以产茶之山名为多。这种局面在宋代发生了根本的变化。因为建安官焙北苑的茶园范围很小，《北苑别录》记官茶园“四十六所，广袤三十余里”，可见其每所茶园之小；在这样不大的范围内，终两宋时代前后共生产贡茶 57 款，徽宗之后则长时期维持着 41 款的数量，可见期间的差别。并且北苑与其邻近的壑源、沙溪等地“其势无数里之远，然茶产顿殊”[①]，所以辨壑源、沙溪，外焙、浅焙、正焙，都是针对很小的地理单位展开的。这一特点，影响了此后明清至今茶叶名品对于特定产茶地域的强调。

其次，是对特殊茶品种的偏好。《大观茶论》以白茶专论品种的特殊性，既是对《东溪试茶录》重视茶树品种差异的肯定，同时也引领了以品种差异以及小地理范围差异来判别茶品高下的风气，乃至形成传统，其风最炽烈者，莫过于当今普洱茶以山头论高下。

徽宗对特殊茶品种的嗜好，以其帝王特殊身份，使得以贡茶为代表的品种细化与品名多样化，成为其当时及至南宋末年一个半多世纪的定制，其制度与观念皆影响深远，对于中国茶文化传统的影响至深。一方面，基于茶树品种和地域差异的各款茶叶，成为爱茶人的一种偏好，这既极大地丰富了中国茶叶的品名种类，又丰富了中国茶叶消费者的感官体验的层次和滋味享受；而在另一方面，基于小品种和地域差异的茶叶产量的有限性，使得仿制和造假自北宋以来就不曾停歇过；发展到近代工业化介入茶叶领域，这种特点也使得品名高附加值与产业化、品牌发展之间产生很难调和的矛盾，19 世纪末以来，便一直是中国茶业的主要困惑之一。这些都是宋代留给中国茶业与文化的双重遗产。

可以看到，虽然明清以后有关上品茶的观念在具体的一些细节和工序上与唐宋时代有着区别，但其中基本与核心的部分，如春茶贵早及上品茶

---

① 黄儒：《品茶要录》之十《辨壑源沙溪》。

需以人工凭借长久积累的经验采制等观念，却一如既往始终未变，所以可以说，唐宋上品茶观念源远流长，对中国茶文化影响至深。

第四节　成品茶叶的鉴别与保藏

一　成品茶的鉴别

由于原料茶叶的不同及制造工序中工时等参数的不同，成品茶叶制成后便被分成若干种不同的等级。对于不同等级的成品茶叶来说，存在着品质鉴别的问题，而作为没有硬性技术指标，主要是靠人们品味感觉的饮食用品，茶叶质量的鉴别，自古以来都是用经验的方法来检验的。现在，茶叶质量的检验鉴定方法，主要包括两部分：一是对成品茶叶外观、色泽等方面的鉴别，二是冲泡后通过对茶叶与茶水的色、香、味、形等方面的品尝来鉴别。这两部分检验方法，都是从唐代就开始出现，经过宋代的发展而细致完善。唯一的区别是，唐宋的成品茶是研捣压制后焙烤而成的茶饼，而现在绝大多数的茶叶是经揉制后直接炒制而成的散条形叶茶或珠茶。

唐人对成品茶的鉴别，首先看形状。品质好的茶叶，茶饼表面呈现有一定规律起伏的褶皱状；品质不好的茶叶，其茶饼表面的纹路很生硬，很不规则，等等，应当说这种对茶叶的鉴别标准是很粗糙的。其次看色泽，而关于色泽的标准似乎在当时极不统一，并没有比较公认的标准，而全凭一种靠经验得来的感觉："或以光黑平正言嘉者，斯鉴之下也；以皱黄坳垤言佳者，鉴之次也；若皆言嘉及皆言不嘉者，鉴之上也。"据陆羽说，当时这种对茶叶外观的鉴别是有口诀的："茶之否臧，存之口诀。"① 但他当时既未记载，其他文献中也未见其传，我们今日更不可得而知。

对于煎煮之后通过品尝对茶的品鉴，唐人也没有什么明确的标准提出，陆羽也只是提出茶汤表面有厚厚的沫饽的便是好茶，"沫饽，汤之华也"②，至于茶色，他只是在论述作为茶具的茶碗时，说越瓷好，是因为

① 以上皆见《茶经》卷上《三之造》。
② 《茶经》卷下《五之煮》。

茶汤在越瓷中显现绿色，而其他地方的茶碗，使茶汤呈黄、丹等色[①]，不好，间接地表明他认为煎煮好的茶汤以色绿为佳，而在其他唐人的诗句中，也多有赞赏绿色茶汤的，可见唐人以汤色绿为佳茶。

入宋，由于注重内省的文化氛围与社会心理日益深入，宋人的感觉日渐细腻，其表现在文学上的成就是细致入微的宋词，在绘画上是清雅幽远的山水画，在哲学上则出现了注重个人体验的心性之学。而在茶叶品饮这一具体而微的事情上，也同样体现了宋人感觉细腻的这一特征。

与唐朝大而化之的鉴别不同，宋人对茶饼外观的鉴别，已能从外表审察其膏质肉理，“善别茶者，正如相工之视人气色也，隐然察之于内，以肉理润者为上”[②]。徽宗在《大观茶论》中给这种“难以概论”的茶饼外观的鉴别作了精炼的表述：“要之，色莹彻而不驳，质缜绎而不浮，举之则凝然，碾之则铿然。”

由点好的茶汤来鉴定茶叶品质，宋人有着多项独特的标准。宋代上品茶尚白，这在总体上对不发酵茶崇尚绿色的中国茶艺史中是独一无二的。只有宋人认为从茶汤色泽来看，“以纯白为上，青白为次，灰白次之，黄白又次之”，色调青暗或昏赤的，都是制造时有工序不过关的[③]。表现出宋人对茶汤特殊的评价标准。

关于茶的香味，宋初沿袭唐风，茶汤中放姜、盐等调味品，而且早期的茶饼中也还和有龙脑麝香之类的香料。但到北宋中后期，人们已经开始认识到“茶有真香，非龙麝可拟”，开始重视茶叶本身的自然香气，认为好的茶叶，其茶汤自身的香味自然“和美俱足，入盏则馨香四达”，不好的茶叶茶气中就会夹杂有其他物品的气味，甚至会“气酸烈而恶”[④]。

此外，在宋代独特的斗茶活动中，还有一项别致的品茶标准。由于冲点茶汤时用茶匙茶筅搅拌击拂，茶汤表面就会形成一层汤饽，汤饽开始紧贴茶碗壁，但迟早会消退。所以宋人斗茶的独特品茶标准就是看谁的茶汤表面的汤饽先开始消退而在茶盏壁上留下水痕，“以水痕先者为负，耐久

① 《茶经》卷中《四之器》。

② 蔡襄：《茶录》上篇《色》。明代张源、程用宾等人亦著有同名《茶录》，此后引注《茶录》，除注明者，皆为蔡襄之《茶录》。

③ 《大观茶论·色》。

④ 《大观茶论·香》。

者为胜”[①]，也就是诗人们所说的“烹新斗硬要咬盏”[②]。斗茶活动是唐代建安民间就有的，唐人冯贽在《记事珠》中记道：“建人称斗茶为茗战。”只不过对于唐代建安斗茶，人们至今所知也仅限于此。到了宋代，斗茶之风继盛，且成为鉴别茶叶的重要手段与标准。直到明初取消饼茶入贡，这一鉴别饼茶末茶的方法与标准才为人们弃置不用，成为中国古代茶艺史中一个孤单的个例。

二　茶叶的保藏

制成的茶叶极易吸湿、串味，物性使然，因而如何更好地保存茶叶，防潮、防串味，保持它们的色香味，至今仍是茶叶经营者与喝茶人的一项重要工作。

浙江湖州一座东汉晚期墓中出土了一只完整的青瓷贮茶罐，高 33. 5 厘米、最大腹径 34. 5 厘米，内外施釉，器肩部刻有一个“茶”字。它明确无误地证明至迟到东汉时，人们已经用瓷器贮茶。[参见图 1、图 2]

图 1　东汉青瓷贮茶瓮

图 2　东汉青瓷贮茶瓮肩部“茶”字

（浙江湖州弁南乡东汉晚期砖室墓出土，瓮高 33. 5 厘米，最大腹径 34. 5 厘米，内外施釉，器肩部刻有一“茶”字，现藏浙江湖州市博物馆）

① 《茶录》上篇《点茶》。

② 梅尧臣：《（次韵和永叔尝新茶杂言）次韵和再作》，《全宋诗》卷二五九。

由于唐宋茶叶制成品绝大部分是饼茶，都经过紧压，对于串味有一定的抵抗力，因而唐宋茶饼的保藏工作主要是针对防潮湿问题的。

唐人藏茶，从《茶经》和唐人诗文中看有多种方式。《茶经》中有育和合。卢纶《新茶咏寄上西川相公二十三舅、大夫二十二舅》："三献蓬莱始一尝，日调金鼎阅金芳。贮之玉合才半饼，寄与阿连题数行。"是用玉合藏茶。卢仝《走笔谢孟谏议寄新茶》："口云谏议送书信，白绢斜封三道印。开缄宛见谏议面，手阅月团三百片。"是用丝绢包裹藏茶寄送。白居易《谢李六郎中寄新蜀茶》："红纸一封书信后，绿芽千片火前春。"僧齐己《闻道林诸友尝茶因有寄》："高人爱惜藏岩里，白硾封题寄火前。"则是用纸包裹贮茶。法门寺地宫出土茶具中的两款鎏金银茶笼说明唐人也用茶笼贮放饼茶。［参见图3、图4］这些宽松的贮茶方式，表明唐人对饼茶的保藏问题有时看得不是很重。中晚唐以后，也有用陶器贮茶者，韩琬《御史台记》载："兵察常主院中茶，茶必市蜀之佳者，贮于陶

图3　唐代鎏金银茶笼

（陕西扶风法门寺地宫出土。通高17.8厘米，盖高4.6厘米，盖径16.15厘米，腹深10.2厘米，足高2.4厘米，重654克，足底以三上花瓣呈倒"品"字排列而成。现藏陕西法门寺博物馆）

图4　唐代金银丝结条笼子

（陕西扶风法门寺地宫出土。现藏陕西法门寺博物馆）

器，以防暑湿，御史躬亲缄启，故谓之‘茶瓶厅’。”即是用可以密封的贮茶器保藏茶叶，以防暑湿。陶瓷藏茶罐不仅有此文字记载，也有唐末五代的考古实物发现，如湖南衡阳窑的莲纹刻花茶罐①。［参见图5］

陆羽对茶叶的保藏很注重，《茶经·二之具》中有专门的藏茶器物，名“育”，育者，以其藏养为名。“育，以木制之，以竹编之，以纸糊之。中有隔，上有覆，下有床，傍有门，掩一扇。中置一器，贮煻煨火，令煴煴然。江南梅雨时，焚之以火。”以火灰直至以明火来驱除空气中的潮湿之气对茶叶的侵袭来保藏茶叶。

北宋前期，人们保管茶叶有沿用唐代陆羽方法者，即用火。“收藏之家，以蒻叶封裹入焙中，两三日一次用火，常如人体温温，则御湿润，若火多则茶焦不可食。”② 只是较陆羽多了一层封裹的蒻叶。

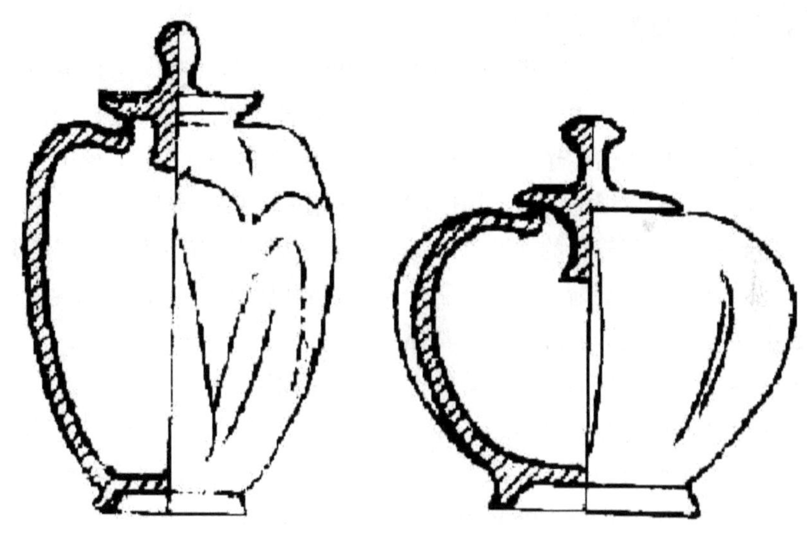

图5　衡阳窑莲纹刻花茶罐

（《从唐诗中的饮茶用器看长沙窑出土的茶具》，《农业考古》1995年第2期）

---

① 参见周世荣《从唐诗中的饮茶用器看长沙窑出土的茶具》，载《农业考古》1995年第2期。

② 《茶录》上篇《藏茶》。

但是靠升火来藏茶的方法，显然既不经济又不方便，更何况万一掌握得不好，还会将茶烤焦以致“不可食”而遭受损失，所以人们需要一种更方便、更经济实惠，也更安全的办法来收藏茶叶。这种方法就是密封藏茶法，北宋前期亦即出现。“茶不入焙者，宜密封，裹以蒻，笼盛之，置高处，不近湿气。”①

至少到徽宗写《大观茶论》之前，人们已经找到了较好的藏茶方法，即将用火烘焙与密封藏茶合二为一。徽宗在《大观茶论·藏焙》一节中对此作了专门论述：即将要收藏的茶饼在收藏之前，先放入茶焙中，以温火再将茶饼烘焙一次，驱除茶饼中可能已经有的湿润之气，然后再放入容器中密封保存：“焙毕即以用久漆竹器中缄藏之，阴润勿开，如此终年，再焙，色常如新。”也就是用密封的办法来保管茶叶。这一办法，到明代发展成为用箬叶层层封裹后，隔层茶叶隔层箬叶放在瓷坛中密封保存，即只封不焙这一更为简洁的方法。

宋代还有一种以小陶瓷罐贮藏茶叶的方法。《咸淳临安志》卷五十八《货之品·茶》记：“盖南北两山及外七邑诸名山皆产茶，近日径山寺僧采谷雨前者，以小缶贮送。”南宋吴自牧《梦粱录》亦记：“径山采谷雨前茶，用小缶贮之以馈人。”小缶一般都是用来贮藏叶形茶叶。

还有一种以茶养茶的保藏茶叶方法。欧阳修《归田录》载：“自景祐已后，洪州双井白芽渐盛，近岁制作尤精。囊以红纱，不过一二两，以常茶数十斤养之，用辟暑湿之气。其品远出日注之上，遂为草茶第一。”利用茶叶本身的吸湿性而以茶养茶的方法来贮藏茶叶。

北苑官焙贡茶在贮藏运送之际也极为慎重其事。赵汝砺《北苑别录》载北苑细色五纲茶的运送贮藏：“圈以箬叶，内以黄斗，盛以花箱，护以重篚，扃以银钥。花箱内外又有黄罗幂之，可谓什袭之珍矣。”粗色七纲茶则是“圈以箬叶，束以红缕，包以红楮，缄以茜绫，惟拣芽俱以黄焉”。周密在《乾淳岁时记》中记载北苑贡茶的运送贮藏方法是：“护以黄罗软盝，籍以青蒻，裹以黄罗夹复，臣封朱印，外用朱漆小匣镀金锁。又以细竹丝织笈贮之，凡数重。”都是在注重茶叶贮藏效果的同时又注意包装方面的精美。

需要特别指出的是，宋人经常用蒻叶贮茶。蒻叶是嫩的香蒲叶，是可

① 《茶录》下篇《茶笼》。

以用作包裹的植物，在宋代，人们以之包裹茶饼，防隔湿气。这种方法长时间被使用，而且所用材料有所更新和发展，至晚到元代，人们已经开始用篛叶来做茶笼了："箬竹又名篛竹……江西人专用其叶为茶罨，云不生邪气，以此为贵。"① 从防潮湿再进而到防异味，箬笼一直到明代仍被人们用作藏茶的用具，如明代茶具中的建城一项，就是藏茶箬笼。②

蒻叶也用来与大瓷瓶一起贮藏叶形茶叶。其方法是在可容一二十斤茶叶的大瓷瓮底部垫一层烘焙干燥的蒻叶，再放入焙好的茶叶，最后再用蒻叶真实压紧，封好瓮口。这种方法在宋元之际使用，明清也有沿用。并且随着经验的积累，明人已经意识到蒻叶不能放得太多，否则也会损害茶叶的味道。"小瓶不宜多用青蒻，蒻气盛亦能夺茶香。"③

不过，蒻叶笼也好，箬叶笼也好，因为实际上都不是密封的箱笼，对潮湿气、异味的防御能力终究是有限的。徽宗《大观茶论》中"以用久漆竹器中缄藏之，阴润勿开"，以密封和阴雨潮湿天气尽量不打开为原则的藏茶方法，至今仍然是茶叶经营与消费中首选的最为简便和效果甚好的藏茶方法。

总的来说，宋人发明采用了多种保藏茶叶的方法。曾为唐人偶尔采用的密封藏茶法，在宋代有了较大的发展，此后这一方法继续为人们发展并一直沿用至今。当然现在密封的手段如真空包装等，密封的容器如铁罐、锡罐等，显然已经比过去大为改进。

---

① 李衎：《竹谱》卷三。
② 屠隆：《考槃余事·茶具》。
③ 罗廪：《茶解·藏》。

第二章　宋代的茶饮技艺

煎泡茶叶的技艺，唐、宋、明三代各具特色而又相因发展，唐代煎煮，宋代冲点，明代瀹泡，明以后，瀹泡散条形叶茶成为中国茶叶品饮的主导方式。而在泡茶技艺的发展之路上，宋代的点茶法处于承上启下的重要位置，而且宋代的点茶技艺，被入宋学习的日本僧人荣西等从径山茶宴中带回日本，为日本历代茶道界人士学习吸收改造完善，成为现在日本诸流派抹茶茶道的源头。现在，宋代的末茶点茶技艺虽已不再为中国人所熟悉、使用，却在日本茶道中得到发扬光大。

因为宋代茶艺是以末茶为基本原料的，所以前文不惮费词介绍宋代的茶叶生产以及与之相关的一些观念。而唐代茶艺也是用末茶，但却是用完全不同的煮饮法，有时为了表明宋代茶艺之特点，亦须以唐、明两代的茶艺作为比较参照。

第一节　点茶技艺

一　从唐代煮茶法到宋代点茶法

茶最初进入饮食，是杂合他物煮而为羹饮的。三国魏张揖《广雅》云："荆巴间，采茶作饼，成，以米膏出之，若饮，先炙令色赤，捣末置瓷器中，以汤浇覆之，用葱、姜芼之。"西晋郭义恭《广志》曰："茶丛生，直煮饮为茗；茶、茱萸、檄子之属膏煎之，或以茱萸煮脯冒汁为之，曰茶。有赤色者，亦米和膏煎，曰无酒茶。"① 唐樊绰《蛮书》卷七介绍云南地区的特产时说："茶出银生城界诸山……蒙舍蛮以椒、姜、桂和烹而饮之"，等等，都是将茶和其他一些食物杂煮而为羹饮。这种饮茶方法

① 据《太平御览》卷八六七引。

至今仍在云南、贵州、湖南等省份的一些地区被使用。

但是，至迟到南北朝时期，东南江浙地区已不再盛行这种杂煮他物的煮茶法。据唐杨晔《膳夫经手录》言：“吴人采其叶煮，是为茗粥。”即江浙地区人们煮茶只是单煮茶叶，而不夹杂其他食物。是否杂煮他物或许表现了地区间的差异，抑或是随着时间的流转，东南地区的煮茶习俗发生了改变亦未可知。

茶中夹杂他物煮饮的习惯在唐宋时期一直相当流行，但在唐代，单煮茶叶的方法开始得到人们的重视。陆羽在《茶经》中更是大加提倡，他甚至将“用葱、姜、枣、橘皮、茱萸、薄荷之等，煮之百沸，或扬令滑，或煮去沫”的茶水贬斥为“沟渠间弃水”，而面对一般人仍然喜欢饮用这样煎出的茶，“习俗不已”，极为感慨①。陆羽在江浙采茶，结交名流高士，最后著成《茶经》，吴越之地的饮茶习俗应当对他有相当大的影响。

但是，唐代无论东西南北其饮茶以煎煮法为之的方法却是一致的。唐代煮茶法的基本程序是：先将茶饼酌取适量碾成茶末，按喝茶人数以人各一盏的茶量约多取一碗水，放入锅（鍑）中烧煮，水烧开第二滚时，先舀出一碗，再将茶末从锅中心放入，同时用竹筴在茶汤中搅拌，加入调味用的盐，过一会儿以后，将先前舀出的那碗水再倒入锅中，以之“育华救沸”，既可以消止烧开的茶水沸腾，同时又可以养育茶汤的精华，（这种方法至今在中国北方煮水饺、南方煮汤团时仍被采用，即在烧开之后，再往锅中加一些冷水，养一养，再烧开时，就煮好了），到这时，一锅茶水就算煮好了，再等份分到准备好的茶盏中，就可端出待客。

当然，直接用水冲泡的方法，在唐代也已经有，“饮有觕茶、散茶、末茶、饼茶者，乃斫、乃炀、乃舂，贮于瓶缶之中，以汤沃焉，谓之痷（淹）茶”，陆羽对这种只是用开水泡泡的茶也是很看不上眼的，也将此列入“沟渠间弃水”② 之列。

所以，唐代占主导地位的茶艺是煎煮法，间有冲点、冲泡法。由于社会生活尤其是习俗的发展变化往往是很错综复杂的，很多习俗之间并不存在时间上前后衔接的连续性，更多的场合，它们在时间上的存在是交错

---

① 《茶经》卷下《六之饮》。

② 同上。

的，而在空间上的存在则是并列的，茶叶的煎泡技艺便是如此。

在中国古代，皇室贵族、士大夫们的观念与习俗往往在社会生活中占据着主导的地位，成为占优势的文化价值观念，社会习俗的变化与最终形成定势，往往是从他们这些阶层开始，即使不从他们开始，也要最终得到他们的认可与认同，才会最终进入我们称之为文化的传统之中。以煎煮为主导方式的唐代茶艺在宋代的变化，正是从士大夫官僚阶层开始的。

与唐五代时的情形一样，北宋中期以前茶饮也是多种方式并存。而且由于士大夫阶层游宦生涯的特殊性，有很多人在其故乡之外的一些地区也生活了长久的时间，在生活习俗的某些方面便会出现兼收并蓄的包容性，平时饮茶也不止只用一种饮茶方式。如苏轼的饮茶方法，既有“姜盐拌白土，稍稍从吾蜀”[①]，依从其老家四川的习俗在茶中加入姜、盐煮饮[②]；又在友人寄来建安好茶时嗔责：“老妻稚子不知爱，一半已入姜盐煎。”认为建州好茶就当用点茶法，而建州茶的点茶法却是不能放入盐之类东西的，若加入，就会破坏茶的品味，从而影响茶的等级。周密《武林旧事》卷三《进茶》记曰：“茶之初进御也，翰林司例有品尝之费，皆漕司邸吏赂之。间不满欲，则入盐少许，茗花为之散漫，而味亦漓矣。”是其反证。虽然苏轼接着就很豁达地想到了“人生所遇无不可，南北嗜好知谁贤”[③]，但不同地区之间饮茶方式上的区别显而易见，并且在遣词造句中已经表现出对建茶品饮方式的一定崇尚。

另外，由于中国古代文学传统创作偏爱引用典故，因而在诗文中同样或类似的题材，或类似的意象，由后人不停地沿用，使得它们在已经变化了的时空跨度里显得有不小的惰性。蔡襄之前后的文人们，在诗文中言及制作茶饮时，仍然较为经常地使用“煎”“烹”之类的词，如丁谓《煎茶》：“吟困忆重煎。”林逋《茶》：“乳香烹出建溪春。”梅尧臣《建溪新茗》：“粟粒烹瓯起。”又《李仲求寄建溪洪井茶七品云愈少愈佳未知尝何如耳因条而答之》：“煮泉相与夸。”又《答宣城张主簿遗鸦山茶次其韵》：“煎烹比露芽。”[④] 王洙《王氏谈录》：“春秋取新芽轻炙，杂而烹之。”等

---

① 《寄周安孺茶》，《全宋诗》卷八〇五。

② 邹浩：《次韵仲孺见督烹小团》有句曰：“方欲事烹煎，姜盐以为使。”其下有自注云：“蜀人煎茶之法如此”，可资佐证。见《全宋诗》卷一二三四。

③ 《和姜夔寄茶》，《全宋诗》卷七九六。

④ 分见《全宋诗》卷一〇一、卷一〇八、卷二四九、卷二五一、卷二五六。

等。所以当宋人喝茶说煎烹的时候，很难确定他们到底是在煎茶、烹茶、煮茶，还是确实只是在煎水、煮水、烹泉，没有明确的主导茶艺方法。

多种饮茶方式并存的局面在蔡襄《茶录》之后有了根本性的改观。《茶录》是目前现存宋代茶书中最早的完整的茶书，是宋代有关点茶法的最早专文记录。蔡襄写于皇祐年间的《茶录》上篇有“点茶”一节详细介绍了点茶的具体方法，使得点茶法在宋代并存的多种饮茶方式中脱颖而出。在此之前，宋代多种茶艺方法不仅没有主导的方法，而且也没有专门文字记录，这方面的内容主要零星散见在时人的诗文之中。

在蔡襄写成《茶录》并通过坊肆广为流传之后，由于皇帝如仁宗对北苑茶及其煎点方法的眷顾，由于龙凤茶等贡茶作为赐茶的身价日增，也由于文人雅士如蔡襄者流对建安茶及其点试方法的推重，也由于在大观年间徽宗赵佶亲自写成《大观茶论》再度介绍末茶点饮的方方面面，末茶点饮的方法，很快就在宋代茶艺中占据了主导的地位。

二　《茶录》与点茶程序

点茶本是建安民间斗茶时使用的冲点茶汤的方法，随着北苑贡茶制度的确立、制作贡茶方法的日益精致、贡茶规模的日益扩大，以及贡茶作为赐茶在官僚士大夫阶层的品誉日著，建茶成为举国上下公认的名茶。在宣扬建茶的过程中，丁谓的作为功不可没。正如衢本《郡斋读书志》卷十二《建安茶录》解题所说：“谓咸平中为闽漕①，监督州吏，创造规模，精致严谨，录其园焙之数，图缯器具，及叙采制入贡法式”，遂使北苑名闻天下。

庆历末年在福建转运使任上同样刻意用工于贡茶的蔡襄，有鉴于“丁谓《茶图》独论采造之本，至于烹试，未曾有闻”的缺憾，遂于皇祐年间又写成《茶录》二篇上进，专从建茶点试角度论述茶之品质及点试所用器具。此书在嘉祐间为人刊刻，“行于好事者”，治平元年蔡襄亲自

---

① 诸书目及熊蕃所引都作谓咸平中漕闽，雍正《福建通志》卷二一《职官》载：转运使“丁谓，至道间任”。徐规先生《王禹偁事迹著作编年》考证，至道二年王禹偁在知滁州任内，“有答太子中允、直史馆、福建路转运使丁谓书”；至道三年王禹偁离扬州归阙，“时丁谓奉使闽中回朝，路过扬州，与禹偁同行”（中国社会科学出版社 1982 年版，第 131、144 页）。足见丁谓漕闽乃在“至道间”。又据《宋史》卷二八三《丁谓传》：“淳化三年，登进士甲科……逾年直史馆以太子中允为福建路采访。还，上茶盐利害，遂为转运使。”则漕闽为淳化四年之后事，确以至道间漕闽为允。

加以修正，并重新亲手书写，“书之于石”，勒石刊行，“以永其传”①。此外，蔡襄还自写有绢写本《茶录》行世。于是，《茶录》所宣扬的内容伴着蔡襄的书法一起在社会上流传，建茶的点试之法也日益为人们所接受，成为人们点试上品茶时的主导品饮方式。

《茶录》为宋代的点茶茶艺奠定了艺术化的理论基础，此后徽宗的《大观茶论》对点茶之法亦作了较详细的论述，从这两种书中我们可以看到宋代点茶法的全部程序，《通志》艺文略食货类中还著录有《北苑煎茶法》一卷，但早已不见其传。以下具体介绍点茶茶艺的基本过程，以期阐明点茶法的概况。

1. 碾茶

先将茶饼“以净纸密裹槌碎”，然后将敲碎的茶块放入碾槽中，快速有力地将其碾成粉末。能够迅速碾成，就能保证茶色的洁白纯正，若用时太长，茶与铁碾槽接触太久，会使茶的颜色受到损害。②

如果吃的是陈年旧茶，就还要先完成一道“炙茶”的程序，即先在干净的容器中用开水将陈年茶饼浸渍一会儿，再将茶饼表面涂有的膏油刮去一两层，再用钳子夹住茶饼在微火上烤炙干爽，就可以像新茶一样开始碾茶。

碾茶若是得法，人们从碾茶时起就可以品味茶的清香了：“玉川七碗何须尔，铜碾声中睡已无。”③ 不待喝上七碗茶，碾茶中茶香四溢就已经使人睡意全无了。

2. 罗茶

将碾好的茶末放入茶罗中细筛，确保点茶时使用的茶末极细，这样才能“入汤轻泛，粥面光凝，尽茶色”④，为此，要求茶罗罗底一定要“绝细”⑤，而且罗筛时不厌多筛几次。⑥

梁子在《中国唐宋茶道》一书中认为，虽然罗茶要求茶末很细，“但并非越细越好”⑦，其根据是因为蔡襄《茶录》中说“罗细则茶浮，粗则

---

① 《茶录》，《前序》《后序》。

② 参见《茶录》上篇《碾茶》《大观茶论·罗碾》。

③ 陆游：《昼卧闻碾茶》，《剑南诗稿》卷一一。

④ 《大观茶论·罗碾》。

⑤ 《茶录》上篇《茶罗》。

⑥ 参见《茶录》上篇《碾茶》《大观茶论·罗碾》。

⑦ 《中国唐宋茶道》，陕西人民出版社 1994 年版，第 161 页。

沫（水）浮”，居然认为“茶浮”是不好的，实在是对《茶录》的误读及对宋代点茶理解不慎所致。因为点茶成功便是要求茶末能在茶汤中浮起，《茶录》在《候汤》中说汤“过熟则茶沉”，在《熁盏》中说盏“冷则茶不浮”，从正反两面说明点茶是要使茶浮起来的，《大观茶论・罗碾》中也要求多加罗筛，使“细者不耗”，这样点茶时才能使茶末“入汤轻泛”，而泛者，浮也。丁谓《煎茶》诗曰：“罗细烹还好。”[①] 也是说明罗茶的标准是茶末越细越好。

3. 候汤

关于候汤，蔡襄只论及烧煮点茶用水，但徽宗及宋代其他不少文人都论及选水和烧水两方面。

关于选水，宋人点茶亦讲究水质，但不如唐人之苛求，唐人品第天下诸水，言水必称中泠、谷帘、惠山，以至于有李德裕千里运惠山泉的故事[②]。除宋廷曾专门征调惠山泉水用于点茶外，宋人用水，一般不苛求名声，但论以水质，以“清轻甘洁为美”，要以就近方便取用，首取“山泉之清洁者，其次则井水之常汲者为可用”[③]，苏轼则认为只要是清洁流动的活水即可。[④] 但是在特定的场合，水之于点试茶汤结果的重要性也不可忽视，蔡襄尝与苏舜元斗茶，蔡茶优，用惠山泉水，苏茶劣，用竹沥水，结果是苏舜元的茶汤因为水好而取胜。[⑤]

关于烧水，也就是把握烧水的火候以及水烧开的程度。唐人水讲三沸，称以鱼目蟹眼，陆羽认为当用第二沸水[⑥]。蔡襄认为“候汤最难，未熟则末浮，过熟则茶沉”，只有掌握汤水的适当火候，点茶才能点出最佳的茶来。而由于宋代水是闷在汤瓶中煮的，看不到，所以很难掌握火候[⑦]。到了南宋，罗大经与其好友李南金将煮汤候火的功夫概括为四个字：“背二涉三。”也就是刚过二沸略及三沸之时的水点茶最佳。他们的

---

① 《全宋诗》卷一〇一。

② （明）屠隆：《茶笺》“人品”项下，引《芝田录》文曰：“李德裕奢侈过求，在中书时，不饮京城水，悉用惠山泉，时谓之水递。”

③ 《大观茶论・水》。

④ 参见苏轼《汲江煎茶》诗。

⑤ 见江休复《江邻几杂志》。蔡襄自己有诗《昼寝宴坐轩忆与苏才翁会别》记录与苏舜元一起饮茶之事：“解与尘心消百事，更开新焙煮灵芽。”

⑥ 参见《茶经》卷下《五之煮》。

⑦ 《茶录》下篇《候汤》。

概括是一种依赖经验的方法，也就是靠倾听烧开水时的响声。民间至今仍有“开水不响，响水不开”的生活谚语，水烧开前后因其沸腾程度的不同所激发出的声音是不一样的。李南金对“背二涉三”时的水响之声作了形象的比喻：“砌虫唧唧万蝉催，忽有千车捆载来。听得松风并涧水，急呼缥色绿瓶杯。”而罗大经则认为李南金还略有不足，认为不能用刚离开炉火的水马上点茶，这样的开水太老，点泡出来的茶会苦，而应该在汤瓶离开炉火后稍停一会儿，等瓶中水的沸腾完全停止后再用以点茶，且另写了一首诗补充李南金：“松风桧雨到来初，急引铜瓶离竹炉。待得声闻俱寂后，一瓯春雪胜醍醐。”① 明高濂《遵生八笺》所列“茶具十六器”中有“静沸”一项，取义有与此同。

4. 熁盏

调膏点茶之前，先用开水冲涤茶盏。这个习惯至今在中国人的日常饮茶及日本的茶道中仍然保留。人们普遍认为，将茶杯预热，有助于激发茶香，而在宋时，人们认为“熁盏令热”，可以使点茶时茶末上浮，“发立耐久”，有助于点茶的效果好。②

5. 点茶

点茶的第一步是调膏。一般每碗茶的用量是“一钱匕”左右，放入茶碗中先注入少量开水，将其调成极均匀的茶膏，然后一边注入开水一边用茶匙（徽宗以后以用茶筅为主）击拂（日本抹茶道中，没有调膏这一步，且是一次性放好开水一次性完成点茶）。蔡襄认为，“汤上盏可四分则止”，差不多到碗壁的十分之六处就可以了。徽宗在《大观茶论》中认为要注汤击拂七次，看茶与水调和后的浓度轻、清、重、浊适中即可：

> 点茶不一，而调膏继刻。……妙于此者，量茶受汤，调如融胶。环注盏畔，勿使侵茶。势不欲猛，先须搅动茶膏，渐加击拂，手轻筅重，指绕腕旋，上下透彻，如酵蘖之起面，疏星皎月，灿然而生，则茶面根本立矣。
>
> 第二汤自茶面注之，周回一线，急注急止，茶面不动，击拂既力，色泽渐开，珠玑磊落。

---

① 罗大经：《鹤林玉露》丙编卷三《茶瓶候汤》。

② 参见《茶录》上篇《熁盏》。

三汤多寡如前，击拂渐贵轻匀，周环旋复，表里洞彻，粟文蟹眼，泛结杂起，茶之色十已得其六七。

四汤尚啬，筅欲转稍宽而勿速，其真精华彩，既已焕然，轻云渐生。

五汤乃可稍纵，筅欲轻匀而透达，如发立未尽，则击以作之。发立已过，则拂以敛之，结浚霭，结凝雪，茶色尽矣。

六汤以观立作，乳点勃然，则以筅着居，缓绕拂动而已。

七汤以分轻清重浊，相稀稠得中，可欲则止。乳雾汹涌，溢盏而起，周回凝而不动，谓之咬盏，宜均其轻清浮合者饮之。《桐君录》曰："茗有饽，饮之宜人。"虽多不为过也。

注汤击拂点茶是一个很短暂的过程，赵佶将之细致分析成七个步骤，每一步骤更为短暂，但点茶人却能从中得到不同层次的感官体验，从中可以体味到，点茶时细腻而极致的感官体验和艺术审美。

第二节　分茶与斗茶

一　奇幻的分茶

点茶，从茶的泡饮程序上来说，只是在唐代的基础上略有简化，在它的分步程序中，每每充分体现了宋人深入细致、适情适意、注重人感官感受的审美倾向与特征。而分茶，则是唐代尚未出现的一种更为独特的茶艺活动，它在两宋都受到人们的高度重视，甚至被当时的人视为一种特别的专门技能，往往和书法等项技艺相提并论。如向子諲《浣溪沙》词题记其词为赵总怜所作，而介绍其人时特别指出"赵能着棋、写字、分茶、弹琴"①。

分茶技艺是在唐宋之间的五代时期出现的，北宋初年陶谷在其《清异录·茗荈门》之《生成盏》一条中②，记录了福全和尚高超的分茶技能，称其"能注汤幻茶，成一句诗，并点四瓯，共一绝句，泛乎汤表。小小物类，唾手办耳"。陶谷认为，这种技艺"馔茶而幻出物象于汤面

① 见唐圭璋编《全宋词》第二册，中华书局1965年版，第975页。

② 《生成盏》题不妥，其乃取"生成盏里水丹青"首三字而成，全名意指在茶碗里面将茶汤指点成画，取"生成盏"破句破词破意，当用《水丹青》为妥。

者，茶匠通神之艺也”，当时人也甚感神奇与不易，因而纷纷到庙里要求看福全表演“汤戏”，福全为此甚感得意，作诗自咏曰：“生成盏里水丹青，巧画工夫学不成。欲笑当时陆鸿渐，煎茶赢得好名声。”甚至认为陆羽的煎茶技艺也没什么了不起。

关于这项新鲜神奇的技艺，当时并无“分茶”之专称，而是或称之为“汤戏”，或称之为“茶百戏”，陶谷《清异录·茗荈门》中《茶百戏》条有专门记载：

> 茶至唐始盛，近世有下汤运匕，别施妙诀，使汤纹水脉成物象者，禽兽虫鱼花草之属，纤巧如画，但须臾即就散灭，此茶之变也，时人谓之“茶百戏”。

从宋人诗中可知，“注汤幻茶”、馔茶幻象这一技艺在北宋前期始被称为“分茶”。

“分茶”一词，唐代已有，但指意与宋代完全不同，唐代分茶，是指将在锅中煮好的茶汤，等份酌分到所设好的茶碗之中。宋代的分茶，基本上可以视作是在点茶的基础上更进一步的茶艺，一般的点茶活动，只须在注汤过程中边加击拂，使激发起的茶沫“溢盏而起，周回凝而不动”①，紧贴着茶碗壁就可以算是点茶点得极为成功了。而分茶，则是要在注汤过程中，用茶匙（徽宗后以用茶筅为主）击拂拨弄，使激发在茶汤表面的茶沫幻化成各种文字的形状，以及山水、草木、花鸟、虫鱼等各种图案。杨万里《澹庵座上观显上人分茶》详细记述了一次分茶活动的情形：

> 分茶何似煎茶好，煎茶不似分茶巧。
> 蒸水老禅弄泉手，隆兴元春新玉爪。
> 二者相遭兔瓯面，怪怪奇奇真善幻。
> 纷如擘絮行太空，影落寒江能万变。
> 银瓶首下仍尻高，注汤作字势嫖姚。
> 不须更师屋漏法，只问此瓶当响答。②

---

① 《大观茶论·点》。

② 《诚斋集》卷二。

应当说分茶茶艺有着相当的随意性，它要根据注汤的先期过程中，茶汤中水与茶的融合状态，再加击拂拨弄成与之相近的文字及花鸟虫鱼等图案。很像现在的吹墨画，先将墨汁倒在宣纸上，然后根据纸上之墨态，依形就势，吹弄而成。而分茶的随意性比吹墨画还要大，倒墨是可以由吹画人自己适当控制的，而注汤本身就是一种技术、经验与随机性相结合的活，亦不是很容易。所以分茶的随意性决定了它很难掌握，这使之成了只有极少数熟习者才能使用的特殊技艺。

从农业社会以来至今，罕见而少有能者的事物与技艺，身价特别高，分茶也是如此。

点茶固难，分茶则更难。作为一项极难掌握的神奇技艺，分茶茶艺得到了宋代文人士大夫们的推崇，并且也成为他们雅致闲适的生活方式中的一项闲情活动，如“晴窗细乳戏分茶”[①]等。

由于能之者甚少，知之者也不多。分茶之于宋人诗文中的记录并不多见，所以有人误将分茶与点茶看成一事两称，认为二者是同样的。如钱钟书先生注陆游诗《临安春雨初霁》之“晴窗细乳戏分茶”句便是如此。注中将此处之“分茶”及前引杨万里诗中“分茶”一起，与徽宗《大观茶论》及蔡京《延福宫曲宴记》中的“点茶”混为一谈。[②]其实《大观茶论·点》将点茶的步骤、要求及效果写得清清楚楚，而杨万里的诗也将分茶的情景描绘得很细致，一读之下便可发现它们的不同之处。

二　竞胜的斗茶

从出现时间的先后顺序来说，斗茶早于点茶。点茶从斗茶发展而来，但从二者所关注和着意表达的重点来看，斗茶又不同于点茶。唐冯贽《记事珠》中说“建人谓斗茶为茗战”，可见斗茶是早在唐末五代初时就形成的流行于福建地区的地方性习俗。从后来宋代的斗茶中可以知道，福建地区的这种“斗茶”与唐时在全国较大范围内流传的争早斗新之“斗茶”是不同的。如白居易《夜闻贾常州崔湖州茶山境会想羡欢宴因寄此

---

① 陆游：《临安春雨初霁》，《剑南诗稿》卷一七。

② 钱钟书：《宋诗选注》，人民文学出版社1958年版，第205—206页，1979年6月第三次印刷。

诗》诗中“紫笋齐尝茗斗新”句①，说的就是斗新之斗。

入宋，福建地区的斗茶方法借贡茶之机为全国范围内的人们所熟识、接受和使用。斗茶方式纵贯两宋，泉州南宋莲花峰尚留有南宋末年人们在那里斗茶的题记刻石。南宋淳祐七年（1247），知泉州兼福建市舶司提举赵师耕在九日山祭祀海神通远王祈求海舶顺风，并留题记：“淳祐丁未仲冬二十有一日，古汴赵师耕以郡兼舶，祈风遂游”后，次日游莲花峰，在那里斗茶后题记云：“斗茶而归。淳祐丁未仲冬二十有二日，古汴赵师耕题。”②

宋代斗茶的核心在于竞赛茶叶品质的高下来论胜负，其基本方法是通过“斗色斗浮”来品鉴的③。

关于茶汤的色与浮的斗法，蔡襄在《茶录》中都有明确说明，如其在上篇《色》中说：“既已末之，黄白者受水昏重，青白者受水详明，故建安人斗试，以青白胜黄白”，又上篇《点茶》：“汤上盏可四分则止，视其面色鲜白、著盏无水痕为绝佳。建安斗试以水痕先者为负，耐久者为胜。故较胜负之说曰：相去一水、两水。”要求注汤击拂点发出来的茶汤表面的沫饽，能够较长久贴在茶碗内壁上，就是所谓“烹新斗硬要咬盏”④“云叠乱花争一水”⑤“水脚一线争谁先”⑥。关于“咬盏”，徽宗曾作了较详细的说明：“乳雾汹涌，溢盏而起，周回凝而不动，谓之咬盏。”⑦

关于茶色之斗，徽宗说：“以纯白为上真，青白为次，灰白次之，黄白又次之”⑧，纯白的茶是天然生成的，建安有少数茶园中有天然生出一株两株白茶树，非人力可以种植。白茶早在建安民间就自为斗茶之上品，北宋中期以后，人们干脆就将它称之为“斗茶”：建安“茶之名有七，一曰白叶茶，民间大重，出于近岁，园焙时有之。地不以山川远近，发不以

---

① 见《全唐诗》卷四四七。

② 李玉昆：《泉州所见与茶有关的石刻》，载《农业考古》1991 年第 4 期，第 255 页。

③ 梅尧臣：《次韵和永叔尝新茶杂言》，《全宋诗》卷二五九。

④ 梅尧臣：《（次韵和永叔尝新茶杂言）次韵和再作》，《全宋诗》卷二五九。

⑤ 王珪：《和公仪饮茶》，句下并有自注曰：“闽中斗茶争一水。”见《全宋诗》卷四九四。

⑥ 苏轼：《和姜夔寄茶》，《全宋诗》卷八〇五。

⑦ 《大观茶论·点》。

⑧ 《大观茶论·色》。

社之先后，芽叶如纸，民间以为茶瑞，取其第一者为斗茶”[①]。梅尧臣《王仲仪寄斗茶》诗句“白乳叶家春，铢两值钱万”[②] 就说明叶家的白茶是斗茶，苏轼《寄周安孺茶》中也有“自云叶家白，颇胜中山醁”[③]，刘弇《龙云集》卷二八《茶》亦说：“其制品之殊，则有……叶家白、王家白……”说明叶家、王家的天生白茶一直都很有名，而这是斗茶之斗色使然。至北宋末年，由于徽宗对白茶的极度推重，从此终两宋时代，白茶都是茶叶中的第一品。

应当说明的，是点茶与斗茶之间的区别。斗茶在全国被广泛使用之后，它的基本方法被取用为宋代的主导茶艺方式，故点茶与斗茶的鉴别标准与技术要求基本都是相同的，唯一的区别就在于斗茶在水脚生出的先后时间上要比出个高低上下而已。

斗茶是“斗色斗浮”，与品味争先的茶叶鉴别是不同的，由此从范仲淹著名的《和章岷从事斗茶歌》中就引出了一段历史公案，诗中有曰：“黄金碾畔绿尘飞，紫玉瓯心雪涛起。斗茶味兮轻醍醐，斗茶香兮薄兰芷。”[④] 历来人们都将此诗作为宋代斗茶习俗的生动描绘，殊不料由于范仲淹对斗茶之事不甚详悉而存在着对宋代斗茶的误解，他在斗茶诗中的具体描绘也有着诸多的疑点。

首先是关于斗茶的茶色，南宋后期陈鹄所撰《耆旧续闻》卷八对此已有所察觉：“范文正公茶诗云：‘黄金碾畔绿尘飞，碧玉瓯中翠涛起。’蔡君谟谓公曰：‘今茶绝品者甚白，翠绿乃下者尔，欲改为玉尘飞、素涛起。’”范仲淹对上品斗茶的茶色正好完全搞错，可见他对建安斗茶之事不甚了解。

其次关于斗茶的品鉴核心，范仲淹认为是“斗茶味兮轻醍醐，斗茶香兮薄兰芷”，在于品鉴茶的香味。虽然茶的色与味从当时至今仍是品鉴茶叶的基本标准，但它却不是斗茶的技术评定标准，斗茶胜负的最终标准并不全在于茶香、茶色，而更在于看茶碗壁上显现的水痕，先现者为负，后现者为胜，即所谓“水脚一线争谁先”。

---

① 《东溪试茶录·茶名》。

② 《全宋诗》卷二四七。

③ 《全宋诗》卷八〇五。

④ 见《全宋诗》卷一六五，与下文《耆旧续闻》所记“黄金碾畔绿尘飞，碧玉瓯中翠涛起”不同。

蔡襄是福建人，又曾多次在福建地区任职，本人又精研于点试茶艺，对福建地区的茶艺当是最熟悉不过的了，所以他在《茶录》中说的“故建安人斗试，以青白胜黄白”“建安斗试以水痕先者为负，耐久者为胜”，当是对源起于建安风俗的宋代斗茶茶艺活动最准确的说明。而梅尧臣“斗色斗浮顶夷华”诗句则是对宋代斗茶茶艺最精练简明的概括说明。范仲淹未曾到过福建，对从闽地流传出的流行于上流社会中的有关斗茶习俗似乎并不熟悉，当他和别人唱和有关斗茶的诗歌时，肯定是根据他所熟悉的一般点茶斗茶。同时，由于范仲淹卒于皇祐四年（1052），此时蔡襄的《茶录》尚未流布，因而范仲淹的这首既不能算正确也不能完全算不正确的《斗茶歌》，事实上也从侧面说明了茶尚白、盏宜黑、斗色斗浮的宋代斗茶，在宋代社会全面流行开来的时间是在蔡襄《茶录》广为流传之后。

张继先《恒甫以新茶战胜因歌咏之》诗曰：“人言青白胜黄白，子有新芽赛旧芽。龙舌急收金鼎火，羽衣争认雪瓯花。蓬瀛高驾应须发，分武微芳不足夸。更重主公能事者，蔡君须入陆生家。”[①] 与王庭珪《刘瑞行自建溪归数来斗茶大小数十战，予惧其坚壁不出，为作斗茶诗一首且挑之使战也》诗中：“乱云碾破苍龙壁……惟君气盛敢争衡，重看鸣鼍斗春色。”[②] 说的都是建安斗茶的情况。

元代赵孟頫绘有《斗茶图》，系从南宋刘松年所绘《茗园赌市图》摘取局部改绘而成，可以说基本反映的是宋代斗茶的情况。画面中人目光所集中的中年汉子，左手拿着一只茶碗，面带若有所思之神情，似乎是刚刚喝完了茶，正在仔细品味，而面对着看他的两个人目光中充满期待，正等待他说出评价。这幅图中斗茶的核心内容显然是在于对茶的品位，而不是通过观看茶汤的外形和茶色来品鉴，与北宋蔡襄以来斗色斗浮的斗茶显然不同，可见斗茶的重心在宋代不同时期不是一以贯之的。

不过，这种斗茶的重心不一贯，在时间跨度上的表现却不是连续的，在更多的时候，它更多地表现为一种并行的状态，即在两宋大部分的时间里，既有尚白色斗浮斗色的斗茶，也有不计茶汤色白色绿而注重茶之香、味品鉴的斗茶。

---

① 《全宋诗》卷一一九七。

② 《全宋诗》卷一四五五。

点茶其实就是没有竞胜目的的斗茶，除却没有相互之间的高下评比之外，点茶的所有程序、要求与斗茶都是一样的，从以上论述可以得知，日常点茶饮茶茶艺所用的茶叶，在整个两宋时代也是白色和绿色并行的。

这里就联想到中日茶文化交流中的一个问题，日本茶道最早是从入宋禅僧荣西、南浦等人传习回日本的宋代茶艺，宋代点茶、斗茶茶艺中茶色尚白，日本茶道中的茶汤却是自荣西为镰仓幕府第三代将军源实朝送茶汤以来至今都是绿色。可以肯定的是，荣西是按他在宋朝的径山寺学禅时所耳熟能详的茶艺方法调茶冲茶的，那么，至少在径山寺的僧人那里所使用的茶叶是绿色的。荣西于1168年、1187—1191年两次入宋，那么南宋时期肯定是绿色茶与白色茶并重。北宋至少在蔡襄《茶录》之前亦然。蔡襄之后，茶色尚白的观念影响日渐扩大，经过宋徽宗的推崇，成为宋代茶叶品鉴中的占主导地位的价值观念，然而这并没有完全阻止绿色茶在实际生活中、茶饮茶艺活动中的大量存在。因为纯白的或极白的茶叶都只限于数量极少的建安贡茶，这种茶是社会中绝大多数人享用不到的，所以白色的茶虽然在价值上与观念中都品质极高，但其使用却并不广泛。

三　宋代其他饮茶法

除了点茶、分茶、斗茶外，宋代社会中还存在着其他至少两种饮茶方法：煎茶和泡茶。

煎茶法是唐代煎煮饮茶法的遗风，是前代主导饮茶方式的遗存。泡茶法，就是直接瀹泡散条形的茶叶，这种饮茶方式在明代以后一直是中国茶饮的主导方式，约在南宋中后期时出现，是宋代茶艺初期趋繁后期趋简的后一极。叶茶形式的茶叶在唐代茶饮中就已曾被使用，刘禹锡《西山兰若试茶歌》："宛然为客振衣起，自傍芳丛摘鹰嘴。斯须炒成满室香，便酌砌下金沙水。……新芽连拳半未舒，自摘至煎俄顷余。"① 表明在唐代就有叶茶形式的茶饮，不过这时仍使用煎煮法饮用叶茶。而到宋末元初，浙江杭州龙井一带的茶叶已经开始使用直接瀹泡的方法饮用了，饮用时"但见瓢中清，翠影落群岫"②，与此后至今一直占据中国茶饮方式主导地位的叶茶瀹泡法相同。

---

① 《全唐诗》卷三五六。

② 虞集：《次韵邓善之游山中》，见《道园遗稿》卷一。

宋代茶艺在茶叶外形和饮用方法上在中国茶文化史中起着承上启下的作用，唐代主要饮用末茶，宋代则是饼状末茶与叶状散茶同时大量存在，为叶茶占主导地位作了良好的铺叙；唐茶使用煎煮法，宋茶使用冲点法，当末茶形式的点饮法渐渐淡出以后，叶茶瀹泡法立刻就占据了茶饮茶艺的大舞台。在中国茶文化史中，宋代茶艺既形成了自身鲜明独特的茶文化，又为唐明之间的茶文化过渡发展提供了实物与观念的准备。

第三节　宋代末茶茶艺消亡的原因

极具特色的宋代末茶茶艺为人们习用了数百年，其后在明初太祖朱元璋下诏罢贡团茶之后正式消亡。此后，虽然陆续仍有一些文人玩习末茶茶艺以为雅事，但在整个的社会习俗与观念中，末茶茶艺都只是一种个别的现象，而不再在中国人的饮茶习俗及相关观念中占主导地位了。从表面上看，末茶茶艺的消亡，似乎是明政府行政政策干预的结果，其实不然。深入地研究宋代末茶茶艺及相关的社会现象与观念，就会发现，宋代末茶茶艺消亡的某些内在原因早就已经蕴藏其中。

一　与自然物性相违

宋代末茶点茶及斗茶茶艺中，茶汤之色皆尚白，为了使点饮斗试时茶汤呈白色，就要求在茶饼的制造过程中，除了“其叶莹薄”“芽叶如纸”的白茶外①，其他茶叶品种都要求尽量榨尽茶叶中的汁液，这就造成末茶之饼在色、香、味诸方面与茶叶原本的自然物性相违背的现象。

关于榨去茶叶汁液与茶味及茶汤呈白色之间的关系，宋子安《东溪试茶录·茶病》说：“蒸芽必熟，去膏必尽。蒸芽未熟，则草木气存。去膏未尽，则色浊而味重。”黄儒《品茶要录》之八《渍膏》说：“榨欲尽去其膏……唯饰首面者，故榨不欲干，以利易售。试时色虽鲜白，其味带苦者，渍膏之病也。”徽宗《大观茶论·色》言：“压膏不尽则色青暗。”等等，都是说如果不将茶叶中的汁液榨压干净，就会使茶末在点试时味、色浊重，达不到要求。

在中外茶叶史上，宋代大概是唯一的曾经要求将茶叶中汁液榨干净的

① 《大观茶论·白茶》《东溪试茶录·茶名》。

一个时期与个例，因为茶叶的色与味全都溶含在茶叶汁液之中，宋以外各代人们总是想方设法要做到的，是如何在制造、饮用茶叶过程中保持茶叶的汁液和激发茶叶之绿色与气味，宋人却空前绝后、独一无二地认为榨尽茶叶汁液才能保持好的茶色与茶味，实在有点让人感到奇怪和匪夷所思。对此，宋人自己曾经有过如下的解释：

昔者陆羽号为知茶，然羽之所知者，皆今之所谓草茶。何哉？如鸿渐所论“蒸笋并叶，畏流其膏”，盖草茶味短而淡，故常恐去膏；建茶力厚而甘，故惟欲去膏。①

认为是由于建茶力厚味浓才需要这么做的。只不过这种解释仍让人觉得有些疑惑：为什么不是通过适当的制造技术使味道的浓淡保持在一个适中的程度，而是榨干汁液才味道最好呢?！不知当时的建茶茶力浓厚到了什么样的程度，以至于要将茶汁榨干才味道好。

事实却不尽然。当宋人靠实际的品尝鉴别茶品质，而非轻信流传中的声名的时候，宋人自己也发现绿色的茶叶味道实比白色的为好：

今自头纲贡茶之外，次纲者味亦不甚良，不若正焙茶之真者已带微绿为佳。近日士大夫多重安国茶，以此遗朝贵，而夸（铸）茶不为重矣。……今诸郡产茶去处，上品者亦多碧色，又不可以概论。②

不知其中“茶之真者”之“真”是否含有本真之意，但无论如何，榨去茶汁肯定会使茶汤失去原有的色泽与味道。宋代的末茶从根本上违背了茶叶固有的自然物性，而违背自然物性的东西，其中所必然蕴含的对自我否定的成分，总有一天会使得其自身即末茶这一物质形态不可能长久地存在下去，而最终被叶茶所取代。其中究竟，还是明代田艺蘅一语中的：“茶之团者片者，皆出碾硙之末，既损真味，复加油垢，即非佳品，总不若今之芽茶也，盖天然者自胜耳。”③

① 《品茶要录·后论》。
② 陈鹄：《耆旧续闻》卷八。
③ 田艺蘅：《煮泉小品》。

二　高制造成本阻碍普及

宋代北苑御茶园造贡新銙茶花费巨大，“采茶工匠几千人，日支钱七十足，旧米价贱，水芽一胯，犹费五千。如绍兴六年（1136），一胯十二千足，尚未能造也，岁费常万缗”①。贡新銙茶每年所造不过百②，所费如此，加上数以千万銙计的各纲各款贡茶，花费极巨。当然在贡茶制度中，这些巨大的制造成本是不用顾及的，同时高制作成本也是高品质茶的前提条件和基本内涵。

但对于更广泛的社会各阶层中的各种饮茶、茶艺之人来说，像北苑贡茶那样，用大量人力物力来制造十几水、十几宿火的高品质的茶，都是力所不逮的。因而宋代供社会大众饮用的普通茶叶的制造工序，肯定较北苑贡茶大为简化。简化的结果之一，便是茶的色泽保持了茶叶的绿色，而且相对保持了茶叶的本来味道，对尚白的宋代末茶茶艺产生了内在的消解作用。从这一角度来说，高制作成本阻碍了宋代末茶茶艺在社会各阶层中的普及。而在社会各阶层将末茶茶艺作为一种优势价值文化来学习和模仿的时候，自行降低了其原来的标准和要求，使得宋代末茶茶艺在普及的过程中，原本的技术要求和质量标准自动消解，在时间的流逝中，终因被消解完毕而不传。

三　掺假制假影响上品末茶的品质和声誉

名品、上品茶始终无法摆脱掺假制假的困扰，自古已然。宋代上品茶掺假制假的主要手法，或如首章述及的制茶工序中的偷工减料，降低原料的等第、品种，“阴取沙溪茶黄杂就家棬而制之”③，或在原料中掺入其他的植物叶，“至于采柿叶桴榄之萌，相杂而造，味虽与茶相类，点时隐隐有轻絮泛然”④。或在碾好的茶末中夹杂他物，“建茶旧杂以米粉，复更以薯蓣，两年来，又更以楮芽。与茶味颇相入，且多乳，惟过梅则无复气味矣。非精识者，未易察也”。⑤ 诸多掺假制假的结果，使得人们很容易在

---

① 《鸡肋编》卷下。

② 此据《北苑别录》。

③ 《品茶要录》之十《辨壑源沙溪》。

④ 《大观茶论·外焙》。

⑤ 陆游:《入蜀记》卷一。

饮茶时饮用到假的“好茶”，感觉极差。邹浩《仲孺督烹小团既而非真物也，怅然次韵以谢不敏》：“情伪初难分，饱闻不如视……此茶亦先声，入手恐失坠。泠然风御还，共饮乃非是。坐令竹边心，追悔如刻鼻。”[①]表达的就是这种心情。

虽然制售假茶叶的事件在近代、现代、当代都屡屡不绝于耳，但相比较而言，研末压成饼状的团茶掺假情况更难鉴别，再加上茶饼膏油油面，几乎无法检视茶饼表面的肤理，只有到点试时才能品别，所以像邹浩这样一而再再而三地吃到假的团茶当然不足为怪。[②] 纵不掺假，团饼末茶已渐为人们鉴别为不近自然的不好之茶，再加上多种的掺假制假行为，其品质更加不堪，最终为人们弃而不用，当是定数。

四　点茶茶艺的泛化

点茶最初源于建安民间斗茶，自建安茶成为专供皇室的贡茶之后，点茶也成为官宦文人点试腊面茶的专门茶艺。但在宋人话本及明人以宋代社会生活为题材的话本中，“点茶”一词之使用，比比皆是，无论是茶店、茶坊、烟花柳巷，甚至居家索茶，言茶必叫“点茶来”。如话本《碾玉观音》中，“虞候即时来他对门一个茶坊里坐定，婆婆把茶点来”；《宋四公大闹禁魂张》中：“门前开着一个小茶坊，众人入去吃茶，一个老子上灶点茶。”点茶茶艺甚至与称谓在民间日常生活中的泛化，对其自身也有一定的消解作用。

当然，元初文人士夫的社会地位骤降，至有人分十等九儒十丐的说法[③]，虽然高层官员中仍不乏少数文人，但社会上文人整体的社会地位急剧下降，使得作为文人雅玩的末茶茶艺一下子失去了主体，这一直接原因与以上诸种原因共同作用，使得末茶茶艺在元代以后就基本湮灭不传。

---

① 《全宋诗》卷一二三四。

② 邹浩除了前引诗外，还写有《与仲孺破兔饼色味皆恶同一绝倒，既而述之又烹小团亦兔饼也，作诗报世美》，说的还是碰上假茶的事。

③ 谢枋得：《叠山集》卷三《送方伯载归三山序》：“滑稽之雄以儒为戏者曰：我大元制典，人有十等：一官，二吏，先之者，贵之也。贵之者，谓有益于国也。七匠，八娼，九儒，十丐，后之者，贱之也。贱之者，谓无益于国也。”

第三章　宋代茶具

茶器具在任何时代、任何一种形式、任何一种流派的茶艺活动中，都占据极为重要的地位，起着极为重要的作用，这是茶艺活动自身的消费特征所决定的。作为一种物质消费活动中的中心物品，茶叶在茶艺活动中的角色虽然至关重要，却存在着一种致命的遗憾，那就是在每次的茶饮、茶艺活动中，茶叶自身都是一种消耗品，再名贵的茶叶，在每次的茶饮茶艺活动结束之时，它的作用与意义也就都随之终结了。能够一次一次反复出现在茶饮茶艺活动之中，而且有了较为持久的意义与恒常地位的，是茶饮茶艺活动必备的运作器物与载体：茶器具。它们除了在每次茶艺活动中扮演不可或缺的角色之外，还因其不易消耗性，以及可能并且已经具有的文物属性，成为茶饮茶艺活动中能够持久存在并且文化寓意明确的部分。

同样的茶具由于反复在多次茶艺活动中被使用，其自身的特性及其可能被附着的文化内涵得以凸显，并因与其所容载的茶叶、茶汤的形色相得益彰，成为茶艺活动中符号意义鲜明的物质文化特征。所以茶具成为茶文化之精神内涵的重要载体。

中国古代不同时期的茶艺活动特征各不相同，其所因藉、附着的茶具也各具极为鲜明的时代特征。茶具不仅可以使人们深刻了解不同时代茶文化的特性，并且由于中国古代社会生活方面很多细节材料在文献方面的缺乏，传延至今的茶器具，也可以从其功能性作用等方面，为人们从多侧面多角度理解、解读某一个时代的茶文化，提供有力的说明与佐证。

关于茶艺器具的类别的确定，唐代陆羽在其《茶经》中有“二之具”“四之器”两节分别专门叙述采制茶叶的工具和煎煮茶饮的器皿。陆羽之后采制茶叶的用具不再为饮茶之人和文人雅士们所关注，进入人们视野的茶具，只有茶饮茶艺活动的用具。[①]

宋代茶饮茶艺用具，不仅丰富多彩独具时代特色，并且与宋代的一些茶艺一起传到了日本，在日本各派茶道茶艺活动与文化中留下了深深的印记，在世界茶文化史中也占有重要的一席之地。

第一节　别具风格的宋代茶具

唐代茶具比较繁复，材质多样，作用之界限、分别细致，陆羽在《茶经·四之器》中罗列甚详，共计主器及附属器二十四组三十件，并详细列举了诸项茶具在煮茶饮茶每一步骤中的运用。陕西法门寺出土的唐代宫廷茶具——茶罗合、茶碾、银则、长柄勺、大小盐台、银火箸、玻璃茶碗、茶柘、秘瓷茶碗等，也从实物的角度给陆羽的茶具清单作了佐证。当代茶圣吴觉农先生主编的《茶经述评》将陆羽所列二十八件茶具分别为生火、煮茶、碾罗茶、盛取水、盛取盐、饮茶、盛储器、清洁用具八大类[②]，从每大类所包括的具体器物可以看到，唐代煮茶艺在生火、煮茶、碾茶、盛取水、盛取盐、清洁用具方面用器较多，表明唐人在煎煮茶饮的过程中，对这些步骤的高度重视。

宋代茶书中所见的茶具，其数目只及唐代《茶经》中的一半，尤其在生火、盛取水等过程性用具方面较之大为简略。不过在实际生活中使用的茶具却不是很少，综合茶书中与实际生活中使用的茶具来看，宋代茶具的重头，集中在碾罗茶叶、煮水点试方面。（参见表1）以下分类述之。

一　藏茶用具

宋代茶书中藏茶用具有三种，蔡襄《茶录》下篇《器论》中首列了两种藏茶用具：茶焙和茶笼，另外是徽宗《大观茶论》中用来“缄藏”烘焙好的茶饼的“用久漆竹器”——徽宗没有具体说明这种器物的名称，

---

① 当代台湾有论者以为陆羽在《茶经》中以“茶具”称采制茶叶的工具，以“茶器”称煎煮饮用茶的器皿，现在人们以“茶具”称饮茶用具，不符合陆羽的提法。笔者以为，既然茶具之称已为人们习惯沿用，持论者似不必太拘泥于陆羽所用称谓，作无谓的文字游戏。

② 《茶经述评》误将“札”列入第六类饮茶具中。札是巨笔形的清洗用具，是无法用来饮茶的。

表1 **宋代茶具一览表**

	茶书中的茶具				实际生活中使用的茶具			
藏茶	茶焙	茶笼	茶盒		茶瓶	茶缶	茶罐	
炙茶	茶钤							
碾茶	砧椎	茶碾	茶磨	棕帚	茶臼			
罗茶	茶罗							
贮茶末					茶合	纸囊		
取茶	茶匕							
生火					茶灶	茶炉		
煮水	汤瓶				茶铛	水铫	石鼎	瓶托
盛取水	杓				水盆			
点茶	茶匙	茶筅						
饮茶	盏/碗	盏托						
清洁	茶巾				渣斗			
盛贮					大合			

这里姑且称之为茶合。而宋代实际生活中一直还有使用陶瓷乃至椰壳等多种材料制成的茶瓶、茶罐、茶缶等器具藏茶。[参见图6、图7、图8] 这些大小不等、形状不一的贮茶瓶缶主要是用来贮藏叶茶和加工好的末状茶粉的。

图6 北宋定窑"至道元年"刻款盖罐

（高14厘米，腹径12.3厘米）

图7 北宋定窑瓷盒

（高10.3厘米，口径8.2厘米）

图8 宋代龙泉窑青釉荷叶形盖罐

（通高31.3厘米，口径23.8厘米，底径16.8厘米。四川遂宁市金鱼村窖藏出土。现藏遂宁市博物馆）

藏茶茶焙不是后文将要提到的制茶园焙，它是用竹编的，内置炭火的竹笼，顶有盖，中有隔，“盖其上以收火也，隔其中以有容也，纳火其下，去茶尺许，常温温然，所以养茶色香味也”①，其炭火用的是所谓“熟火”，即“以静灰拥合七分，露火三分，亦以轻灰糁覆”②。［参见图9］

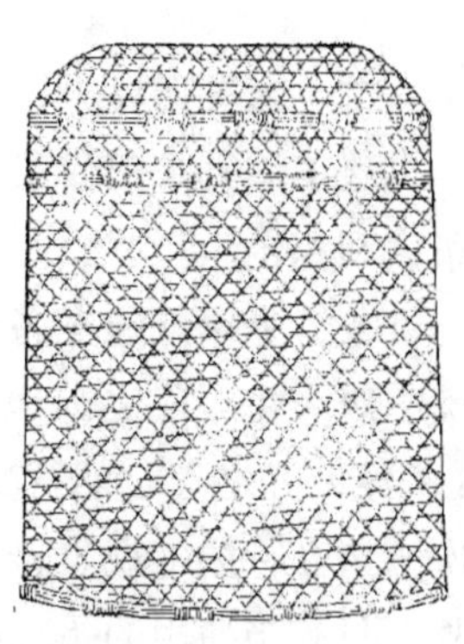

图9　宋代藏茶茶焙（欣赏编本《茶具图赞·韦鸿胪》）

茶笼是用蒻叶编成的，不用火，将茶饼用蒻叶密封包裹后，盛在蒻叶笼中，放在高处使其“不近湿气”③。虽然茶笼本身不密封，但茶饼本身已为蒻叶所密裹，实质上是在使用密封藏茶法，可谓是后来出现并沿用至今的密封藏茶法的先声。

关于茶焙与茶笼的藏茶分工，蔡襄认为二者是分开的，“茶不入焙者，宜密封裹以蒻叶笼盛之”④，意即一部分茶叶放在茶焙中经常用火烤炙，另一些不放入茶焙中的茶叶则密裹放在蒻叶笼中。用并行的方法使用这两种藏茶用具，应当说是既不科学也不经济，因为入茶焙者，长年经常用火，实无必要。所以，如果不是蔡襄对藏茶之事不甚明了，或者叙述得不甚明白的话，就是蔡襄所处时代的藏茶方法仍需要加以改进。

到徽宗时，这种方法已得到改进，即先在茶焙中将茶饼烤焙干燥之后，再放到可以密封的器物中密封缄藏，而且在多次开封取茶叶后，可以再次重复焙干后再缄藏的方法，这样可以长久保持茶叶新茶时的品色。

陆羽认为要真正领略茶饮茶艺的真谛与精华，会有九种困难，即所谓“茶有九难”，其第九难是“饮”，“夏兴冬废，非饮也”⑤，只有一年到头饮茶不断才算是真正的饮茶。而对于一年到头经常要饮用的茶来说，因其自身的易吸湿、串味的特性，要妥善保存好是非常重要的。宋人很明白地意识到了这一点，不仅蔡襄将藏茶器具列在了茶具之首，而且在茶艺实践中人们还在不断地更新改善藏茶用具，使之更好地发挥对茶叶的保管作用，为茶饮茶艺活动提供最好的茶叶。

---

① 《茶录》下篇《茶焙》。

② 《大观茶论·藏焙》。

③ 《茶录》下篇《茶笼》。

④ 同上。

⑤ 《茶经》卷下《六之饮》。

二 碾茶用具

碾茶用具是宋代茶具中较多的一类，共有五件：茶钤、砧椎、茶碾、茶磨和棕帚。

茶钤是碾茶的准备性工作的附属辅助用具，用于夹着茶饼在火上烤炙。唐人在碾茶之前也需要炙茶，用的是竹夹或金属制的夹子。此外从《茶经·五之煮》的行文来看，唐代煮茶从炙茶、碾茶起，似乎炙茶是每次煮茶必行的常规步骤。宋代炙茶并不是茶饮茶艺活动每次必行的常规步骤，只有当使用的是陈年旧茶时，才需先将茶饼在开水中浸渍，轻轻刮去茶饼表面的一两层膏油，然后用茶钤夹住，在微火上烤干，再进入碾茶的常规程序。但是随着宋代贡茶制度的飞速发展，求新争早日益成为茶饮茶艺活动中的时尚与品鉴茶叶的标准，在茶饮活动中绝大多数人再也不屑使用陈茶，因而处理陈茶的方法也逐渐不再被人们注意和提及。蔡襄以后，茶钤再也没有作为一项茶具进入人们关注的视野。

碾茶的第一步骤是将茶饼敲碎。唐人只说将炙好后的茶饼“候寒末之”①，对此碎茶的步骤不曾言及，更没有说明是否有专门的用具。宋人的碎茶用具为砧椎，一块砧板，一只击椎，砧与椎的制作材料一般用木②，偶尔也用金属材料，取用标准是使用方便：“砧以木为之，椎或金或铁，取于便用。”③［参见图10、图11］

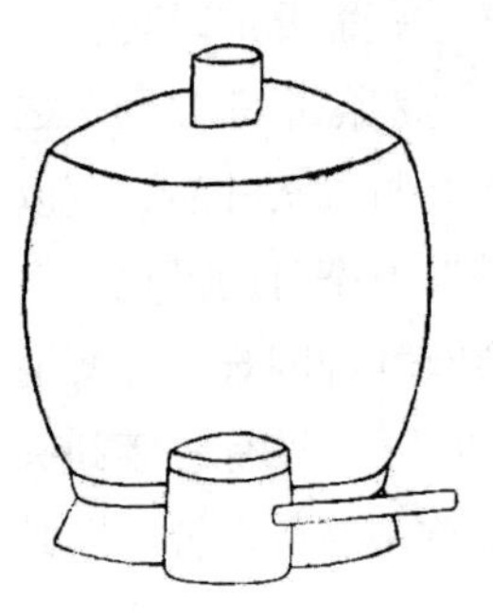

图10 宋代碎茶砧椎
（欣赏编本《茶具图赞·木待制》）

碾茶的第二步也是其核心程序是碾，宋代碾茶具主要有三种：茶碾、茶磨和辅助用具棕帚。

茶碾唐宋皆有。但因点茶对茶末的要求非常高，所以宋人对碾茶的用具要求也很高，要求器物的质地不能影响茶的色泽与气味。如蔡襄要求：“茶碾以银或铁为之。黄金性柔，铜及鍮石皆能生铁，不入用。”④ 徽宗不仅论及碾的质地不

---

① 《茶经》卷下《五之煮》。

② 审安老人《茶具图赞》称之为“木待制”。

③ 《茶录》下篇《砧椎》。

④ 《茶录》下篇《茶碾》。

图 11 大德寺《罗汉图》局部

能伤害茶色，而且对碾的制式也有要求：

“碾以银为上，熟铁次之。生铁者，非淘炼槌磨所成，间有黑屑藏于隙穴，害茶之色尤甚。凡碾为制，槽欲深而峻，轮欲锐而薄。槽深而峻，则底有准而茶常聚；轮锐而薄，则运边中而槽不戛。……碾必力而速，不欲久，恐铁之害色。”① ［参见图 12］

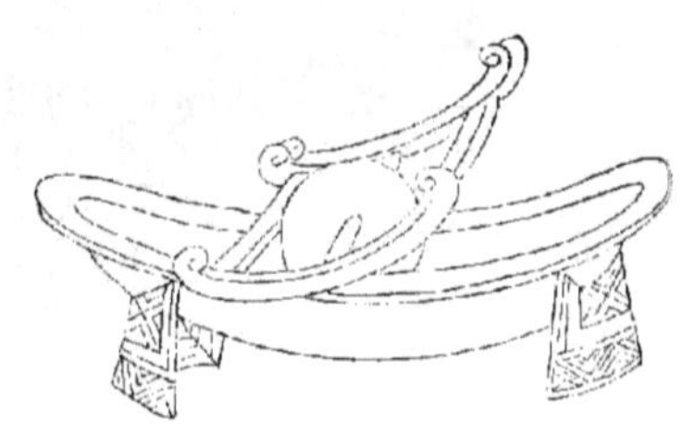

图 12 宋代金属茶碾

（欣赏编本《茶具图赞·金法曹》）

茶磨一般都是由石制的，首先石磨

① 《大观茶论·罗碾》。

一般都不会有害于茶色，从物性上来说它也更接近于自然，所以苏轼《次韵董夷仲茶磨》赞曰："计尽功极至于磨，信哉智者能创物。"[1] 事实上，茶艺活动中所有各种茶具都是随着人们对茶叶和器物的质地与功用认识的变化与提高及茶叶生产制造方法的变化而不断改进、完善和变化的。[参见图13]

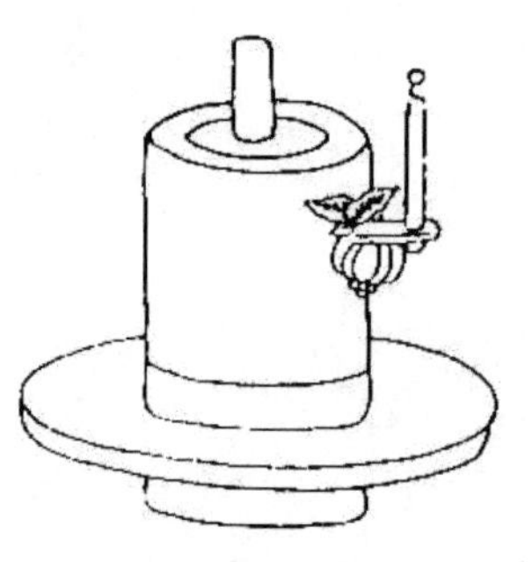

图13　宋代茶磨
（欣赏编本《茶具图赞·石转运》）

宋代实际生活中使用的碾茶用具里，还有一种自唐五代以来民间就一直使用的茶臼，不见于宋代茶书而只见于诗词中，如马子严《朝中措》："蒲团宴坐，轻敲茶臼，细扑炉熏。"[2] 唐五代及宋元传世的实物中也有茶臼。[参见图14、图15、图16]

图14　长沙窑青釉刻莲花纹擂钵（现藏湖南省博物馆）

① 《全宋诗》卷八三〇。
② 《全宋词》第三册，第2069页。

图 15　五代定窑白釉瓷茶臼
（通高 3.1 厘米，口径 12.2 厘米。现藏中国国家博物馆）

图 16　宋元景德镇窑瓷杵臼
（此为个人收藏品，不能确定）

棕帚是碾茶的辅助用具，用来将被碾磨开的茶末清扫归拢到碾或磨的中心，便于继续碾磨。［参见图 17］

图 17　宋代棕帚
（欣赏编本《茶具图赞・宗从事》）

南宋末年以后，点试末茶的茶叶品饮方式逐渐开始为人们放弃，碾茶用具也不再被人们看作是茶艺的用具。到了明代，在醉心茶事茶艺的官宦、文人士大夫当中，除了“取烹茶之法，末茶之具，崇新改易，自成一家”的臞仙朱权①，混用煎茶、点茶用具，在其所用茶具中仍对茶碾、茶磨兼收并蓄之外，碾茶用具几乎不再见诸明人的其他茶叶著述，碾与磨从茶具系列中销声匿迹。

三　罗茶用具

茶被碾成末状之后，需过罗筛匀，宋与唐一样均用罗。

唐代的罗“用巨竹剖而屈之，以纱绢衣之”②，对罗底“纱绢”的疏密并未作详细说明和具体要求，但从《茶经》其他章节对茶末的描述中，可从侧面看到唐人对茶罗的要求。《茶经・五之煮》在将茶叶“候寒末

① 朱权：《茶谱・序》。
② 《茶经》卷中《四之器》。

之”后有注曰：“末之上者，其屑如细米；末之下者，其屑如菱角”，又《茶经·六之饮》：“茶有九难……七曰末……碧粉缥尘，非末也。”综而观之，唐人对茶末的要求是既不可以太细，也不可以太粗，则罗底亦必介于不疏不密之间。

宋人对茶罗有明确而严格的要求，因为宋代点茶要求茶末“入汤轻泛”①，而“罗细则茶浮”，所以“茶罗以绝细为佳”。为此，对用来做罗底的材料要求也很高，蔡襄认为要“用蜀东川鹅溪画绢之密者，投汤中揉洗以幂之”②。[参见图18]

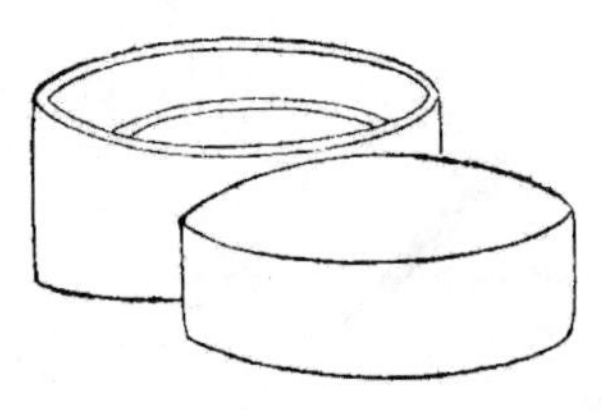

图18　宋代茶罗

（欣赏编本《茶具图赞·罗枢密》）

在陆羽《茶经》中，茶罗与另外一种器物“合”联在一起使用，“罗末以合盖贮之”③，罗好的茶末放在合中待用，此外，在《茶经·九之略》中陆羽讲道：“……若援藟跻岩，引絙入洞，于山口炙而末之，或纸包合贮，则碾、拂末等废”，意指若去林泉山谷品茶，可以事先将茶碾成末后，用纸包好，放在合里，带去直接使用。唐长沙窑传世有不止一件题款“茶合”，可见其在民间使用之多④。[参见图19] 法门寺茶具中则有非常豪华的鎏金银制罗合，和双狮纹菱弧形圈足贮放茶末的银盒，真是侈丽之极。

宋代茶书中，并没有直接的文字表明宋人将陆羽《茶经》中的“合”——罗筛后茶末的贮藏用具，当作茶具之一种，但在实际生活中，“合”却是为人们所使用的。南宋朱弁《曲洧旧闻》卷三记述：“[范]蜀公与温公同游嵩山，各携茶以行。温公以纸为贴，蜀公用小黑木合子盛之。温公见之惊曰：‘景仁乃有茶器也！’蜀公闻其言，留合与寺僧而去。后来士大夫茶器精丽，极世间之工巧，而心犹未厌。”由此，也可将“合”看成是宋代罗茶的辅助用具。贮茶末的茶合（盒）在宋代有用木制者也有用瓷制者。[参见图20、图21]

---

① 《大观茶论·罗碾》。

② 《茶录》上篇《罗茶》、下篇《茶罗》。

③ 《茶经》卷中《四之器》。

④ 参见罗平章《长沙窑瓷盒集锦》，《东方收藏》2010年第10期。

图 19　唐长沙窑青釉褐彩“大茶合”铭茶盒
（高 3. 5 厘米，口径 9. 7 厘米。现藏华凌石渚博物馆）

图 20　花瓣形漆木盒
（江苏江阴市文林宋墓出土）

图 21　圆筒形漆木罐
（江苏无锡市南门
兴竹村出土）

四　生火煮水用具

煮水用火，生火用炉，唐代生火用具比较繁复，有风炉、灰承、（炭）筥、炭檛、火筴五种之多，而宋人只言及一种：茶灶，或曰茶炉，对其他五种辅助性用具，了无涉及。

和其他多种茶具一样，宋人对茶灶的形制、尺寸都没有明确的说明，但从宋人词语中常出现的“笔床茶灶”及“笔床茶灶仅可以叶舟载”[①]之类的诗文来看，宋代茶炉茶灶的体积不会很大。

宋代文物中有些关于茶炉的图像资料。一如南宋无款《春游晚归图》中，一僮仆担荷的春游行具中，一肩为一“食匮”，一肩为一燎炉，上置点茶用的长流汤瓶。［参见图22］南宋虞公著夫妇合葬墓西墓备行图（原为备宴图）中亦有出行荷担一挑，同样一肩为一“食匮”，一肩为燎炉，上置点茶用的长流汤瓶。［参见图23］《续资治通鉴长编》真宗太平兴国三年四月记事中有言：“辽国要官阴遣人至京师造茶笼、燎炉。”[②] 燎炉与茶笼并言，当同为茶具，这是文献中的有关记载，可与实物互证。除了可以荷担而携行的燎炉茶炉外，图像中居常用于点茶的燎炉也多有见，如《文会图》《十八学士图》及《庖厨砖雕》点茶部分的煮汤瓶的燎炉等。

图22　南宋佚名《春游晚归图》

---

① 见《闽中金石略》卷一〇《宋提举秘阁太常少卿退庵陈公墓志铭》。

② 《续资治通鉴长编》卷七十三。

图 23　南宋虞公著夫妇合葬墓西墓备行图（拓本）

茶灶有砖砌、石砌者，深得宋代文人瞩目，成为闲雅适意生活的一种象征，对于自然山石中天然生成茶灶状的山石更是垂青，朱熹就曾为武夷第五曲茶灶石书题“茶灶”两个大字①。

宋人有时亦称茶灶为茶炉，二者意指相同，只是不同的表述罢了，如“茶灶借僧炉”等②。唯茶炉不只有砖、石砌者，亦有以竹编制者，“竹炉

① 《闽中金石略》卷八。

② 方岳：《望江南》，《全宋词》第四册，第 2481 页。

汤暖火初红”便是①，意境更为清雅。

盛水而煮的器物，宋代茶书中只有一种——汤瓶，实际使用的还有水铫（有以石、铜制者）、茶铛、石鼎（又称茶鼎）等多种。唐代，《茶经》中只有鍑一种，唐人诗文等文献与实物中还有铛、鼎、茶瓶、水铫等多种。意义深远的是唐代已有煮水用的茶瓶，即宋代称之为汤瓶者。因为此前执壶多为温酒注酒器，作为茶具，最初定是与酒具共用，西安出土的太和三年（829）绿瓷茶瓶，瓶底墨书“老导家茶社瓶，七月一日买，壹”［参见图24］，表明执壶已明确作为茶具汤瓶出现。

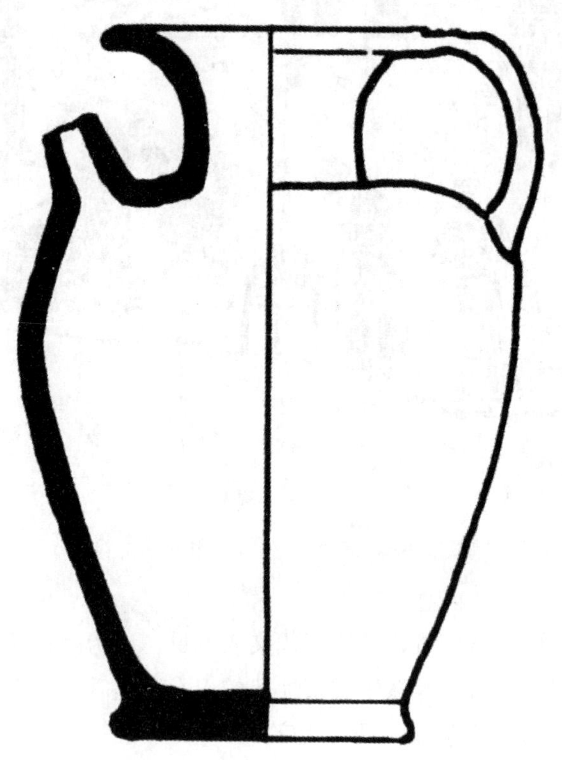

图24　唐老导家茶社瓶

（西安王明哲墓出土，底部墨书“老导家茶社瓶，七月一日买，壹”）

① 张炎：《踏莎行·咏汤》，《全宋词》第五册，第3508页。

关于宋代的汤瓶，蔡襄与徽宗都对其质地与形制有较为明确的要求。蔡襄《茶录》下篇《汤瓶》条说："瓶要小者，易候汤，又点茶、注汤有准。黄金为上，人间以银铁或瓷石为之。"徽宗《大观茶论·瓶》则对瓶的形制与注汤点茶的关系作了进一步的阐述："瓶宜金银，大小之制，惟所裁给。注汤利害，独瓶之口觜而已。觜之口差大而宛直，则注汤力紧而不散。觜之末欲圆小而峻削，则用汤有节而不滴沥。盖汤力紧则发速有节，不滴沥，则茶面不破。"

从现存的出土实物及绘画资料来看，宋代汤瓶大都是大腹小口，执与流都在瓶腹的肩部，流一般呈弓形或弧形，有较大角度的弯曲。

关于宋代汤瓶的尺寸大小，明人朱权《茶谱》中有关"茶瓶"的大小可作参考，因为朱权用的是"末茶之具"，亦即主要沿用宋代的茶具。朱权的茶瓶"以瓷石为之，通高五寸，腹高三寸，项长二寸，嘴长七寸"，较之宋辽间出土的器物，除流觜稍长外——但若与洛阳邙山宋墓壁画进茶图中的汤瓶流觜相比其比例尺寸则差不多［参见图25］，其余尺寸都差不多。如从安徽宿松北宋墓出土的影青刻花注子注碗及河北三河县辽墓出土的白釉莲花托注壶的尺寸来看，宋辽间的汤瓶尺寸一般是：通高17.7—20.2厘米即五六寸之间，腹径7.5—12厘米，壶注口径3—3.7厘米。

图25　洛阳邙山宋墓进茶图

（《洛阳邙山宋代壁画墓》，《文物》1992年第12期）

从实物及图像资料中可见汤瓶还有一个附属用具瓶托，但宋人的文字中都未曾提及。宋代汤瓶的托都呈大口直身深碗形，其功用等同于唐代的交床，“以支镀也”①，用来安放开水锅，以免烫伤人手，可以说是汤瓶的安全性辅助器物。从《宋代庖厨砖雕》画面，及宋人要求瓶小使其易候汤的文字中可见可知，汤瓶是直接放在炉火上烧煮的，当烧好了水，人们手持汤瓶去注汤点茶时，用一瓶托托持，当更安全。［参见图26、图27、图28、图29］

宋人烧水，不限于用瓶，在实际生活中使用的煮水用具尚有水铫、茶铛、石鼎（又称茶鼎）等多种。宋人水铫，多用石制，至明清以后，人们多用锡、铁、铜制水铫。水铫是一种有柄有流的烧煮器，长期以来，人们用它来煎药温酒，如白居易《村居寄张殷衡》：“药铫夜倾残酒暖。”②宋人以之烧水点茶，亦颇方便适意，正如苏轼《次韵周穜惠石铫》诗所

图26　北宋影青刻花注子注碗（现藏安徽省博物馆）

图27　辽代白釉莲花托注壶（现藏河北省文物研究所）

图28　南宋莲盖银注子托碗
（注子高34.1厘米，口径5.2厘米，底径9.1厘米。四川彭州金银器窖藏出土。现藏彭州市博物馆）

---

① 《茶经》卷中《四之器·交床》。

② 《全唐诗》卷四三七。

图 29　宋代庖厨砖雕（线描）（现藏中国历史博物馆）

赞“铜腥铁涩不宜泉，爱此苍然深且宽。蟹眼翻波汤已作，龙头拒火柄犹寒”①。因为铫的柄是直的，离火较远，水烧开了，柄亦不烫手，可以直接拿用而不会被烫，使用更为安全方便。现代日本、韩国以及中国港台地区的茶道茶艺用具中亦常使用水铫形的茶壶，也为取其安全便利。

铫的形制与瓶差不多，注口小，有长流，无足，只是直柄不同于汤瓶弯曲的执，都可直接进行注汤点茶，不需其他辅助用具。并且水铫的形制也在变化之中，唐代实物发现的水铫，有柄有流，但无注口，而是有像镀与铛一般大的锅面。入宋以后，铫的锅面缩小成注口，加盖，柄既有在器肩腹侧的直柄，也有系于器肩双耳立一器上方的环形执。茶鼎的形制则与汤瓶水铫有着根本性的区别，一般的鼎，都是阔口、无流、无柄无执而有足。这些特点都决定了茶鼎烧煮的水，不能直接就放在鼎中来注汤点茶，还需要另备器物辅助其完成注汤点茶工作。宋代辅助鼎的用具是取水用的杓或瓢，唐代陆羽《茶经》中只称瓢。

需要指出的是，在徽宗的《大观茶论》中，煮水具是汤瓶，紧接着的用具是杓，未免显得有些混乱。因为汤瓶中的开水可以直接从瓶中注点，毋需用杓取，而《杓》之条的内容是：“杓之大小，当以可受一盏茶为量。过一盏则必归其余，不及则必取其不足。倾杓烦数，茶必冰矣。”

① 《全宋诗》卷八〇七。

表明用杓取的是点试用的开水。水杓与汤瓶的功用不相协调，这在主要论述点茶法的《大观茶论》中不能不说是一个很大的疑点。南宋刘松年《撵茶图》画面内容可供参考，画面中的桌子上放着一只水槽，水槽中有一只水杓，桌边站立一男子，右手持汤瓶，正往左手所持的茶碗中注汤（从方向上看是在往水盆中注水，但这在事理上说不通），炉上又烧着一只水铫，说明水杓是用来取冷水而非热水。［参见图 30］

图 30　刘松年《撵茶图》（局部）
（现藏台湾故宫博物院）

五　点饮用具

宋代点茶用具有两种：茶匙和茶筅，二者在时间上有一定的承接性，北宋后期以前用茶匙，后期尤其是徽宗《大观茶论》之后，便主要使用茶筅。有人以为茶匙是取茶用具，类于唐代的“则”，误，还有人以为茶匙和茶筅是点茶具的一物二名[①]，更误。

法门寺唐代茶具中就有长柄与短柄匙勺两种，长柄的是搅拌茶汤用的，短柄者则是用双取茶末的“则”，也有专门的取茶荷。[参见图31] 蔡襄《茶录》中称之为“匕”者，宣化辽张文藻墓中亦发现有漆匕。

图31　宋代羚羊角茶荷（长15.9厘米，宽3.2厘米，厚0.1厘米）

而茶匙，既然言匙，必是匙勺状，且蔡襄《茶录》下篇《器论·茶匙》中明确地说：“茶匙要重，击拂有力，黄金为上，人间以银、铁为之。竹者轻，建茶不取。”则茶匙是主要用金属制的匙勺状点茶击拂用具。

茶筅的形状则与茶匙根本不同，它的出现，是对点茶用具的根本性变革，因为《茶经》中的竹筴与实际使用的茶匙都只是单独的一条，茶筅形状类似于细长的竹刷子，“茶筅以筯竹老者为之，身欲厚重，筅欲疏劲，本欲壮而末必眇，当如剑脊之状。盖身厚重，则操之有力而易于运用。筅疏劲如剑脊，则击拂虽过而浮沫不生”[②]。筅刷部分是根粗梢细剖开的众多竹条，这种结构，可以在之前茶匙击拂茶汤的基础之上同时对茶汤进行梳弄，使点茶的进程较受点茶者控制，也使点茶效果较如点茶者的

---

① 梁子：《中国唐宋茶道》，陕西人民出版社1994年版，第185页。

② 《大观茶论·筅》。

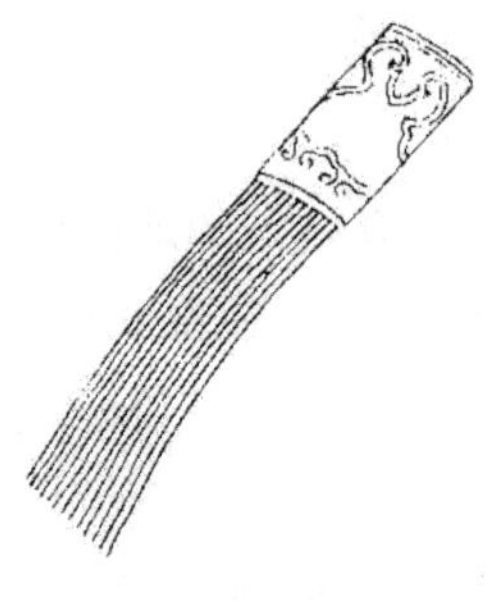

图 32 宋代茶筅
（欣赏编本《茶具图赞·竺副帅》）

意愿。[①]［参见图 32］刘松年《撵茶图》、大德寺《罗汉图》中皆可见茶筅图像。［参见图 30、图 33］日本福井县越前朝仓氏遗址出土有茶筅残件（日本战国时期），是中日茶文化交流的实物遗存，亦可资参考。［参见图 34］

宋代的饮用具与唐代一样，用盏（即碗）。此外，如陆羽不曾提及碗托一样，宋人的茶叶专门著述除审安老人《茶具图赞》外都不曾提及盏的辅助器物——盏托。

图 33 大德寺《罗汉图》（局部）

① 刘过：《好事近·咏茶筅》，《全宋词》第三册，第 2151 页。

图 34　日本战国时期茶筅残件（日本福井县越前朝仓氏遗址出土）

宋代点茶、斗茶用兔毫盏，并且认为舍此不能体现斗茶、点茶的效果。这是因为宋代茶色尚白，为了取得较大的反差以显示茶色，故以深色的茶盏为最好。自从蔡襄在其《茶录·器论·茶盏》中论述："茶色白，宜黑盏，建安所造者，绀黑，纹如兔毫，其坯微厚，熁之久热难冷，最为要用。出他处者，或薄，或色紫，皆不及也。其青白盏，斗试家自不用。"竭力鼓吹建安造的绀黑色兔毫盏适宜点试建茶之后，兔毫盏成了宋代点茶、斗茶的必备器物，传沿至今，也成了宋代点茶茶艺的象征性茶具。

"盏"是一种较浅的小碗，建窑盏盏壁微厚，撇口或敞口，口以下收敛，瘦底小圈足，釉色以黑色为主，还有酱紫等色。兔毫盏则是盏内壁有玉白色毫发状的细密条纹，从盏口延伸至盏底，类似兔毛，故这种纹色的建盏被称为兔毫盏。［参见图 35、图 36］

图 35 南宋建窑兔毫盏

（高 7 厘米、口径 12.2 厘米、底径 3.9 厘米，现藏东京国立博物馆）

图 36 宋代广元窑兔毫盏

（四川成都出土，高 7.3 厘米，口径 12.2 厘米、足径 5 厘米，现藏成都市博物馆）

徽宗在《大观茶论·盏》中对兔毫盏的好处与功用，也作了与蔡襄相近的阐述，对兔毫盏大加推重。由于蔡襄与徽宗的相继推重，兔毫盏深入人心，从此成为点试北苑茶必须首先取用的茶具。着力提倡北苑茶和兔毫盏的蔡襄，也曾收藏兔毫盏，冀其成为众人宝藏的名器，蔡绦记蔡襄藏有“茶瓯十，兔毫四散其中，凝然作双蛱蝶状，熟视若舞动，每宝惜之”①。

兔毫盏主要出产于福建建阳水吉镇建窑，但并非如蔡襄所说，其他地方的产品都不及建窑盏，如四川广元窑、江西永和窑、陕西耀州窑等也大量出产兔毫盏，从传今的器物来看，并不比建窑盏逊色多少。但由于建窑主要烧制供宫廷御用的茶盏，其余窑口几乎都是民间性质的，因而在这样的地位上差了一些。

不过宋代点茶、斗茶也不全部都是用兔毫盏，由于烧制瓷器的技术问题，有些黑釉盏釉面并未形成兔毫一般的纹路，且因釉点下垂，出现周围乳浊或油滴状大小不等的银灰色斑点，这种盏就称为“油滴盏”。还有些釉料在烧制过程中未熔融的部分形成褐色斑点，形似鹧鸪羽毛一样的花纹，即所谓的鹧鸪斑。当然，这些不同纹面的建窑茶盏都是属于黑色釉的，明代曹昭著《格古要论》中称建窑盏为“乌泥建”“黑建”或“紫建”，说明的就是这个问题。日本人称建窑盏为“天目碗”，本书将在第三编“茶与宋代社会的宗教生活”一章中详细介绍。此外，从今存实物来看，存在大量的青瓷、白瓷、秘色瓷茶碗与盏托，表明当时它们被使用的广泛性。［参见图37、图38、图39］

图37　宋代定窑花瓣口盏托（现藏河北定州市博物馆）

图38　宋代耀州窑雕花盏托（现藏陕西省博物馆）

图39　宋代湖田窑影青花口盏托（现藏广东民间工艺馆）

而同被唐人、宋人忽略的碗托、盏托，一般都是由与碗、盏同样质地的

① 《铁围山丛谈》卷六。文渊阁《四库全书》本“舞”作“无”，别本或作“生”。冯惠民、沈锡麟点校《铁围山丛谈》，中华书局1983年版，将此条点作“茶瓯十，兔毫四，散其中”，误，乃不知有所谓兔毫盏者。

陶土烧制的，形制、釉色、尺寸等与碗、盏极为匹配一致。值得注意的是，传世或出土的宋代茶具，定窑、湖田窑、耀州窑等诸大窑的茶盏都有如上所述与之极为匹配的盏托，唯独建窑兔毫盏、油滴大碗等没有。这种独特的现象，大概可以有如下两种解释：一是建窑盏坯都较厚，直接端拿也不烫手；二是兔毫盏之类的建盏用的不是同样材料所制的瓷质盏托，而是像《茶具图赞》中的“漆雕秘阁”一样，用的是漆木盏托。[①] 若是后一种原因，这种盏与托异质的情况，在中国茶具史中殊为少见，因之在以陶瓷为主的茶具大家庭中，吹进了一股清新特别之风。[参见图 40、图 41、图 42]

图 40　宋代木质茶托

（欣赏编本《茶具图赞·漆雕秘阁》）

图 41　南宋银茶托

（高 7.8 厘米，盘径 20.2 厘米，四川彭州金银器窖藏出土，现藏彭州市博物馆）

图 42　南宋漆木盏托（江苏武进市村前乡南宋墓出土）

六　清洁用具

唐代用于茶饮茶艺的清洁用具种类较多，有札、涤方、滓方、巾等多

① 胡长春：《我国古代茶叶贮藏技术考略》，将漆雕秘阁举为宋代的第四种藏茶器物，误。文见《农业考古》1994 年第 2 期。

种，而宋代只有一种，《茶具图赞》称之为司职方［参见图 43］，也就是揩拭用的布、帛、绢制的茶巾，用来抹拭、清洁茶饮茶艺活动过程中所使用的诸般茶具，也是一种不可缺少的辅助性茶具。

图 43　宋代茶巾
（欣赏编本《茶具图赞·司职方》）

第二节　宋代茶具在茶具史中的地位

人类所使用的器物，不断随着人们的兴趣与价值、审美及方便等方面的观念变化而变化，茶具亦是如此。中国古代人们所使用的茶具，在唐、宋、明各代有着相当巨大的差别，它们的变化，具体而细腻地体现了茶艺文化的变化，同时也在很大程度和许多层面上体现了不同时代人们精神面貌和价值取向的变化。而且宋代的茶具，在中日茶文化交流史中还有着相当的地位与作用。

一　宋代茶具与唐、明茶具之比较

宋代茶书中的茶具，在总的数量上远远少于唐代和明代，但在某些具体程序如煮水、点茶、碾茶等方面，其用具又明显多于唐代或明代。虽然明代茶具兼用点茶具与泡茶具，详细罗列时不免显得芜杂与混乱，但为了表明宋代茶具在时间背景中的特点，本书仍将以唐、明两代作为主要的比较对象。详见表2《唐宋明三代茶具一览表》。明代茶具有屠隆的《考槃余事》详列，另如朱权《茶谱》等书中沿用唐宋之末茶具者，也一并列入明代茶具。为见各代茶具之全貌，唐代茶具除《茶经》中所列者外、宋代茶具除《茶录》等茶书中的茶具之外，其余民间实际使用的茶具也全部列入。另由于《考槃余事》中的茶具都用了非常古雅的名称，与常用者不能明白比较，一般大多径直采用它的解释文字所表明的茶具名称。

表2 **唐宋明三代茶具一览表**

藏茶取茶	唐代	育	茶笼	茶瓶	茶罐	茶合	则		
	宋代	茶焙	茶笼	茶瓶	茶罐	茶合	茶匕		
	明代	品司	箬笼	合香	茶焙		分茶秤		
生火	唐代	风炉	灰承	炭筥	炭檛	火筴			
	宋代	茶灶/炉							
	明代	风炉	盛灰篮	铜斗	火筯	竹扇			
煮茶/水点泡茶	唐代	茶𫓧	茶铛	茶铫	茶鼎	茶瓶	交床	竹筴	茶匙
	宋代	汤瓶	水铫	石鼎	茶铛	瓶托	茶匙	茶筅	
	明代	茶瓶	煮茶罐	石鼎	竹/茶架	茶筅	竹茶匙		
碾罗茶	唐代	夹	纸囊	碾	拂末	罗	茶磨	茶臼	
	宋代	茶钤	砧椎	茶碾	棕帚	罗	茶磨	茶臼	
	明代	茶碾	木砧敦	茶磨	罗				
盛取水	唐代	水方	漉水囊	瓢	熟盂				
	宋代	水盆	水杓						
	明代	泉缶	水杓						
盛取盐	唐代	鹾簋	揭						
	宋代								
	明代								

续表

饮茶	唐代	碗	碗托						
	宋代	碗/盏	盏托						
	明代	茶瓯/盏	易持	茶壶					
盛贮器	唐代	畚	具列	都篮					
	宋代			大合					
	明代			纲敬					
清洁	唐代	札	涤方	滓方	巾				
	宋代			渣斗	司职方				
	明代	归洁	涤器桶	洗茶篮	受污	古茶洗			

从表2中可以看到，《茶经》中的藏茶用具有育与合两种。但《茶经》因区别制造和饮用器具的品类，而未将育归在煮饮茶艺用具之列①，而在制造茶叶用具之属。育的结构与作用相当于宋代的藏茶茶焙，法门寺地宫中的鎏金银茶笼是其实物的例证，当然它们所用的材质要比育高档得多。除了平时贮放茶饼用的藏茶笼“育”外，《茶经》中还有贮放碾好茶末的合，“以竹节为之”，而唐人诗文中有贮茶用的玉合，法门寺地宫出土的茶具中亦有可贮藏碾罗好的茶末的双狮纹菱弧形圈足银盒［参见图44］。唐代实际生活中使用的还有各式陶瓷藏茶罐盒［参见图45］。另外，《茶经》中还有一种在炙茶之后、碾茶之前临时藏放茶饼的用具纸囊，其目的是密裹炙好的茶饼，使其味不随热气散发而散去②。

明人的藏茶用具有四种，一曰建城：藏茶箬笼；二曰湘君焙：焙茶竹笼，类同唐代的育及宋代的藏茶茶焙，笼中生火，去湿藏茶，与建城一样，是沿袭使用宋代的贮藏饼茶的用具；三曰品司：编竹为簏，收贮各品茶叶；四曰合香：藏日支茶瓶，以贮品司者③，后二者是明人收藏叶茶的。其实最后一种藏茶具的核心器物是藏茶瓶。

① 参见《茶经》卷上《二之具》，以及本编第一章第三节《成品茶叶的鉴别与保藏》。

② 《茶经》卷中《四之器·纸囊》。

③ 参见《考槃余事·茶》。

图 44　唐代双狮纹菱弧形圈足银盒
（高 12 厘米，长 17.3 厘米，宽 16.8 厘米，陕西扶风法门寺地宫出土）

图 45　唐代青瓷茶盒（长沙窑出土）

从各代茶书中的茶具可以看到，藏茶用具在唐宋两代变化不大，明代则在沿列唐宋末茶藏茶具的同时，突出了自己的藏茶用具——日支茶藏茶瓶，表明到明代时藏茶法彻底采用了密封的方法。

唐宋藏茶用具皆有一种附属器物，即取茶用的则与匕，有木制者，有金属制者，是柄稍短的匙勺［参见图 46］。而明代则易之以分茶秤。这是因为唐宋茶艺用末状茶，它的分量可以从体积上即可判别，而明代用叶状茶，由于叶状茶叶条索紧密的程度不同，所以用茶匙或则之类的取茶用具已不能较准确地体现所取茶叶的分量所致。

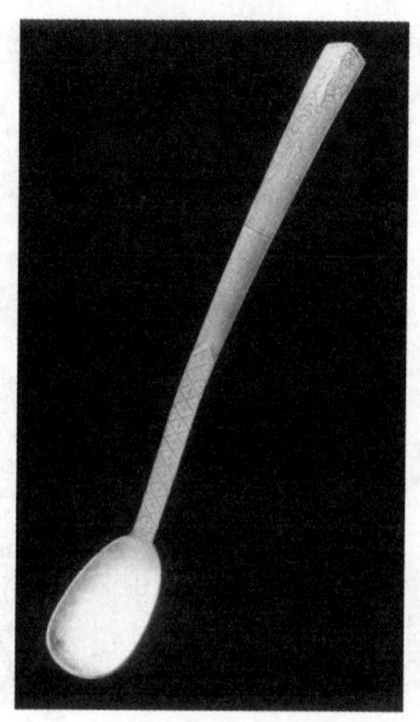

图 46　唐代鎏金银质取茶则

（陕西扶风法门寺地宫出土，全长 19.2 厘米，则匙纵 4.5 厘米，横径 2.6 厘米，柄上端宽 1.3 厘米，柄下端宽 0.7 厘米，现藏陕西法门寺博物馆）

唐、明茶书中的生火用具即唐人与明人在茶艺活动中的生火用具都比较多，从风炉到炭筥、灰承、承灰篮到碎炭用的炭楇、铜斗，到夹炭用的火筴、火筯，以及扇火用的竹扇，均达五种之多，而宋人只有实际生活中使用的一种——茶灶，在某些诗文中又有人称之为竹炉。

碾茶用具，唐代有三种，主器碾，法门寺茶具中有鎏金茶碾［参见图 47］；附属器拂末：鸟羽制的羽帚，用在碾茶过程中扫拢茶末；茶罗：用以罗筛碾好的茶末。明代有四种：一为茶磨，一般用石制；二为茶碾，一般为金属制；三为木砧敦，用以碎茶；四为茶罗，都是沿用宋代的末茶茶艺用具。宋代碾用具则有五种之多，一砧椎，一般为木制，用以碎茶；二茶碾；三茶磨；四棕帚，作用同唐代之拂末，唯是用棕绳绑扎而成；五为民间实际使用的茶臼。其中砧椎是专门的碎茶用具，唐人只说将炙好后的茶饼“候寒末之”[1]，对此碎茶的步骤未曾言及，更加没有说明是否有专门的用具。

---

① 《茶经》卷下《五之煮》。

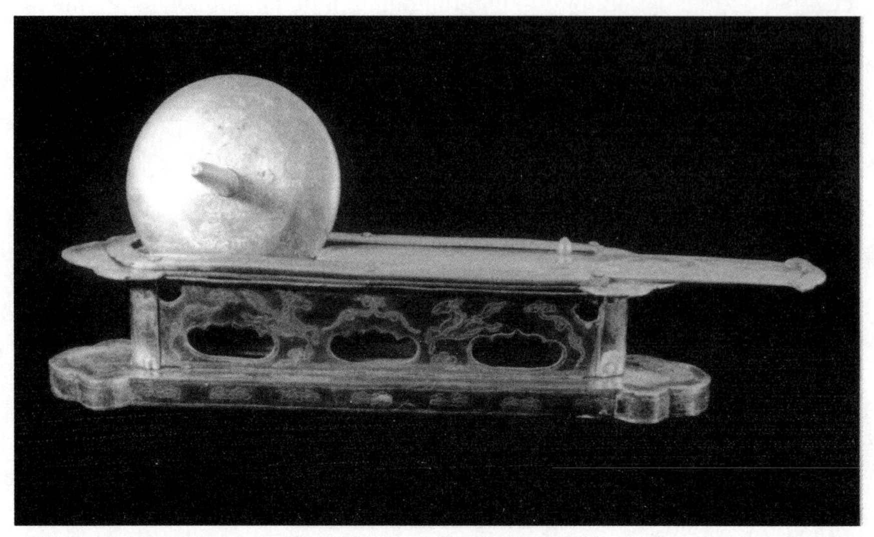

图 47　唐代鎏金银质茶碾

（陕西扶风法门寺地宫出土，通高 7.1 厘米，长 27.4 厘米，碾槽深 3.4 厘米，辖板长 20.7 厘米，宽 3 厘米，重 1168 克。现藏陕西法门寺博物馆）

作为碾茶准备工作——炙茶——的用具，唐有一种，夹；宋亦有一种，茶钤；明人多用叶茶，则未尝提及炙茶用具，而是另有一种洗茶用具——古茶洗用作饮茶前的准备性用具，将在下列洗涤、清洁用具中列出。

罗茶用具，唐宋明三代皆用罗。宋代的罗对作为罗底的绢有较高要求。唐代的罗“用巨竹剖而屈之，以纱绢衣之”①，对罗底“纱绢”的疏密并未作详细说明和具体要求，但从《茶经》其他章节对茶末的描述中，可从侧面看到唐人对茶罗的要求。《茶经·五之煮》在将茶叶“候寒末之”后有注曰：“末之上者，其屑如细米；末之下者，其屑如菱角”，又《茶经·六之饮》：“茶有九难……七曰末……碧粉缥尘，非末也”，综而观之，唐人对茶末的要求是既不可以太细，也不可以太粗，则罗底亦必介于不疏不密之间。在陆羽《茶经》中，茶罗与另外一种藏茶器物“合”联在一起使用，“罗末以合盖贮之”②，罗好的茶末放在合中待用。此外，在《茶经·九之略》中陆羽讲道：“……若援藟跻岩，引絙入洞，于山口

① 《茶经》卷中《四之器》。

② 同上。

炙而末之，或纸包合贮，则碾、拂末等废”，意指若去林泉山谷品茶，可以事先将茶碾成末后，用纸包好，放在合里，带去直接使用。法门寺茶具中则有非常豪华的鎏金银质罗合，真是侈丽之极。[参见图48]

图48　唐代鎏金银质罗合

（陕西扶风法门寺地宫出土，通高9.5厘米，罗身长13.4厘米，宽8.4厘米；罗框长11厘米，宽7.4厘米，高3.1厘米；罗屉长12.7厘米，宽7.5厘米，高2厘米；罗底座长14.9厘米，底宽8.9厘米，高2厘米；罗外底錾文：“咸通十年文思院造银，茶罗子一幅全共重三十七两。”现藏陕西法门寺博物馆）

在煮水用具方面，唐代《茶经》中只有煮水用的锅镀和放镀用的交床两种，明代兼点泡两种茶艺的器物共有四种，商象：煮水用的石鼎；鸣泉：煮茶罐；茶瓶：点茶用的煮水器[①]；静沸：支放煮茶器用的竹架。宋代茶书只提及煮水用的茶瓶一种，实际生活中所使用的还有托放茶瓶的瓶托。而唐宋另外都有一样多的民间实际使用的煮茶煮水用具——铛、鼎、铫。

在盛取水用具方面，唐代有盛冷水用的水方，盛热水的熟盂，过滤水用的漉水囊（另外还有贮放漉水囊的附属器物绿油囊），以及取水用的瓢。明代有两种，贮水的泉缶和舀水的水杓。宋代茶书中亦只有一种：只在用鼎、铛等用具煮水时才用的舀取热水的水杓。从现在的宋代茶画及考古发现来看，宋人亦有盛水用的水盆。

盛贮茶具的器物，唐代有三种：畚、具列、都篮，明代有一种：纳敬，宋代茶书中没有这方面的茶具，但从宋人笔记中的记载来看应该是有的，《癸辛杂识》中《长沙茶具》条云：“凡茶之具悉备，外则以大缨银合贮之。”

---

① 南宋末期尤其明以后，藏茶用的器物也叫茶瓶，二物一名，本书在引用时将予以区别。

洗涤、清洁用具方面，唐代有四种：洗涤用的札（巨笔形）、用以盛放洗涤后残水的涤方、用以盛放茶渣的滓方，以及擦拭各种器物用的巾。明代有五种，归洁：用以洗涤茶壶的竹筅帚；洒尘：洗茶篮；水曹：涤器桶；沈垢：古茶洗；受污：抹拭布。宋代茶书中仍然只有一种，擦拭用的巾布司职方。而考古发现另有一种清洁用盛贮器渣斗。［参见图49］

图49　北宋定窑刻花渣斗（高7.4厘米，口径7.7厘米）

宋代茶书在生火、盛取水、盛贮茶具、洗涤清洁等方面的用具数量少而又少，表明宋人对整个茶艺活动过程中准备性活动程序及其所需器物的极度忽视，而在另外一些方面，宋代茶书与民间实际使用的器物则与唐明两代所用相差无几。

饮茶用具，唐宋明三代的末茶饮具都是茶碗，又称茶盏、茶瓯，三代茶碗都有碗托，唐称茶托子①，后来又有称茶柘者，但陆羽《茶经》未曾提及，而传今的唐代实物中有。宋代《茶具图赞》称盏托为漆雕秘阁，为木制者，实物出土的还有瓷制者。明代称盏托为“易持”：纳茶漆雕秘阁，实为沿袭宋代的物与名，明代另有叶茶的专门饮用具茶壶，则是完全进入了另外一种茶具序列。

煮茶、点茶用具，唐代有两种煮茶用具：一为《茶经》中的竹筴，它只是一种略加修饰的长竹条；二为实际使用中的长柄茶匙，法门寺出土的茶具中有长柄茶匙一种［参见图50］，长35.7厘米，其长度与陆羽要

① 茶托子考异：唐李匡乂《资暇集》卷下《茶托子》条考证有人说茶托子起始于唐贞元初青、郓间茶叶形的盏托的说法是错误的，认为茶托子是唐建中以前由西川节度使崔宁之女发明的。李匡乂亦误。从实物来看，盏托早在南北朝、隋朝时即有（如南朝齐青釉莲瓣带托碗），不待到唐建中前后才被发明。

求的长一尺左右的竹筴相近，都是用于在茶末下入开水锅中后继续煎煮时搅拌茶汤之用的器物。宋代点茶具有两种，一为茶匙，二为茶筅。茶匙本身还可用作取茶器（在柄长上略有差别），也有人因此误以为茶匙就是专门的取茶用具，所以可以说还不是完全专门的点茶具。茶筅虽是后出的，却是专门的点茶用具，它自身的细密竹条，便利点茶者可以随心所欲刷弄茶汤末，使之塑造出点茶者所意欲的造型，大大超越唐代竹筴单纯的搅拌功能，使宋代点茶日益成为一种创意与技艺能够水乳交融的艺术化的茶饮茶艺活动，所以茶筅可以说是宋代艺术化的点茶茶艺的典型代表器物。明代末茶的点茶用具完全照抄照搬宋代，也是茶匙与茶筅两种，但略有不同之处。宋人点试北苑茶所用茶匙完全用金属制作，并且认为“竹者轻，建茶不取”①，而明人有用宋人所不取的竹质材料制作的②，另外朱权曾用椰壳制茶匙，认为这种材料的茶匙最佳③。随着明太祖下诏罢贡饼茶，末茶饮用及其茶艺日渐消亡，茶筅从此也从中国茶具的序列中消失，现在也只能从日本茶道具中找到它的身影。

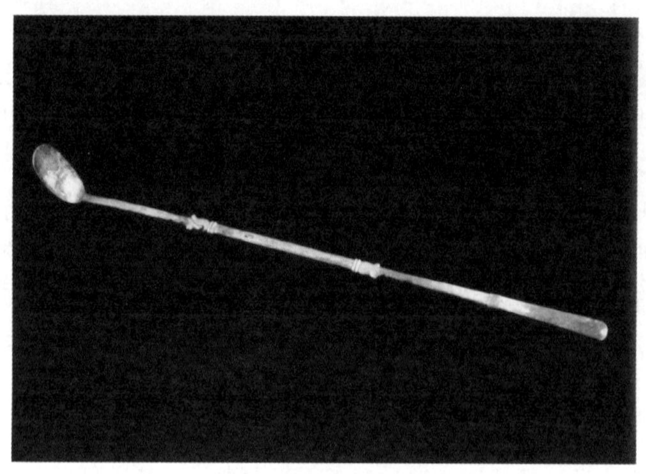

图 50　唐代鎏金银质茶匙

（陕西扶风法门寺地宫出土，全长 35.7 厘米，匙纵径 4.5 厘米，横径 2.7 厘米，柄上端宽 1.2 厘米，柄下端宽 0.7 厘米，背部中部錾“重二两”三字。现藏陕西法门寺博物馆）

---

① 《茶录》下篇《茶匙》。

② 见《考槃余事·茶·茶具》中的“撩云”，自释曰：竹茶匙。

③ 朱权：《茶谱·茶匙》。

此外，唐代茶具中还有一类盛取盐用具，宋明末茶具中都没有。需要指出的是，宋代点茶茶艺中是不用盐的，但如前所述，民间饮茶在宋代相当长的时间里都用盐，而且还有用姜者。

最后，如在前文已经提到过的，值得注意并且意义深远的是唐代已有茶瓶，煮水用，即宋代称之为汤瓶者。因为此前执壶多为温酒注酒器，作为茶具，最初肯定是与酒具共用，西安出土的太和三年（829）绿瓷茶瓶，瓶底墨书“老导家茶社瓶，七月一日买。壹”，表明执壶已明确作为茶具汤瓶出现。

从宋与唐、明茶具的比较中可以看到，宋代茶书中的茶具大为简略，对于辅助、附属性用具尽量从简从略，绝大多数茶具都集中在茶饮茶艺活动的三个基本要素——茶叶（之藏、炙、碾、罗）、用水（之煮器）及点茶（之茶匙/茶筅、茶盏）上，表明宋代茶艺用具的特性与两宋社会的幽雅之风的高度一致性，表明宋代文人对茶艺的关注集中在茶饮茶艺活动的自身。

二 宋代茶具与日本茶道具

日本茶道之源是中国，已是一个不争的共识，但在日本茶道的形成中，究竟与中国何朝何代的何种茶艺存在着血统、法嗣关系，以及这种继承关系有多深多牢靠，却是一个研究尚少、迄无定论的课题。

茶在唐中后期由日本遣唐使带回日本，从此饮茶在日本始有记录，但茶具在那时仍未见提及，到荣西著《吃茶养生记》，饮茶习俗较大范围地在日本传播开来时，日本的饮茶用具也未曾被提及。

有研究认为约成书于1440年前后的朱权《茶谱》，是日本茶道之集大成者千利休（1522—1592）创习茶道的范本，而且摘取《茶谱・序》中主客对话、“礼陈再三”之类的片断，比附现代日本茶道中的某些类似之处，以作佐证。笔者以为这种观点不仅无视日本茶道自身发展的历史轨道与内在逻辑，而且割断历史，割断中日文化交流中中国不同朝代的饮茶茶艺习俗对日本茶道形成中的阶段性影响，以及这种阶段性影响对日本茶道最终形成所起的累积性作用。

从外在形式来看，日本茶道在茶室建筑、礼法、茶道具、茶食等方面独具特色（日本茶道在其精神、文化的内涵方面完全是日本化的），而其建筑、茶食又完全是日本自身形成的日式风格文化，只有其礼法与茶道具中浸润了中国的影响。日本茶道礼法在形成之初深受中国宋元禅宗丛林制度清规的影响，比较集中的是《禅苑清规》以及元《敕修百丈清规》，宋代的禅林茶宴对其也有一定的影响，关于这方面的探讨，下文将专题论述，此处不再赘列。而在茶道具方面，宋代茶具对日本茶道的影响明显较深，以下略加申述。

《吃茶往来》是日本室町时代（1336—1573）初期玄惠法印的遗文，时间基本相当中国元朝末期。此时期中国的文物典章制度等并无往前的发展，基本沿袭宋金时代的制度与习俗，此外在中日交流方面，官方交流基本阻隔，文化及民间交往亦无出宋代之右，故可将《吃茶往来》中的材料与中国宋代对比。书中有关茶具的记载如下：

> 会众列坐之后，亭主之息男献茶菓，梅桃之若，冠通建盏，左提汤瓶，右曳茶筅，从上位至末座，献茶次第不乱。①

这段文字共提到三种茶具：建盏、汤瓶和茶筅，都是典型的宋式茶具。茶筅首次在徽宗《大观茶论》中出现，宋代一直沿用，屡见于诗文中。入明以后，只有朱权因杂用唐代烹茶之法与宋代末茶之具而提到用“茶筅”，此外，不再见于任何文字。而茶筅远在朱权之前就已在日本见用，故定然不是从朱权那里传来的。再者如建盏，宋人以之为贵，明人却不以为然。如朱权《茶谱·茶瓯》认为：“茶瓯，古人多用建安所出者，取其松纹兔毫为奇……但注茶色不清亮，莫若饶瓷为上，注茶则清白可爱。”屠隆《考槃余事·择器》则在说“莹白如玉”的茶盏“最为要用”之后更明确地说：“蔡君谟取建盏，其色绀黑，似不宜用。”许次纾《茶疏》中所论也基本相类。而《吃茶往来》主要记述了日本斗茶之事，日本斗茶除茶之外，还是炫耀各人所藏名贵器物的一次机会，这次斗茶会的主人仍以建盏为贵，足见其所遵奉的是宋代品评茶艺的审美与价值标准。当时直至现代日本茶道中，建盏（日本现在称之为天目盏）始终都是最具价值的茶道具之一，是名器中的名器。如果日本茶道源于中国明代，却崇尚明人所不屑的建盏而非明人所崇尚的宣窑盏，这实在是不可想象的事。

---

① 转引自滕军《日本茶道文化概论》，东方出版社 1992 年版，第 26 页。

此外，日本茶道具中还有一种“天目台”，是木制的盏托，唐、明、清茶托一般都与茶碗配套，为同种质地、色泽，只有宋代兔毫盏等黑釉盏所用盏托为木质料所制，日本现代茶道仍使用木质天目台，也是其受宋代茶道具影响的又一佐证。

至于汤瓶，也是宋代点茶茶艺的一种重要茶具，明代除朱权外还有不少茶书中提及与沿用，但与茶筅连用的，只见于朱权的《茶谱》。

综上所述，至今仍在日本茶道具中占据重要地位的建盏、茶筅等茶具，都是从宋代茶具中传到日本的，均可以证明宋代茶具对日本茶道具有明显影响。

而且，宋代文化与日本茶道在茶道具方面的血缘关系还不只上述所列，另有一种物件，在宋代其自身并未能侧身茶具之列，但它在宋代时传入日本，之后却在日本茶礼形成的历史过程中起到了开端作用。这物件便是日本禅僧南浦绍明（1235—1308）入宋师从径山寺虚堂禅师学禅，作为受法印证得到的一张台子。南浦和尚回日本后，将这张台子传给崇福寺，以后它又传入京都大德寺，大德寺梦窗国师（1276—1351）首次使用这台子放置其他一些茶道具点茶，开了日本点茶礼仪的先河，而日本茶道史的研究表明，台子的使用，是日本点茶礼仪开端的关键。到室町时代文化侍从能阿弥（1397—1471）在此基础上发明并指导使用极真台子点茶，仪礼化的日本茶道正式走上了自己的开端①。所有这一切都是在朱权《茶谱》影响能够及于日本千利休之前早就发生了的。

虽然几案或桌子一直都是中国古代常用的陈列、放置物品的用具，但宋及宋以前都无人在茶艺活动中提及它，更遑论列入茶具之列。到明代，许次纾在《茶疏》（成书于1597年左右）中“茶所”一节里两次提到用“几”作顿放茶具的器物，但只仅限于此，几案台子从未能成为中国古代茶具中的正式一员，它们之进入茶道用具系列完全是日本的特色。

所以，这里得出的结论是两方面的，即宋代茶具系列的形成与发展对日本茶道具起着重大的影响，但这影响只限于影响，日本茶道及茶道具的形成与发展，从此便有了它自己的逻辑与道路。

---

① 参见《日本茶道文化概论》，第45、35—36页。

三　宋代茶具的审美趣味

宋人对所使用的点茶用具主要是建盏，有着极为独特的审美趣味与标准。建盏尚黑，在中国古代陶瓷史中，除了新石器时代龙山文化的黑陶之外，几乎可以说是独一无二的。虽然中国古代黑釉瓷器的生产历史悠久，最迟至东汉元光年间便有黑瓷实物，唐以前江浙地区东晋南朝墓葬多有出土，唐代北方诸窑也多兼烧黑瓷，但黑瓷器物物形多为壶、罐等储贮器物，像宋代这样在全国南北上下诸多窑址中均烧制日用的黑釉碗盏却是空前绝后的。

黑釉碗盏的大量出现，完全是由于宋代点茶与斗茶的风气使然，宋代点茶、斗茶的茶色皆尚白，这在中国饮茶茶艺史中也是独一无二的，而茶碗除了盛贮茶汤的实用功能之外，还有对比、映衬茶色的审美功能。唐茶绿，茶碗以越州、岳州青瓷为上，以其“青则益茶”①，明以后茶色复以绿为上，茶碗则以饶州、宣窑、成窑等白瓷为上，次青瓷，以其“注茶则清白可爱”②。

宋茶尚白，青瓷、白瓷对其色都缺乏映衬功能，只有深色的瓷碗才能做到。深色釉的瓷器品种有褐、黑、紫等多种，宋代茶具选择了黑色釉盏却是受蔡襄的影响，他在《茶录》中断言：“茶色白，宜黑盏，建安所造者绀黑，纹如兔毫……最为要用。出他处者，或薄或色紫，皆不及也。其青白盏，斗试家自不用。”徽宗在《大观茶论》中进一步明确表明取用黑釉盏是因其能映衬茶色：“盏色贵青黑，玉毫条达者为上，取其焕发茶采色也。”从此取用黑釉茶盏成为宋代点茶茶艺中的定式。

宋代黑釉茶盏均不是纯黑，为蔡襄和徽宗所推崇的兔毫盏，便是因釉色与烧制湿度不同而在盏面形成银褐色兔毫状纹饰者。北宋中后期，福建建窑专门烧制供宫廷御用的黑釉茶盏，并在茶碗足底刻上“供御”和“进琖”的字样，水吉镇建窑遗址中有不少带这类铭文的茶碗底足出土。［参见图 51、图 52］

---

① 《茶经》卷中《四之器・盏》。

② 朱权：《茶谱・茶瓯》，许次纾：《茶疏・瓯注》。

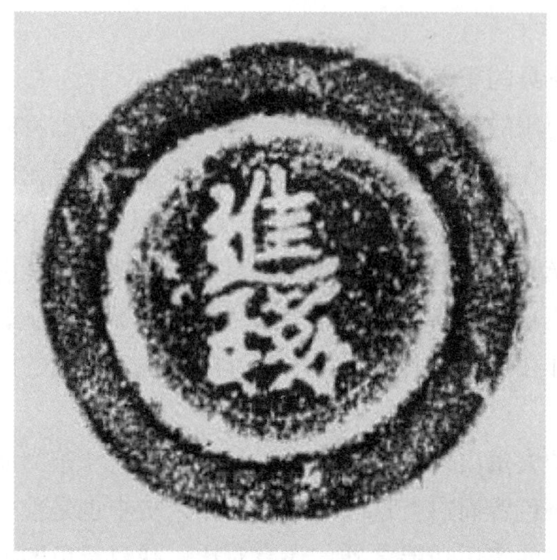

图 51 建盏“进琖”款

图 52 建盏“供御”款

宋代黑釉茶盏除兔毫外，还另有多种纹饰，如油滴盏，即在黑色釉面上布满带着金属光泽的银灰色圆形斑点，大小不一，形成点点滴滴油滴状纹饰者。如玳瑁盏，便是在茶碗的黑色釉地上布满黄褐色斑点，宛如玳瑁状斑纹者。还有曜变天目碗，即在黑釉的底色上，浮现出金、银、碧、蓝色等多种斑点的建窑盏。［参见图 53］另外还有鹧鸪斑黑釉盏，即在碗面黑釉底色上浮现形似鹧鸪羽毛一样花纹的褐色斑点的建盏。

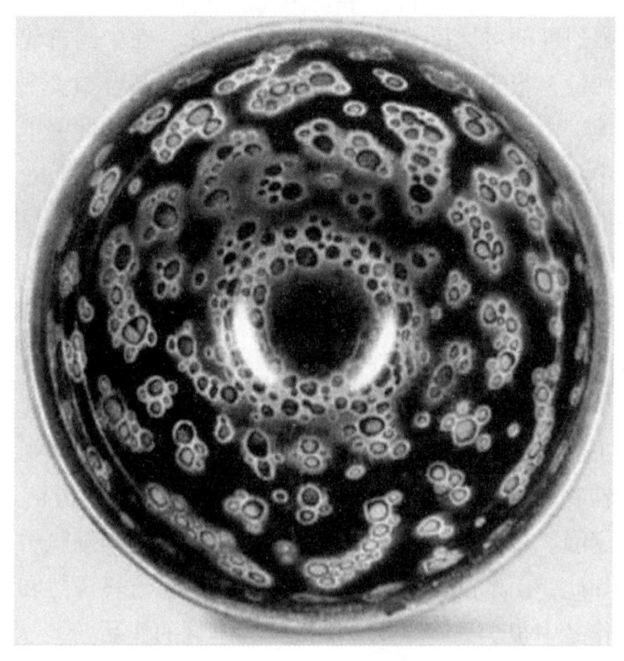

图 53　曜变天目碗（现藏日本静嘉堂文库）

从传到日本的宋代建盏天目盏来看，兔毫盏的数量较大（日本称之为“禾天目”），福建打捞出来的出洋海船沉船里的货物中，兔毫盏亦属较多的一类，在水吉镇建窑遗址、四川广元窑址及江西永和窑址的发掘中，兔毫盏出土量都较大，这说明兔毫盏在两宋时期使用范围的广范。但在宋人的文献中，除了蔡襄《茶录》及徽宗《大观茶论》、审安老人《茶具图赞》以外，很少再有人从欣赏的角度言及兔毫盏。

曜变天目碗在日本很受重视，在中国传世及出土的数量也较少，玳瑁盏及鹧鸪斑纹黑釉盏传世及出土的数量也极少，而宋人诗文中对鹧鸪斑花纹黑釉盏多有称颂。如黄庭坚《满庭芳》："纤纤捧，冰瓷莹玉，金缕鹧鸪斑"①，管鉴《浣溪沙·寿程将》："茶瓯金缕鹧鸪斑"②，卢祖皋《画堂春》："茗瓯才试鹧鸪斑"③，等等。

不过兔毫也好，玳瑁、鹧鸪斑也好，它们归根到底都只是一种装饰，对于宋代点茶茶艺来说，建窑等瓷窑所造的诸种纹饰的黑釉盏的基本感观功能，在于它的凝重深沉的底色对于越白越好的茶汤在强烈的视觉反差中的对比衬托作用。

这种以强烈度的对比反差为核心的审美趣味，在中国古代审美文化领域显得过于独特，与宋代文人的基本审美格调也不甚合拍。中国古代一般讲究对称之美、中庸之美、和谐之美，对于在强烈矛盾冲突中形成、在高度反差对比中凸现的，在某种意义上可以称之为壮美的风格，既不甚喜好，也不甚推崇。具体来说，中国古人更看重或喜爱"秋水共长天一色，落霞与孤鹜齐飞"之类天人合一、万物谐协的中和之美，中国古代文学作品中的这类名篇佳作俯拾皆是，而像"大漠孤烟直，长河落日圆"之类通过对比反差显现壮美的好作品却一直不多见。从视觉艺术的角度来说，经过大型的商周青铜器物时代之后，中国古代器物魁伟、阳刚的造型永远走出了主流风格的领地，而趋向柔和、趋向纤巧，在陶瓷器物的色彩上，单色的器物，以不同程度的青、白色调为主，极尽清洁、简雅之能事，沉稳而宁静。从绘画风格的角度来说，宋代工笔画细腻柔和含蓄，写意小品也是如此，山水画更是讲究画面立意幽远、意境浑然和谐，在宋代的造型艺术作品中很少见到以反差和对比为基调的作品。

而黑釉茶碗在宋代点茶茶艺中的运用，却是以反差和对比作为它的审美功能的起点的，与宋代造型艺术品的审美基调相去甚远。在一碗小小的茶汤中，黑色的茶碗与白色的茶汤形成强烈而鲜明的反差和对比，截然相反的黑白二色在对比中相得益彰，甚至能产生一种动感之美，这在不崇尚黑色美的中国古代，可以说是一种例外的个例。

正因为此，黑釉茶碗作为一种审美上的个例，在宋代也就只局限在个例的地位。在两宋时代，黑釉盏始终只是部分讲求茶艺的文人雅士的钟爱

---

① 《全宋词》第一册，第401页。

② 《全宋词》第三册，第1571页。

③ 《全宋词》第四册，第2406页。

之物，但他们的这种钟爱之情并未能对整个士大夫阶层的审美趣味产生变化的影响，因为在更广泛的文人的作品中，他们对茶碗的赞赏目光，仍然聚焦在以青、白色泽为主的瓷器上，更趋向于如“碧玉瓯中翠涛起”等诗文词句所描写的境界。

从宋代茶具制造材料的质地来看，崇尚富贵豪气以金银等质地材料造茶具的喜好与唐代一脉相承。“长沙茶具精妙甲天下，每副用白金三百或五百星，凡茶之具悉备，外则以大缨银合贮之。赵南仲丞相帅潭，以黄金千两为之。”① 用三五百两白金或千两黄金打造一副茶具，不可不谓豪华。一般的金属茶具，因其精巧耐用，也为宋人所喜好。即使在偏僻遥远的雷州，制造的精美金属茶具也不亚于茶文化高度发达的建宁地区：“雷州铁工甚巧，制茶碾、茶瓯、汤匮之属皆若铸就……比之建宁所出，不能相上下也。”② 更多的情况下，一套茶具大抵由多种质地材料制成，除了碾、茶匙、汤瓶等器物，人们从不损茶味的角度出发，要求用金、银、铜、铁等耐久金属质料之外，其余茶具大抵用竹、石、木、陶瓷等与茶叶极具亲和性的质料，这也表明了宋代茶具更趋向自然化的一面，这一趋向为明代陶瓷茶壶所继承，而且将自然化的一面与审美的趣味结合得更好。

总而言之，宋代茶具注重其对茶叶的映衬功用，注重茶具与茶叶之间的亲和性，在茶碗的色调上别具一格，有着相当独特的审美趣味。

四　宋代末茶点饮用具不传之原因探究

宋代末茶点饮用具独具特色，然而却未能流传至今。考之未能传袭下来的最首要与直接的原因，当然是由于明太祖朱元璋诏令罢贡饼茶，末茶作为茶饮茶艺消费的一种主导的茶叶形态，历史性地消失了，作为为其服务所用的末茶点饮用具也因而失去了其所服务的对象，不得不渐渐从茶具系列中销匿了身迹。

不过，事物之间错综复杂的相关性，使得末茶用具与末茶消亡之间的因果关系并不像看起来的那么单向和简单。

一般来说，消费物本身与消费方式发展成熟到一定阶段时，它们所借助的器物就会形成一定的与功用相关的系列形式，而器物作为一种稳定的

---

① 周密：《癸辛杂识》前集《长沙茶具》。

② 周去非：《岭外代答》卷六《茶具》。

形式，又会反过来稳定消费物品与消费方式。当茶具作为茶汤的盛贮器物时，它与其中所载贮的茶汤，以及点试这种茶汤的茶饮茶艺方式之间，就有了一定程度的内容与形式之间的关联与依赖。同时，任何器物本身又毕竟是一种独立的物质，有其独特的生命，器物自身所隐含的一些局限性因素对其所服务的对象的长期存在与发展，又会有反向的影响。茶具自身具有相当独立的文化内涵和文物价值，末茶点饮用具自身的一些不传之因，也是宋代末茶点饮方式最终消失的内在先导因素，可以说，末茶及其点饮方式的消亡，其中一些重要的因素，已经早早蕴藏在它们所借助的末茶点饮的一些主要用具之中。

不同历史时期、不同流派的茶饮茶艺风格方式各异，在其所使用的种类众多、品种繁复的茶具系列中，必然有一两种茶具成为代表某种特定茶艺的主导器具。从宋代末茶点茶茶艺的重心来看，茶盏、汤瓶和茶筅可视作它的代表性主导器具，其余一些器物，如茶碾、石磨、竹罗之类，虽然很有特色，但因为它们都是服务性用具，不能视为末茶用具的代表性器物。

兔毫盏等黑褐色建盏是末茶茶艺最具代表性的主导器具，具有特别的审美价值。但是，正如前文所论列的那样，虽然兔毫盏在宋代末茶点饮中被常规性地大量使用，却由于其审美趣味与宋代文人的基本审美格调相去太远，有些兔毫盏底足无釉露胎，对中国古代文人来说太过于朴拙而精美不足，因而兔毫盏极少被文人们关注和称赞，更几乎没有得到文人们的宝贝与收藏。虽然有名士如蔡襄者曾经收藏十多枚兔毫盏，但这种收藏似乎并未激起其他文人们对兔毫盏的收藏兴趣，文人们对陶瓷碗具收藏的目光焦点，仍然集中在以汝窑、官窑等以青色为主调的秘色瓷器上，以至于始终两宋时代，兔毫盏都未能成为人们注重与收藏目光所及的名器。

汤瓶在成为名器方面存在两个问题，一是汤瓶甚至在当时就不是茶艺的专门用具，它同时又可作为温酒注酒的器具，故而在现当代多种文物出版物中，同一种器物有时称为汤瓶，有时称为注壶，前者用于茶艺而后者用于饮酒。二是汤瓶的制作材料不统一，“黄金为上，人间以银、铁或瓷、石为之”①，使得汤瓶自身也缺乏一定的稳定性。这两种混用的情况使得汤瓶这一具有代表性的宋代茶艺主导用具，也不可能成为名器，从而

① 《茶录》下篇《汤瓶》。

流传。

茶筅的情况和汤瓶有些类似，它的材料和制作工艺所含有的价值含量都不高，在中国从未引起任何收藏者的兴趣。

主导茶具成为名器，对某种茶饮茶艺方式稳定的传承起着相当重要的保证作用，这一点从日本茶道和中国明代瀹泡叶茶法中都可以得到证明。在日本茶道于16世纪最终定型之前的两三百年中，从建窑诸款黑釉盏开始的中国、高丽、日本的多种茶碗，已经成了日本茶道茶艺中的名器重宝，对这些器物审美与价值的看重，阻止了日本在与明代文化、物质交流中明代对紫砂茶壶、瓷杯等器物的看重及新的叶茶瀹泡法对日本茶道茶艺的影响，时至今日，仍然维持着以末茶为茶叶消费主导形态的日本抹茶道。中国明代，由于紫砂陶茶壶及宣窑、定窑的瓷杯迅速成为文人士大夫们竞相珍爱与收藏的名贵器物，以此为主导茶具的叶茶瀹泡法，最终压倒了已经不再使用黑釉盏而以宣、成白瓷杯为茶碗的仍然存在于部分文人士大夫中的末茶点饮法，成为中国此后至今的主导茶饮茶艺方式。此后直至清末民初，虽然有人如震钧者复崇古以唐代煎煮末茶法煎饮茶叶，其格调虽因崇古而清雅有致，但因其用具只重煮水煎茶之具，对盛茶饮用之具只含混述及用厚壁盏而不能详述之①，故而在已经以饮具为主导茶具的中国茶饮茶艺中，它只能是个别文人的闲情逸致的玩习游艺，甚至激不起一点共鸣的浪花，更不用说能对以壶、杯为主导茶具的茶饮方式产生能导致某些改变的影响。

宋代兔毫盏因其在审美趣味上对中国古代文人基本审美格调的重大偏离，致使其无法跻身于名瓷名具的行列，最终只能像流星一样，虽然有一阵光芒闪耀，却无法留在群星争辉的星空，而不再传世，与末茶点饮法相偕而亡。

---

① 震钧：《天尺偶闻》卷八《茶说》。

第二编　茶与宋代政治生活

自从汉代开始对摘山煮海之利实行征榷以规利以来，凡在社会、民间生活中使用较多的物产品，都极可能成为政府征榷的对象。茶在唐中前期成为全社会广泛使用的饮品，唐政府于建中三年（720）九月初征茶税，实行一年多后即告停止，贞元九年（793）春正月复征①。此后，由于茶税的收入日渐增多，成为政府一项重要的财政收入来源，征收茶税的政策为此后历朝政府所沿用，茶也因而与社会政治生活发生了密切的关系。

宋代，政府在政治、经济、军事形势变化的情况下，多次修改制定茶法。茶法因而成为研究宋代政治、经济、法律、军事等方面的重要内容，是一项有待进一步深入研究的专门课题，将另具文专门论述，本编不再赘及。

茶在宋代政治生活中相当活跃，扮演了多种角色。茶在政治生活中的性格也不再是与它的自然物性相和谐的简雅与幽致，而是相当的多重与复杂。本编将从贡茶这一对宋代茶艺与文化有着深刻影响的方面开始，对贡茶、赐茶、茶礼等茶在宋代政治生活中与社会心理、文化等相关的方面，进行探讨。

---

① 《旧唐书》卷一三《德宗纪》与《资治通鉴》卷二三四都说贞元九年春正月癸卯初税茶，但《旧唐书》卷四九《食货志下》谓建中四年（乃三年之误）尽税天下竹木茶漆，“茶之有税肇于此矣”，为税茶之始。故《新唐书》卷七《德宗纪》记贞元九年正月事为“复税茶”，比较准确。

第四章　贡茶

禹会诸侯，全国统一的政统模式逐渐确立，各部族渐渐被纳入中央政府的权力之下。中央政权又以分封的形式来实现它的统治，维系这一统治的，是各分封诸侯国对宗主国的朝贡。朝贡包括定时对中央政府的朝拜，包括定时定量的方物贡奉，包括派军队跟从宗主国出征，等等。这种朝贡制度，既是藩属诸侯国对宗主国忠心与顺服的表现，也是直接的财政支持。经过春秋战国之乱世，经过秦汉之际郡县、封国制度的改革，分封形式的中央政权被官僚系统形式的中央集权所取代，以方物纳贡为主要形式的中央财政，也逐渐被日益完善和发展的一整套赋税体制所代替。只是方物纳贡并未随着完善的财政体制的建立而消失，相反，它在中国漫长的古代社会中一直保存了下来，成为封建社会政治经济制度的一个特征——超经济强权的表现，它不仅为皇室提供各地土产的消费与享受，而且成为独断皇权因奢靡挥霍、战争等原因而出现财政支绌时的一种经常性的财政补充。

方物纳贡，作为制度外的制度，对于一直试图规范化但却始终不能实现这一目标的中央集权的封建官僚体系来说，又是地方官员非规范化竞争谋求晋升的重要手段与方式。这种常为人们所诟病的劳民伤财的制度，常常是诗人们所感慨吟咏的题材，但也正是这种制度，为宋代颇具特色的茶文化的出现与形成，提供了不可或缺的契机。

第一节　北苑官焙贡茶

传说中，茶在中国被发现的时间很早，神农在尝百草时就发现了茶，相传贡茶的出现也很早，“武王既克殷，以其宗姬于巴，爵之以子……丹漆、茶、蜜……皆纳贡之”①。魏晋南北朝不时有贡茶事件的记载，如“晋温峤上表贡茶千斤、茗三百斤”，吴兴“温山出御荈”等。②唐中期以后，湖州、常州境会之处的顾渚山紫笋茶③的入贡渐成制度，“牡丹花笑金钿动，传奏吴兴紫笋来”④。吴兴、义兴茶的入贡能渐成制度，还和茶神陆羽有关。“义兴贡茶非旧也，前此故御史大夫李栖筠实典是邦。山僧有献佳茗者，会客尝之，野人陆羽以为芳香甘辣，冠于他境，可荐于上。栖筠从之，始进万两，此其滥觞也。厥后因之，征献浸广，遂为任土之贡，与常赋相侔矣。”⑤ 贡茶日益成为宫廷中的重要消费物品。每年及时贡奉新茶成为湖、常二州地方官的重要事务，唐文宗开成三年（838）三月，“以浙西监军判官王士玫充湖州造茶使。时湖州刺史裴充卒官，吏不谨，进献新茶不及常年，故特置使以专其事”。因为湖州地方未能及时贡新茶入京，唐政府例外“别立使额”，以专其事，可见对贡茶的重视。⑥

贡茶的惯例在宋代建国之初被沿袭了下来，并且得到巨大的发展，超过了五代以来的土贡方物规制，出现了官营北苑官焙茶园，专门负责往中央皇室的贡茶之事，贡茶的品类与数量都日趋扩大，形成了相当规模的贡茶制度，对宋代社会生活产生了一定的影响。

一 北苑官焙及其贡茶种类

宋代北苑官焙在福建建安（今福建建瓯县境内），“建安之东三十里，有山曰凤凰，其下直北苑”⑦。

北苑茶属于建茶系列。建茶在唐代陆羽著《茶经》时尚未著名，但品味却是甚好，“往往得之，其味极佳”⑧，后来开始有人着意制造建茶，

---

① 常璩：《华阳国志》卷一《巴志》。

② 寇宗奭：《本草衍义》，山谦之：《吴兴记》。

③ 此茶言以湖州则称吴兴茶，言以常州、义兴则称阳羡茶，实一也。

④ 张文规：《湖州贡焙看发新茶》，见《全唐诗》卷三六六。

⑤ 赵明诚：《金石录》卷二九《唐义兴县重修茶舍记》。

⑥ 见《册府元龟》卷四九四《邦计部·山泽二》，另钱易《南部新书》卷戊记：“开成三年，以贡不如法，停刺史裴充职。”二者未知孰是。

⑦ 赵汝砺：《北苑别录·序》。

⑧ 《茶经》卷下《八之出》。

"贞元（785—804）中，常衮为建州刺史，始蒸焙而研之，谓之研膏茶"[①]。至五代中期闽国龙启（933—934）中，北苑之地的所有者"里人张廷晖以所居地宜茶，悉输之官"[②]。而北苑茶园虽在建安县城之东却仍名以北苑者，姚宽认为是因为"建州龙焙，面北，谓之北苑"[③]。

关于北苑之名，大多数宋人的观点与姚宽不同，一般都认为北苑之名始自南唐李氏，"建溪龙茶，始江南李氏，号北苑龙焙"[④]。而且不是因其面北而名北苑，而是始于南唐北苑使所造之茶。沈括认为：

> 建茶之美者，号"北苑茶"。今建州凤凰山，土人相传谓之"北苑"，言江南尝置官领之，谓之"北苑使"。予因读《李后主文集》，有《北苑诗》及《文（北）苑记》，知北苑乃江南禁苑，在金陵，非建安也。江南"北苑使"，正如今之"内园使"。李氏时有北苑使，善制茶，人竞贵之，谓之"北苑茶"，如今茶器中有"学士瓯"之类，皆因人得名，非地名也。丁晋公为《北苑茶录》云："北苑，地名也，今曰龙焙。"又云："苑者，天子园囿之名。此在列郡之东隅，缘何却名北苑？"丁亦自疑之，盖不知"北苑茶"本非地名。始因误传，自晋公实之于书，至今遂谓之北苑。[⑤]

吴曾亦认为姚宽之说为非，北苑成为大家认可的称谓，是因为丁谓《北苑茶录》传误之后：

> 杨文公《谈苑》云："江左近日方有蜡面之号，李氏别令取其乳作片，或号曰京铤、的乳及骨子等。"……以文公之言考之，其曰京铤、的乳。则茶以京铤为名，又称北苑，亦以供奉得名可知矣。李氏都于建业，其苑在北，故得称北苑。水心有清辉殿，张洎为清辉殿学士，别置一殿于内，谓之澄心堂，故李氏有澄心堂纸。其曰北苑茶

---

① 张舜民：《画墁录》。按：常衮卒于建中四年（783），不可能在贞元（785—805）中为建州刺史。另常衮仅于建中元年至四年曾任福建观察使兼福州刺史，无曾为建州刺史的佐证，此事很可能是常衮于建中年间任福建观察使时的事情。

② 夏玉麟、汪佃：《建宁府志》。

③ 姚宽：《西溪丛语》卷上。

④ 《铁围山丛谈》卷六。

⑤ 沈括：《梦溪补笔谈》卷一。

> 者，是犹澄心堂纸耳。……因知李氏有北苑，而建州造铤茶又始之，因此取名，无可疑者。①

考之于史，永隆五年（943）闽国内乱加剧，王延政据建州称帝。而南唐则趁闽国内乱之机发兵，于保大三年（945）攻下建州俘王延政。得到建安之地的次年（946）春二月，南唐“命建州制的乳茶，号曰京挺，臈（蜡）茶之贡自此始。罢贡阳羡茶”②。并专门置官领其事。所以，北苑或龙焙之名，始于南唐以金陵禁苑北苑使领造建州贡茶，遂将所造之茶称为北苑茶，出茶之处称为北苑。是园以茶名，茶以使名，而使以禁苑名也。至北宋丁谓《北苑茶录》误称之为地名后，遂相沿用为建安官焙茶园之名。

建安“官私之焙，千三百三十有六”③，官焙之数，在五代南唐时为三十八，建安下属六县皆从事生产贡茶之事。宋朝建立之后，对官焙之数稍作裁抑，“环北苑近焙，岁取上供，外焙俱还民间，而裁税之。至道（995—997）年中，始分游坑、临江、汾常、西濛州、西小丰、大熟六焙，隶南剑州”。则宋代建安共有官焙三十二，分在东山、南溪、西溪、北山四处，专门贡奉御用茶的御园，“北苑首其一，而园别为二十五”，庆历（1041—1048）中又以苏口焙四园、石坑焙十园隶属北苑，则北宋北苑官焙共有御茶园三十九座。④ 此后，北苑官焙之茶园屡有增替，到南宋淳熙十三年（1186）赵汝砺撰《北苑别录》时，北苑官焙共有茶园四十六所：九窠十二陇、麦窠、壤园、龙游窠、小苦竹、苦竹里、鸡薮窠、苦竹、苦竹源、鼯鼠窠、教练陇、凤凰山、大小焊、横坑、猿游陇、张坑、带园、焙东、中历、东际、西际、官平、上下官坑、石碎窠、虎膝窠、楼陇、蕉窠、新园、天楼基、阮坑、曾坑、黄际、马鞍山、林园、和尚园、黄淡窠、吴彦山、罗汉山、水桑窠、师姑园、铜场、灵滋、范马园、高畲、大窠头、小山，共占地三十余里，规模很大，以官平、官坑两

① 吴曾：《能改斋漫录》卷九《北苑茶》。

② 马令：《南唐书》卷二《嗣主书》，《丛书集成初编》本，商务印书馆 1935 年版，第 3878 册，第 12 页。

③ 丁谓：《北苑茶录》，转引自《东溪试茶录·总序焙名》。

④ 《东溪试茶录·总叙焙名》。

茶园为界，分为内园和外园两大区。[①]

宋代茶叶品类主要是从其外形来进行区分，基本形态分为两大类，“曰片茶，曰散茶”，即压制成块状的固形茶，和未经压制的散条形茶叶。北苑的贡茶是片茶，但它们与一般不做贡茶的片茶却是不一样的，一般的片茶在蒸造后，即入模压制成片，保持茶的叶形状态；而北苑的贡茶及其所属的建茶系在蒸造之后，还要多一道工序即研茶，“片茶蒸造，实棬模中串之，唯建、剑二州既蒸而研，编竹为格，置焙室中，最为精洁，他处不能造”[②]。

这种既蒸而研的茶又称为研膏茶，在唐时即已出现。《画墁录》记曰：“贞元（785—804）中，常衮为建州刺史，始蒸焙而研之，谓之研膏茶。”而不经过研茶工序的茶在宋代被称为“草茶”，“自建茶入贡，阳羡不复研膏，只谓之草茶而已”[③]。南唐始令北苑造贡茶时，“初造研膏，继造腊面。既又制其佳者，号曰京铤”[④]。腊茶之贡自南唐始也。则腊茶、京铤等茶都是在研膏茶的基础上再精加工而制成的，并且从此腊茶就成了建茶的另一名称。如《宋史·食货志》称“建宁腊茶，北苑为第一”。

“建茶名蜡茶，为其乳泛汤面与镕蜡相似，故名蜡面茶也。……今人多书蜡为腊，云取先春为义，失其本矣。”[⑤] 宋人称建茶为蜡茶、腊茶者皆有之，宋代从建茶开始蔓延出一种尚白的品茶标准，以此标准判别，蜡茶、蜡面茶从蜡的本义的可能性更大一些。

此外，由于宋茶尚白的标准，北苑贡茶中因而还有一种特别的茶叶品种——白茶。白茶在北宋中期即已名声大噪，“白叶茶，民间大重，出于近岁，园焙时有之。地不以山川远近，发不以社之先后，芽叶如纸，民间以为茶瑞，取其第一者为斗茶”[⑥]。诗人们更是赞不绝口：“自云叶家白，颇胜中山醁。”[⑦] 到北宋后期，宋徽宗本人对白茶特别钟爱，在其所著《大观茶论》中专列《白茶》一条：

---

① 《北苑别录·御园》。
② 《宋史》卷一八三《食货志下》。
③ 葛立方：《韵语阳秋》卷五。
④ 《宣和北苑贡茶录》。
⑤ 程大昌：《演繁露续集》卷五《蜡茶》。
⑥ 《东溪试茶录·茶名》。
⑦ 苏轼：《寄周安孺茶》，《全宋诗》卷八〇五。

> 白茶自为一种，与常茶不同，其条敷阐，其叶莹薄，崖林间偶然生出，盖非人力所可致，正焙之有者不过四、五家，生者不过一、二株，所造止于二、三胯而已。芽英不多，尤难蒸焙。汤火一失，则已变而为常品。须制造精微，运度得宜，则表里昭澈，如玉之在璞，他无与伦也。

于是白茶遂为北苑茶之第一。

由于宋代北苑官焙贡茶开始时制造的贡茶品类为大龙团、大凤团二款，仁宗时添造的两款新茶亦名为小龙团、小凤团，故北苑官焙贡茶又常被称为“团茶”。

二　北苑贡茶始末

宋代北苑官焙茶园规模的初步建立，开始于北宋太宗初年［参见图54］，据北宋高承《事物纪原》卷九《龙茶》曰：

图54　北宋庆历八年柯适建安北苑石刻

（位于建瓯市东峰镇焙前村）

> 《谈苑》曰："龙凤石乳茶，本朝太宗皇帝令造。江左乃有研膏茶供御，即龙茶之品也。"《北苑茶录》曰："太宗兴国二年（977），遣使造之，规取像类，以别庶饮也。"

所谓"规取像类"，就是用特别的棬模来压制贡茶茶饼，熊蕃于北宋末年所作《宣和北苑贡茶录》对此说得很明确："太平兴国初，特置龙凤模，遣使即北苑造团茶，以别庶饮。"从熊蕃子熊克于南宋淳熙年间增入《宣和北苑贡茶录》书中的贡茶铸式及棬模质地和尺寸图来看，龙凤模就是刻有龙、凤图案的棬模，从此带有龙凤这类帝后专用标志图案的茶饼成了贡茶的定制，直至宋亡，沿袭不已。[参见图55、图56]

图55　大龙茶棬模（读画斋丛书辛集本《宣和北苑贡茶录》）

图56　小凤茶棬模（读画斋丛书辛集本《宣和北苑贡茶录》）

太宗钦定的新款贡茶，很快就进入了皇恩浩荡的赐物行列，而且因为赐予的范围日渐扩大，龙凤茶逐渐不敷赐用，到太宗末年的至道初，又下诏北苑制造号为“石乳”“的乳”“白乳”“京铤”的四种新款贡茶，与龙凤茶一起分赐不同级别的皇亲国戚、官僚士大夫、将帅饮用。

> 龙茶以供乘舆，及赐执政、亲王、长主，余皇族、学士、将帅皆得凤茶，舍人、近臣赐京铤、的乳，而白乳赐馆阁，惟腊面不在赐品。①

宋太宗的标新立异与贡茶消费数量的日益扩大，极度刺激了福建路历任地方官对制造、改进贡茶品质、样式的热情，所谓“武夷溪边粟粒芽，前丁后蔡相笼加”②，使得北苑贡茶的品种、款式、贡数逐年增加。

至道年间（995—997），丁谓任福建路转运使，他一仍太宗旧制制造龙凤贡茶，并将北苑制造贡茶的始末记录在他的《北苑茶录》一书中，致使不少不审者误以为龙凤茶由丁谓创制，如上文所引苏轼诗在“前丁后蔡相笼加”句下有自注云：“大小龙茶始于丁晋公而成于蔡君谟”，便是一例。

图 57 宋仁宗像

蔡襄字君谟，官至端明殿学士，多次在福建地方任职，曾两知福州，一知泉州，一任福建路转运使。他于庆历七年（1047）十一月自知福州徙福建路转运使，在太宗诏制的龙凤等茶外，又添创了小龙团茶。关于蔡襄添制小龙团的由头，传说是一个极富人情味的故事：仁宗久无子嗣［参见图 57］，晚年经常有大臣劝其立太子，仁宗感到很失落，郁郁寡欢。“蔡君谟始作小团茶入贡，意以仁宗嗣未立，而悦上心也。”③ 仁宗对蔡襄其实颇为宠爱，曾飞白书赐“君谟”二

① 杨亿：《杨文公谈苑》第 174 条“建州蜡茶”，李裕民辑校本。《宣和北苑贡茶录》熊克增补之文亦曾引录。另《苕溪渔隐丛话》后集卷一一曰：“至道间仍添造石乳。”

② 见苏轼《荔枝叹》，《全宋诗》卷八二二。

③ 见王巩《续闻见近录》。

字，故对其所宠爱之臣蔡襄增创贡茶的行为只作了一个姿态性的举措："以非故事，命劾之。大臣为请，因留而免劾。然自是遂为岁额。"[①] 第二年即下诏第一纲贡茶全部贡此更为精细的小龙团。因为蔡襄一直有清誉而且为官有能名，所以当富弼听到蔡襄也做这种"仆妾爱其主之事"时，大感意外地说："不意君谟亦复为此!"[②] 此事吴曾记为"朝廷以其额外，免勘"。[③] 正是这"额外"一词，既表明了蔡襄对仁宗的关爱之情，也显示了日后北苑贡茶数目日益加码的预兆。

仁宗、蔡襄之后，追求贡茶精细之风渐开。神宗"熙宁中，贾青为福建转运使，又取小团之精者为密云龙，以二十饼为斤而双袋，谓之双角团茶"[④]，"熙宁末，神宗有旨建州制密云龙，其品又加于小团矣"[⑤]。哲宗绍圣间将密云龙改为瑞云翔龙。

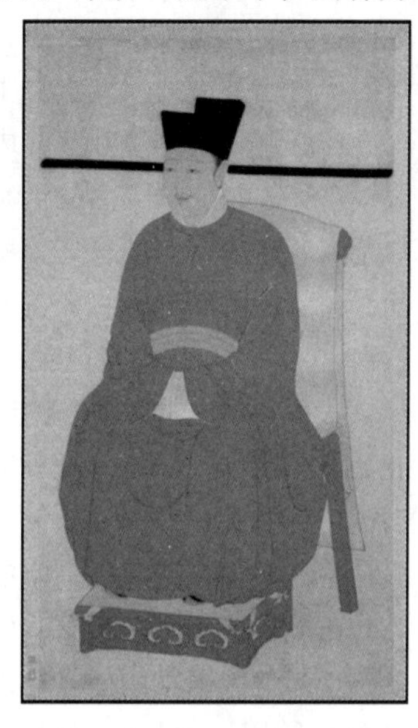

图 58　宋徽宗像

徽宗赵佶是中国历史上唯一一位"茶皇帝"，他不同于其他一些只是一般嗜好饮茶的皇帝，最最主要的是他写了一部茶艺专著《大观茶论》[⑥]。在饮用之外，他还孜孜于点茶的技艺，多次亲手为臣下点茶。[参见图 58]

徽宗信从蔡京等人"丰亨豫大"之说，大兴土木，奢靡挥霍，多方征敛花石纲等。在贡茶方面，徽宗更是将他对茶的

---

① 《石林燕语》卷八。

② 费衮:《梁溪漫志》卷八《陈少阳遗文》。另苏轼在《荔枝叹》诗中自注此语乃欧阳修所言。《能改斋漫录》卷一五《建茶》引《东坡志林》又谓为司马光语。

③ 《能改斋漫录》卷一五《建茶》。

④ 见《石林燕语》卷八。按：贾青是接替蹇周辅任福建路转运使的，而蹇周辅自福漕徙发运副使在元丰元年十月（见《长编》卷三〇三"元丰元年三月庚申"条小注），则贾青任福漕必在此后，创制密云龙当更在此后。所以熙宁应为元丰之误。

⑤ 见《画墁录》。《宣和北苑贡茶录》作"元丰间"，《清波杂志》卷四有类似记述，但称熙宁后始重，未言始造于何时。

⑥ 有人怀疑此书并非徽宗亲作，而是茶官代笔，挂了徽宗之名而已。但也只限于怀疑，迄无证明。

爱好与最高权力相结合的作用发挥到了极致，使北苑官焙贡茶达到了登峰造极的地步。《宣和北苑贡茶录》所列五十余种贡茶名目中，至少有四十种是徽宗大观至宣和年间添创的，其中有一半左右的茶銙名称极尽花哨之能事，如乙夜清供、承平雅玩、玉除清赏、启沃承恩等，从细小处体现着徽宗华而不实、虚荣轻佻的性情。

宣和二年（1120），福建路转运使郑可简更是大投徽宗所好，在提高上品贡茶的品质技艺方面独出心裁。此前蔡襄制小龙团而胜大龙茶，元丰间密云龙又胜小龙团茶，从制茶工艺角度来说都是靠减小茶饼的尺寸来完成的：大龙大凤茶每斤 8 饼，小龙茶每斤 10 饼，密云龙每斤 20 饼①。郑可简不再在茶饼的尺寸上打主意，而将目光集中在原材料的质地上，他从已准备好制贡茶的茶叶芽叶中，抽取中心如针如线一般细嫩的一缕——号银线水芽，制成最上品的贡茶龙园胜雪，只是因为徽宗对另一种特殊品种白茶有着个人特别的喜好，所以龙园胜雪仍排在白茶之后。至南宋绍兴年间，龙园胜雪便列在白茶之前了。熊克增补《宣和北苑贡茶录》和姚宽《西溪丛语》对此都有记载。

宣和七年（1125），徽宗在金兵压境、日益南逼的情况下，宣布省罢北苑琼林毓粹、浴雪呈祥等 10 种贡茶。②

建炎初（1127—1130），南北形势大乱。建炎年间，高宗赵构仓皇南渡，一时间百废待兴。高宗的心理一直都是很复杂的，他惧怕金人，惧怕大兵压境穷追不舍的金军，但更惧怕金人放回钦宗或在北方另立钦宗为宋帝，这样他因国难而便宜捡来的皇帝宝座便不能再坐③，因此在他的骨子里和许多实际的做法，都是尽量向金人求和以便不让钦宗及其子孙南归，但在表面上，他又要表现出符合中国传统的君臣、父子、兄弟之间的伦理纲常道德。这注定使得他实际所做的与他所标榜的并不相一致。这种不一致，也表现在北苑官焙贡茶上。

建炎以后，叶浓、杨勍等相继在福建起事，致使北苑官焙园丁散亡，贡茶有实际征收不上的困难，加之高宗政府一直也处在颠沛流亡之中，遂罢北苑贡茶三分之一。至绍兴间又两次蠲减贡茶数："绍兴二年（1132

---

① 见《石林燕语》卷八。又《渑水燕谈录》卷八谓小龙斤 20 饼，当误。

② 《宣和北苑贡茶录》。

③ 李心传：《建炎以来系年要录》卷一一七记金人废刘豫时曾经宣扬过立钦宗之事。以下引用此书简称《要录》。

年），蠲未起大龙凤茶一千七百二十八斤。五年（1135 年），复减大龙凤及京铤之半。”[①] 但我们只要稍稍留心即可发现，这种蠲减都只有极短暂时间，而且这两次蠲减都是欲取先予式的。因为虽然政府一方面下令蠲减贡茶，另一方面却在恢复旧日的贡茶规制，“壬子春（绍兴二年，1132 年）漕司再葺茶政。越十三载（绍兴十五年，1145 年），乃复旧额。且用政和故事，补种茶二万株，比年益虔贡职，遂有创增之目”。很快一切就都和徽宗时代一样了。到绍兴戊寅岁（二十八年，1158 年），熊克摄事北苑的时候，“阅近所贡仍旧，其先后次序亦同，惟跻龙园胜雪于白茶之上，及无兴国岩小龙、小凤”[②]。

应该说高宗不是一个特别腐败的皇帝，但由于处境尴尬，人格不免有点分裂。由于南宋初年残破的形势，作为中兴皇帝，高宗比较注意自己的形象，对贡茶数有所裁损，但裁损的主要是用于赏赐的粗色茶纲——龙凤茶及京铤茶等，对于专供“玉食”的细色茶纲则一切照旧，渐次恢复了徽宗时的品名、规模。

至少到孝宗淳熙（1174—1189）末年，北苑贡茶仍旧沿袭高宗时的品名、规模，在此后，坟典缺载，或者沿袭至度宗末年也不可得而知。

北苑官焙大抵与两宋兴亡相始终。北苑贡茶与两宋间一些重大的政治生活事件密切相关，并从自身这一小小的角度体现、折射着这些事件。

三　贡茶品名、纲次与贡数

北苑所贡之茶，共分三等。从贡茶时间上来说，“其最佳者曰社前，次曰火前，又曰雨前”[③]。社前即采制于社日（3 月 20 日春分前后）之前的茶叶，火前为采制于寒食节（4 月 5 日清明前一两天）禁火之前者，现在一般称为“明前”，雨前为采制于谷雨（4 月 20 日）之前者。从芽叶原料的品质来说，分为水芽、小芽、中芽三品。[④]

北苑贡茶的品名，最初只有很少的几种，每年的贡数也不大。随着时间的推移，历代皇帝对贡茶品名与贡茶数目日益创增，到徽宗政和至宣和间形成稳定的采造制度与贡茶规模，南宋一直基本沿袭徽宗宣政间的贡茶

---

① 《宋史》卷一八四《食货志下》。

② 《宣和北苑贡茶录》。

③ 《宋史》卷一八四《食货志下》。

④ 《宣和北苑贡茶录》。

规模制度。贡茶的品名，则自太宗规模龙凤起，续创续添，基本一脉相仍。

太宗太平兴国二年（977），北苑开始贡大龙、大凤茶，斤八饼，贡五十余斤，至道末又诏贡京铤、的乳、白乳、石乳和蜡面等茶，其中京铤、的乳两款南唐时即已创制。

仁宗庆历末蔡襄漕闽，创制小龙、小凤茶，斤十饼，年贡十斤。此后每年“岁造小龙小凤各三十斤，大龙凤各三百斤”①。

神宗元丰年间，有旨造密云龙，斤二十饼。

哲宗绍圣年间改密云龙为瑞云翔龙，并添造上品拣芽，元符年间共贡一万八千片。

徽宗年间，北苑贡茶之品骤增。大观年间，造贡新銙、御苑玉芽、万寿龙芽、寸金四种新茶，政和年间添造试新銙、白茶、瑞云翔龙、太平嘉瑞四种，宣和四年之前又添造龙团胜雪等二十种，废的乳、白乳、石乳等茶，至宣和七年省去琼林毓粹等十种。每年贡茶数约四万七千余片。等等。

统计宋代建州官焙贡茶前后共计有57款，经太宗、仁宗、神宗、哲宗、徽宗、高宗诸朝帝王及多位福建路转运使的关注和参与，历经初建制、续添续创之制及最终形成定制。

关于贡茶纲次与品名、贡数等详情，熊蕃《宣和北苑贡茶录》记为“十余纲”四十一品，周辉《清波杂志》卷四所记为“十有二纲，凡三等，四十有一名”，姚宽《西溪丛语》记共有细色五纲四十二品，粗色五纲皆大小团，赵汝砺《北苑别录·纲次》记北苑贡茶有细色五纲四十三品，总贡数七千零四十三约七千余饼，粗色七纲共有五品，贡数四万余饼，与胡仔《苕溪渔隐丛话》所记“细色茶五纲，凡四十三品……共七千余饼。……又有粗色茶七纲，凡五品……共四万余饼”同，《建安志》所载亦与之几乎完全相同。另曾敏行《独醒杂志》卷九记“今岁贡三等十有二纲，四万九千余銙”，也与之大略相同。

按：熊蕃与赵汝砺之书，赵书中四十三品细色五纲并先春两色、续入额四色中有七种茶重复，则细色纲茶为三十六品，而粗色七纲如胡仔所说皆为五品，二者相加为四十一品，与熊书同。则北苑贡茶至宣和末年形成

① 《能改斋漫录》卷一五《建茶》。

规模，细色五纲、粗色七纲，共四十一品，每年贡四万七千片至四万九千余片。南宋至孝宗淳熙年间依然沿用此例。贡茶所用的棬模大抵用铜、银材料制成，偶尔也有用竹者。

关于贡茶品名、棬模质地、尺寸及制造年份，参见表3，细色茶每纲贡茶品名、茶芽、研水数、焙火数、正贡数、续添数的详情，参见表4。

表3　**北苑贡茶品名**

	茶名	棬模、尺寸	茶芽、焙火、研水	图案	制造年份	备注
1	大龙	铜棬银模			太平兴国二年	
2	大凤	铜棬银模			同上	
3	石乳				至道二年	宣和二年废
4	的乳				同上	宣和二年废
5	白乳				同上	宣和二年废
6	腊面				同上	沿用南唐茶品
7	京铤				同上	沿用南唐茶品
8	小龙	铜棬银模			庆历七年	本年贡曾坑小团未成定制

续表

	茶名	棬模、尺寸	茶芽、焙火、研水	图案	制造年份	备注
9	小凤	铜棬银模			庆历七年	
10	密云龙				元丰	绍圣年间改为瑞云翔龙
11	瑞云翔龙	银棬银模 径二寸五分	小芽 十二水 九宿火		绍圣	
12	上品拣芽	铜棬银模	小芽 十二水 十宿火		绍圣二年	
13	御苑玉芽	银棬银模 径一寸五分	小芽 十二水 八宿火		大观二年	
14	万寿龙芽	银棬银模 径一寸五分	小芽 十二水 八宿火		同上	
15	试新銙	竹棬银模 方一寸二分	水芽 十二水 十宿水	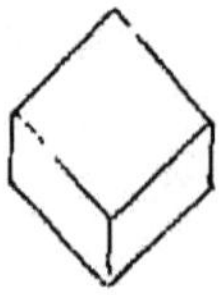	同上	又称龙焙试新

续表

	茶名	棬模、尺寸	茶芽、焙火、研水	图案	制造年份	备注
16	无比寿芽	竹棬银模 方一寸二分	小芽 十二水 十五宿水	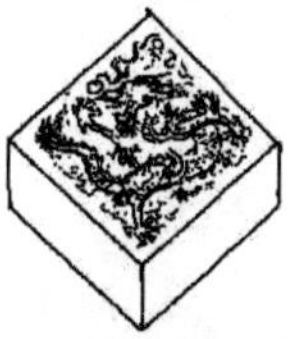	大观四年	
17	白茶	银棬银模 径一寸五分	水芽 十六水 七宿火		政和二年	
18	长寿玉圭	银棬银模 直长三寸	小芽 十二水 九宿火		同上	
19	太平嘉瑞	铜棬银模 径一寸二分	小芽 十二水 九宿火		同上	
20	贡新铸	竹棬银模 方一寸二分	水芽 十二水 十宿火	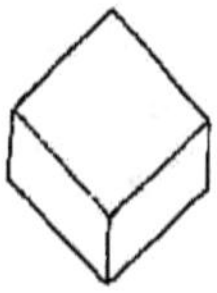	政和三年	又称龙焙贡新
21	龙园胜雪	竹棬银模 方一寸二分	水芽 十六水 十二宿火	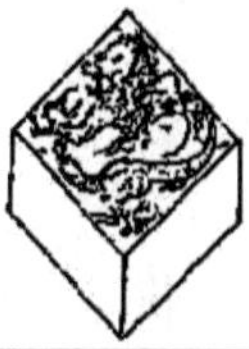	宣和二年	
22	上林第一	棬　模 方一寸二分	小芽 十二水 十宿火	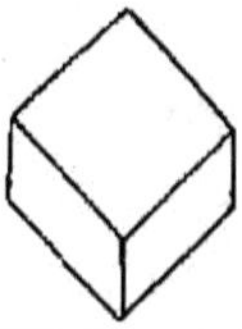	同上	

续表

	茶名	棬模、尺寸	茶芽、焙火、研水	图案	制造年份	备注
23	乙夜清供	竹棬　模 方一寸二分	小芽 十二水 十宿火		宣和二年	
24	承平雅玩	竹棬　模 方一寸二分	小芽 十二水 十宿火		同上	
25	龙凤英华	棬　模	小芽 十二水 十宿火		同上	
26	玉除清赏	棬　模	小芽 十二水 十宿火		同上	
27	启沃承恩	竹棬银模 方一寸二分	小芽 十六水 十二宿火		同上	
28	万春银叶	银棬银模 两尖径二寸二分	小芽 十二水 十宿火		同上	
29	宜年宝玉	银棬银模 直长三寸	小芽 十二水 十二宿火		同上	

续表

	茶名	棬模、尺寸	茶芽、焙火、研水	图案	制造年份	备注
30	玉庆清云	银棬银模 方一寸八分	小芽 十二水 九宿火		宣和二年	
31	无疆寿龙	银棬银模 直长三寸六分	小芽 十二水 十五宿火		同上	
32	琼林毓粹				同上	宣和七年废
33	浴雪呈祥				同上	宣和七年废
34	壑源供秀				同上	宣和七年废
35	贡篚推先				同上	宣和七年废
36	价倍南金				同上	宣和七年废

续表

	茶名	棬模、尺寸	茶芽、焙火、研水	图案	制造年份	备注
37	晹谷先春				宣和二年	宣和七年废
38	寿岩都胜				同上	宣和七年废
39	延平石乳				同上	宣和七年废
40	清白可鉴				同上	宣和七年废
41	风韵甚高				同上	宣和七年废
42	雪英	银棬银模 横长一寸五分	小芽 十二水 七宿火		宣和三年	
43	云叶	银棬银模 横长一寸五分	小芽 十二水 七宿火		同上	

续表

	茶名	棬模、尺寸	茶芽、焙火、研水	图案	制造年份	备注
44	蜀葵	银棬银模 径一寸五分	小芽 十二水 七宿火		宣和二年	
45	金钱	银棬银模 径一寸五分	小芽 十二水 七宿火		同上	
46	玉华	银棬银模 横长一寸五分	小芽 十二水 七宿火		同上	
47	寸金	银棬银模 方一寸五分	小芽 十二水 九宿火	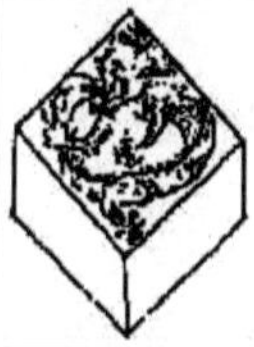	同上	
48	玉叶长春	竹棬银模 直长一寸	小芽 十二水 七宿火	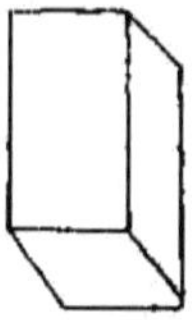	宣和四年	
49	龙苑报春	铜棬银模 径一寸五分	小芽 十二水 九宿火		同上	
50	南山应瑞	铜棬银模 方一寸五分	小芽 十二水 十五宿火	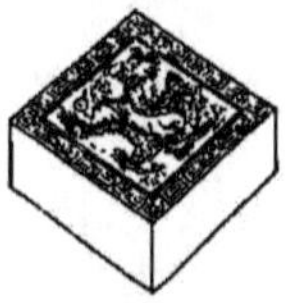	同上	

续表

	茶名	棬模、尺寸	茶芽、焙火、研水	图案	制造年份	备注
51	兴国岩銙	竹棬　模 方一寸二分	中芽 十二水 十宿火	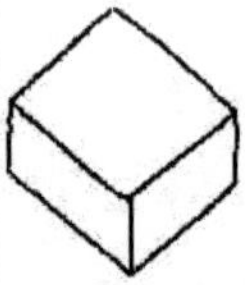		
52	香口焙銙	竹棬　模 方一寸二分	中芽 十二水 十宿火	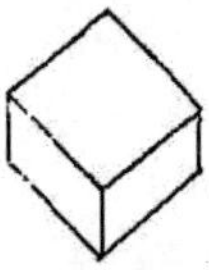		
53	新收拣芽	铜棬银模	中芽 十二水 十宿火			
54	兴国岩拣芽	银棬银模 径三寸	中芽 十二水 十宿火			
55	兴国岩小龙		中芽 十二水 十五宿火			绍兴二十八年止贡
56	兴国岩小凤		中芽 十二水 十五宿火			绍兴二十八年止贡
57	拣芽					

表 4　**北苑细色贡茶纲**　单位：饼

纲　次	茶　名	茶芽	正贡	续添
细色第一纲	龙焙贡新	水芽	30	20
细色第二纲	龙焙试新	水芽	100	50
细色第三纲	龙园胜雪	水芽	30	40
	白茶	水芽	30	130
	御苑玉芽	小芽	100	
	万寿龙芽	小芽	100	
	上林第一	小芽	100	
	乙夜清供	小芽	100	
	承平雅玩	小芽	100	
	龙凤英华	小芽	100	
	玉除清赏	小芽	100	
	启沃承恩	小芽	100	
	雪英	小芽	100	
	云叶	小芽	100	
	蜀葵	小芽	100	
	金钱	小芽	100	
	玉华/叶	小芽	100	
	寸金	小芽	100	
细色第四纲	龙园胜雪	水芽	150	40
	无比寿芽	小芽	50	50
	万春银叶	小芽	40	60
	宜年宝玉	小芽	40	60
	玉庆清云	小芽	40	60
	无疆寿龙	小芽	40	60
	玉叶长春	小芽	100	
	瑞云翔龙	小芽	108	
	长寿玉圭	小芽	200	
	兴国岩铐	中芽	170	
	香口焙铐	中芽	50	
	上品拣芽	中芽	100	
	新收拣芽	中芽	600	

续表

纲 次	茶 名	茶芽	正贡	续添
细色第五纲	太平嘉瑞	小芽	300	
	龙苑报春	小芽	60	
	南山应瑞	小芽	60	60
	兴国岩拣芽	中芽	510	60
	兴国岩小龙	中芽	705	
	兴国岩小龙	中芽	750	
先春两色	太平嘉瑞	小芽	200	
	长寿玉圭	小芽	100	
续入额四色	御苑玉芽	小芽	100	
	万寿龙芽	小芽	100	
	无比寿芽	小芽	100	
	瑞云翔龙	小芽	100	

正贡六千四百二十三饼，续添六百九十饼，共七千一百余饼。按细色茶每斤二十饼算（其中很少量的水芽茶每斤四十饼），每年所贡三百五十斤左右；粗色茶四万余饼，每斤八饼，每年所贡五千二三百斤左右。总共不到六千斤。

在北苑这些有名有目的贡品之外，建州每年都还要上贡相当数量的蜡茶等一般的片茶。《宋史·食货志》记建州包括北苑的贡数为二十一万六千斤，由于战乱造成的破坏，南宋以后建州贡茶有征收不上的实际困难。绍兴五年四月十三日，仓部员外郎章杰上言，请“将建州合发省额茶，且权依绍兴四年例，起发五万斤。余并折价钱，委自本州，收买末茶一十五万斤，赴建康府交纳。从之”。[①] 此后至孝宗淳熙年间依然沿用此例，每年贡茶额五万有奇。[②]

① 见徐松等辑《宋会要》食货三二之二〇，书中此条紧接在“绍兴四年三月十六日”条下，似亦是四年事，然与内容不合。据《建炎以来朝野杂记》甲集卷一四《建茶》，乃五年之事。

② 《北苑别录·纲次》。

四　北苑官焙贡茶的影响

任福建地方官的官员们“争新买宠各出意”，竞相研制、增造北苑新款贡茶，因为做好贡茶工作对他们仕途的升迁肯定有好处，有时会有直接的好处。大观年间，蔡京执掌朝政，福建转运判官郑可简投其所好，投书进献北苑新茶，蔡京即于信上批授转运副使，郑氏仕途捷径因而大开。[①]此后郑可简更是刻意制造了银线水芽新款贡茶，更邀新宠。但北苑官焙贡茶远不只影响到福建地方官员的仕途，它对宋代社会还有着多方面的影响。

1. 体现皇权形象

虽然传说中贡茶的出现很早，但直到唐代才有正式的文献记载表明贡茶开始形成常规化的制度，而且并没有特别的特征来区别贡奉帝王所饮之茶与一般官僚士大夫的饮用之茶。现存的材料中只有一条曾经想表明贡茶与一般人饮用茶之间的区别，它的根据是造茶所用之水在造贡茶与造其地方官所用茶时表现出的无法证实的神异性。

> 湖州长兴县啄木岭金沙泉，即每岁造茶之所也。湖、常二郡，接界于此，厥土有境会亭。每茶节，二牧皆至焉。斯泉也，处沙之中，居无常水。将造茶，太守具仪注，拜敕祭泉，顷之发源，其夕清溢。造供御者毕，水即微减，供堂者毕，水已半之。太守造毕，即涸矣。[②]

宋代以后，皇权日益加强，在这一进程中，宋太宗用“规取像类，以别庶饮”这样一个小小的动作，便在贡茶这一小小的领域确立了皇权不可逾越的形象。

2. 影响地方政府机构设置

北苑贡茶还影响到福建地方政府的机构设置。宋代的路分帅司路和漕司路，《宋史·地理志》中之路系漕司路，首列之州府即为漕司所在。但福建路转运使司却设于位列第二的建州，而不在首列之福州。这种例外的

---

① 《容斋三笔》卷一五《蔡京除吏》。

② 毛文锡：《茶谱》。

情况与建州北苑贡茶密切相关。

北苑龙焙初兴时，福建尚未全境纳入宋版图，建州及其贡茶事“初属江南转运使”，太平兴国三年（978）吴越钱俶纳土后，又隶两浙西南路[①]。此时的福建漕司治所很可能即在福州。《长编》记本年十二月寇掠泉州，“时两浙西南路转运使杨克让在福州”[②]。虽然学界对于宋代转运使路在《宋史·地理志》中的首州设置原则有不同论点[③]，但漕司毕竟是大部分置于首州，而不置于首州者，大抵各有原因。

福建漕司不在首州福州，其原因就是因为建州贡茶。太宗雍熙二年（985）始置福建路，《舆地纪胜》记此时即置福建路转运使司于建州。转运使司是宋代路一级的常设机构，太宗太平兴国二年始置，其职权是“掌经度一路财赋，而察其登耗有无，以足上供及郡县之费；岁行所部，检察储积，稽考帐籍，凡吏蠹民瘼，悉条以上达，及专举刺官吏之事”。[④]转运使司的首要职责是主管一路财政，负责足额上供及一路财政费用，而对上完成足额上供，是转运使的主要考核内容，因而福建路转运使司为了完成建州贡茶这一重要职责，即置司于建州。

3. 进入对契丹的岁币

对贡茶的消费，最初只在宋境内才有。但是熙宁年间（1068—1077），“有贵公子使虏，广贮团茶，自尔虏人非团茶不纳也，非小团不贵也”[⑤]。

4. 推动宋代茶文化的发展

茶在宋代形成超过唐代的多姿多彩的文化现象，其中一个至为重要的原因，是宋代贡茶的极度精致化，以及皇室成员对茶饮的重视与对茶艺活动的广泛介入。当这种介入与原本茶叶种植、交易、饮用等极为广泛的背景又交互影响，使得原来就已经对茶叶情有独钟的文人士大夫们，对茶的关注与探究日益深入。如蔡襄的《茶录》就是因仁宗垂问北苑茶事而专门为之撰写[⑥]，在宋代传今及有目可考的30种茶书中，关于北苑茶事的

① 王象之：《舆地纪胜》卷一二九，江苏广陵古籍刻印社1991年版，第972页。

② 《续资治通鉴长编》卷一九，太平兴国三年十二月戊寅，第438页。

③ 田志光、李昌宪：《关于北宋转运司治所问题上“首州论”的再讨论》，《中国史研究》2011年第1期，第181—193页。

④ 《宋史》卷一六七《职官志七》，第3964页。

⑤ 《画墁录》。

⑥ 见《茶录·前序》。

就有16种，超过半数。可以看到，文人官僚士大夫与宋代皇族以贡茶为契机，或著专书宣讲茶艺，或撰诗文吟咏茶性，或借助茶叶完成多项政治活动，使茶的文化形象日益提升。茶的文化内涵逐渐明确、界定，使人们对茶的文化性趋向更为普遍的认同。

此外，“上有所好，下必甚焉”，上层社会对贡茶消费的热情加剧了民间对茶叶的消费，茶馆、茶肆遍布南北众多的城市之中。民间日益扩大的饮茶活动，使得节日饮食和一些民俗中都烙上了茶的身影。

第二节　一般贡茶

除却建州专事贡茶的北苑官焙之外，宋朝诸路产茶州军也大率每年向中央政府贡茶，作为土贡方物的经常性项目，甚至在宋政权建立之初，统一中原及南方诸小国之前，贡茶的身影就在政治外交的诸项事件中，往来匆匆。

在土贡方物中，茶只是小小的一项，但由于它在社会及日常生活中日益不可缺少，它对社会政治生活的映射力日益加强，以下细述之。

一　北宋建国初年贡茶事

与北宋中期以后轰轰烈烈的贡茶相比，北宋初年的贡茶事真是少而又少，但与此后的贡茶总是同义重复的单调相比，北宋建国初年为数不多的几次贡茶事件，却充满了典型的代表意义。

1. 南唐的贡茶

后周显德五年（958），南唐李景“称臣于中朝，岁贡土物数十万”。建隆元年（960），宋太祖赵匡胤称帝后，“即遣使以书谕景”，李景立即遣使贡物称贺，并且“每岁冬、正、端午、长春节皆以土产珍异、金银器用、缯帛、片茶为贡”①。初，李景本有窥视中原之心，在军事上被周世宗打得大败，尽割江北之地，上书拜表称臣求和之后，又只剩下了恐惧之心，只想偏安江东，苟且偷安，并以大量的贡物作为偏安的交换代价，在常规性贡物中，有一种片茶，很可能是后来名声大噪的北苑茶的始俑。

李煜继南唐主之位后，继续施行赎买偏安的政策，中原有点什么事都

---

① 《宋史》卷四七八《南唐李氏世家》。

遣使贡物，贡的东西越来越多，茶及茶具常在其中。如乾德三年（965），向宋廷“献银二万两、金银龙凤茶酒器数百事”等①。

但靠赎买求来的偏安肯定是不牢靠与不能持久的，一旦宋廷具备了征讨的实力与时机，“天下一家，卧榻之侧，岂容他人酣睡?”② 马上就成了南唐面临的问题。开宝七年（974）冬，宋廷派曹彬、潘美率大军征讨南唐，消息传到南唐，李煜“甚惶惧，遣其弟从镒及潘慎脩来买宴，贡绢二十万匹、茶二十万斤，及金银器用、乘舆服物等”③，但这根本不可能起到什么作用，一年之后，曹彬大军攻下南唐都城江宁府，李煜狼狈投降。

赎买买不来真正的和平，只有以对等的军事实力为后盾的和平才是真正的和平，可惜此后的宋廷总是忘记自己的祖先曾经对别人的和平赎买所做的最后解决，常常妄想以缺乏军事实力作保证的实物赎买求得和平，其结果正是在蠹耗国家实力之余，和平始终是个幻影。

摆脱南唐统治、割据漳泉的陈洪进，对于宋廷所奉行的政策与南唐相同，也是上表称臣，连年修贡朝廷，而茶也是其修贡物中重要的一种，如建隆四年（963）冬④，“又贡白金万两，乳香茶药万斤”⑤，等等。

唯一不同的，陈洪进以偏裨夺得军权割据漳州、泉州及其附近小小的一隅，自身没有多大的非分（如立国）之想，且为了在吴越与南唐的夹缝中求生存，他是主动向宋廷称臣求封，南唐被灭后，陈洪进于太宗太平兴国三年（978）亲自到东京开封朝贡，旋即上表纳土，为太宗嘉纳，六年封岐国公，雍熙二年（985）以疾卒，得终正寝。

2. 吴越国贡茶

虽然吴越国钱俶在对待宋廷的策略具体行施中与南唐有所不同，但究其本质与结果，却是一致的。

吴越国自其创始者钱镠起，就一直奉行“善事中原大国”的基本国策，无论中原政权更迭后谁上台，吴越国历任君主都马上上表称臣，奉行其正朔，而且朝贡不绝。对周围邻近的诸小国则以军事实力与外交手段并

---

① 《宋史》卷四七八《南唐李氏世家》。

② 《东都事略》卷二三《李煜传》。

③ 《宋史》卷四七八《南唐李氏世家》。

④ 按：建隆四年十一月甲子，“有事南郊，大赦，改元乾德”。

⑤ 《宋史》卷四八三《漳泉陈氏世家》。

用、软硬兼施，使吴越国获得较为安宁的立国环境。

北宋建国后，钱俶一仍这一国策，“自建隆以来贡奉不绝，及用兵江左，所贡数十倍”。贡物之中屡次有大量的茶叶，如开宝九年（976）二月，贡献给太祖的物品中有“茶八万五千斤”，同年十月，太宗即位，钱俶又贡奉大量财物，其中有“茶五万斤”，太平兴国三年（978）三月，钱俶入朝，在此次随带数量极其巨大的贡物中，有“屯茶十万斤，建茶万斤”，等等，不一而足。[①]

但此时，宋廷已将南方诸割据小国基本平定，于是在钱俶入朝之日在长春殿的招待宴会上，安排后汉主刘𬬮、南唐主李煜等降王豫坐陪宴，用意已很明显。恰好泉州陈洪进于四月纳土归顺，南方诸小国只剩下了吴越国不属宋廷了，身在北宋都城的钱俶内心实际所受的压力可想而知，在眼见无可抗拒的形势面前，钱俶作出了虽痛苦无奈但却极为明智顺应历史潮流的抉择，上表纳土归宋，并在五月再次上表。宋廷很快就接受了钱俶的纳土归顺，并且因其主动归顺，一直对钱氏家族恩宠有加。

吴越国的经历再一次表明，仅靠贡物是赎买不到真正的和平与国土的保全，在中央集权趋势日益加重的中国古代，贡物可以使地方割据政权求得暂时苟安，但终究无法抵挡兼并统一的历史趋势。

二　中央集权下的地方贡茶

茶是重要的经济、军事物资，茶税收入在两宋财政中占据了较大部分。除专门的茶税外，其出售收入也是内藏库收入的一部分，增加了宋帝可自行支配的财力。宋太祖对茶事比较关心，曾于开宝三年（970）二月庚寅“幸西茶库”巡视检查[②]。茶库掌管接受南方诸路产茶州军所贡茶茗，以供赏赐、出卖及翰林司之用。宋初中央政府对军队的赏赐物中大抵有茶，说明宋初茶乃是军中所需的重要物资之一，太祖对茶库事的关心当出于此。

开宝七年（974）闰十月，重新纳入统一版图不多年的湖南地区开始在贡茶上做文章，以结欢中央政权。是月，“潭州岁贡新茶，斤片厚重，颇异他岁，有司请别定其价，上曰：‘茶则善矣，无乃重困吾民乎！’癸

---

① 《宋史》卷四八〇《吴越钱氏世家》。

② 《宋史》卷二《太祖本纪二》。

亥，诏潭州依旧棬模制造，毋辄增改”[①]。从这条记载可以看到，宋太祖在立国之初，不愿滋生事端，在贡茶问题上要求一仍旧制，这至少能够保证不再加重劳动人民的负担，在建国之初是很必要的。但很快，随着太祖的暴卒和太宗的登基，宋帝在贡茶问题上的态度有了根本的改观，宋朝从此形成了蔚为壮观的北苑官焙贡茶制度，它又和赐茶制度一起，对宋代的茶饮习俗及茶艺、茶叶著述等茶文化活动产生了极大的影响，使宋代成为茶文化繁荣的时代。

两宋各产茶地大多往中央贡茶。从《宋史·地理志》中可看到的就有：南康军贡茶芽，广德军贡茶芽，江陵府贡碧涧茶芽，潭州贡茶，建宁府贡火（箭）［前］石乳、龙茶，元丰贡龙凤等茶，南剑州元丰贡茶，等等[②]。但地理志中所载的贡茶州府只占实际贡茶州府数的极小部分，因为到真宗咸平初“天下产茶者将七十郡，半每岁入贡”[③]，到大中祥符初年时情况基本一样，“诸路贡新茶者凡三十余州，越数千里，有岁中再三至者”[④]。另外还可从方志中看到一些，如严州土贡鸠坑茶[⑤]，会稽贡日铸茶、卧龙茶[⑥]，新安贡腊芽茶等[⑦]。

由于建安北苑贡茶形成了固定而且较大的规模，团茶作为赐茶很快就深入人心，这对宋代其他一些产茶州军的贡茶也产生了一定的影响，也就是一些本来贡茶的地区因此而不再贡茶。太平兴国二年（977）建安开始规模龙凤造贡茶，太平兴国三年吴兴归入宋版图之后，唐以来的贡茶名区吴兴就不再贡紫笋茶和金沙泉水[⑧]，新安也在景德以后不再贡茶[⑨]。

究其原因，一是北苑的新贡茶使得原来的这些贡茶不再为人所重，价

---

① 《长编》卷一五，又见《宋史》卷三《太祖本纪三》。另潭州此于闰十月所贡新茶乃秋茶，这在两宋有文可稽的茶事中并不多见。

② 见《宋史》卷八八、卷八九《地理志》。按：《宋史·地理志》中所载贡茶地方即《元丰九域志》中所记的贡茶州军：江南路南康军土贡茶芽一十斤，广德军土贡茶芽一十斤；荆湖路潭州土贡茶末一百斤；江陵府土贡碧涧茶芽六百斤；福建路建州土贡龙凤等茶八百二十斤；南剑州土贡茶一百一十斤。

③ 丁谓：《北苑焙新茶》诗序，见《全宋诗》卷一〇一。

④ 《长编》卷六九，“大中祥符元年六月壬子”条。

⑤ 《淳熙严州图经》一。

⑥ 《嘉泰会稽志》卷一七《日铸茶》。

⑦ 《新安志》卷二《进贡》。

⑧ 《嘉泰吴兴志》卷二〇《土贡》。

⑨ 《新安志》卷二《进贡》。

值大为降低；二是宋政府经常借减少某些地区贡物品种的机会，将原来的土贡方物变成常规的赋敛。《吴郡志》记苏州原贡土产若干，后改为“遇圣节贡银五百两、绢五百匹，葛布二十匹”①，改收直接的钱帛形式。福州土贡乾姜，天圣元年（1023）“岁运十万斤”，熙宁时（1068—1077）令“以价钱市银上京。元祐元年（1986）定为钱一千一百六十八贯，岁以银输左藏库”②。则是将贡物折成市价变为常赋。原来的土贡茶大概因其数量与价格偏小而不为记录，但其实际的情形至少部分地会与这些折改的大宗贡物相同。

减免贡茶的事情除了折变之外似乎也不可一概而信。真宗大中祥符元年（1008）六月壬子，因为“诸路贡新茶者凡三十余州，越数千里，有再三至者”，真宗“悯其劳扰，于是诏悉停罢”。曾下令三十多个贡茶州军不再贡茶，以示恩以天下。③ 但宋神宗即位时，又曾下令免除一部分地方贡物，其中有：扬州新茶一银盒，寿州新茶芽一十斤，舒州新茶一银盒，光州新茶四十斤，鄂州雨前茶二百斤，广德军先春茶六十六两三钱，等等。④ 可见有些减免可能是暂时性的，或者，在封建官僚系统单向度的价值评判体系引导下，即使帝王的减免诏令本不含有任何欺骗性，但地方官员却决不会认真执行，轻易放弃土贡方物任何一款，放弃其中可能会给他带来的在常规考评升迁制度之外的任何一个可能性的逢迎机会。

---

① 《吴郡志》卷一《土贡》。

② 《淳熙三山志》卷三九《土贡》。

③ 《长编》卷六九即日条。

④ 《宋会要》崇儒七之五六至五八。

第五章　赐茶

赐物，历来是中央集权的皇帝所使用的“恩威并施”统治手法中“恩”之一极的重要组成部分。唐中期以后，茶叶进入了赐物的行列。就像贡茶之风一样，赐茶在唐也蔚然成习。据《蔡宽夫诗话》，唐茶“惟湖州紫笋入贡，每岁以清明日贡到，先荐宗庙，然后分赐近臣”。[①] 对大臣、将士有岁时之赐和不时之赐，谢赐茶之文在在可见，如《全唐文》卷四一八常衮《谢进橙子赐茶表》《社日谢赐羊酒海味及茶等状》，卷四四四韩翃《为田神玉谢茶表》，卷五三一武元衡《谢赐新火及新茶表》，卷五七一柳宗元《为武中丞谢赐新茶表》，卷六〇二刘禹锡《代武中丞谢赐新茶第一表》《代武中丞谢赐新茶第二表》，卷六六八白居易《谢恩赐茶果等状》，卷七五〇杜牧《又谢赐茶酒状》，等等。从如此较为众多的谢赐茶文中可知，当时所用之赐茶大抵皆来自贡茶。

至五代时，赐茶渐成制度。后唐明宗天成四年（929）三月壬辰，“中书奏，今后群臣内有乞假觐省者，请量赐茶药。从之”。[②] 五月四日“度支奏：准敕中书门下奏，朝臣时有乞假觐省者，欲量赐茶药，奉敕宜依者……各令据官品等第指挥。文班：左右常侍、谏议……宜各赐蜀茶三斤；起居、拾遗……各赐蜀茶二斤、蜡面茶二斤；国子博士……宜各赐蜀茶二斤、蜡面茶一斤。武班：左右诸卫上将军，宜各赐蜀茶三斤、蜡面茶二斤”。[③] 后晋高祖天福五年（940）三月壬申，“诏朝臣觐省父母，依天成例，颁赐茶药”。[④]

颁赐贡茶渐成制度，不仅使得贡茶不再是“养在深宫人不识”的娇

---

① 见《苕溪渔隐丛话》前集卷四六。

② 《旧五代史》卷四〇《唐书·明宗本纪》。

③ 王溥：《五代会要》卷一二。

④ 《旧五代史》卷七九《晋书·高祖本纪》。

贵之物，在茶文化史中它还具有更为重要的意义，就是使茶借助赐茶之机缘得以提升其文化价值从而进入精神文化领域。

茶之为用，最初是作为药的，进入饮食行列之初，因其苦涩之味被人们视为节俭朴素的象征，但不喜饮茶的人则讥之为“水厄”①。茶进入赐物后，文人士大夫们从成为赐物的茶中，提炼出了较之节俭朴素更为高雅的品位与意蕴，如顾况将“上达于天子”“下被于幽人”，“赐名臣留上客”的茶，视为“出恒品，先众珍，君门九重，圣寿万春”的高贵物品。②

陆羽《茶经》正好在此前后时间写成，将普通茶饮的物质品性，与士人的人生意趣、精神追求及价值判断及因素两相配合起来，所谓“茶之为用，味至寒；为饮，最宜精行俭德之人”③。同时代的一批文人士大夫，对茶之清幽特性与士人品性、茶之于释道及茶之于文化的诸方面特性，也产生了共同或接近的群体认知，使茶的文化性在社会心理领域有了较为明确的定位，完成了它的初步文化化——亦即文人化的过程。

赐茶在宋代更盛于唐代，在政府部门中已有常设的执掌赐茶的机构，如茶库、内茶纸库、内茶炭库等。都茶房是茶库“旧二库咸平六年合为一，加‘都’字”者，“掌受江浙荆湖片散茶、建剑腊面茶，给翰林诸司内外月俸、军食”；内茶纸库“掌供御龙凤细茶及纸墨之物”，内茶炭库“掌供宫城及诸宫宿卫诸班、诸直军士兵卒茶炭、席荐之物”④。而茶库的职责之一还有负责供给赏赐用茶⑤，受赐茶者颇众，遍及大臣、将士、僧道、庶民和四裔。以下分述之。

第一节　赐大臣将士

一　赐大臣茶

1. 贡茶之赐

宋代贡茶按质地、铸式、纲次不同而有高下品第，在官僚系统等级

---

① 《太平御览》卷八六七引《世说》。所引当指刘义庆《世说新语》，然今本《世说新语》不载。

② 顾况：《茶赋》，见《全唐文》卷五二八。

③ 《茶经》卷上《一之源》。

④ 《宋会要》食货五二之四《茶库》。

⑤ 《宋会要》食货五二之四《茶库》“江湖淮浙建剑茶则归茶库”文下有小注云：“哲宗正史职官志云，以给翰林诸司及赏赉出鬻。”

森严的封建社会宋代，对大臣的贡茶之赐也经常要按受赐者的官位高下，赐给等第不同的茶叶。这种习俗也是从宋太宗“规模龙凤”之后开始的，其为龙凤茶“规取像类，以别庶饮”本身就使得各种铸式的茶叶自然而然地显示出等级高下之分。所以从太宗朝开始，“龙茶……赐执政、亲王、长主，余皇族、学士、将帅皆得凤茶，舍人、近臣赐京铤、的乳，而白乳赐馆阁”。①

贡茶在北宋仁宗以后新款迭出，由于北宋多数皇帝与皇族对贡茶都有特别喜好，所以在每款上品贡茶最初出现的年份里，虽宰辅大臣，亦未尝轻易辄赐。这样，物以稀为贵，一旦赐予，受赐之臣无不如获至宝，备感恩渥荣宠。“爱惜不尝惟恐尽，除将供养白头亲”，“啜之始觉君恩重，休作寻常一等夸”②。此情此景，欧阳修在其《龙茶录后序》中表达得淋漓尽致。

> 茶为物之至精，而小团又其精者，录序所谓上品龙茶者是也。盖自君谟始造而岁贡焉，仁宗尤所珍惜，虽辅相之臣，未尝辄赐。惟南郊大礼，致斋之夕，中书、枢密院各四人共赐一饼。宫人剪金为龙凤花草贴其上，两府八家分割以归，不敢碾试，但家藏以为宝。时有佳客，出而传玩尔。
>
> 至嘉祐七年，亲享明堂，致斋夕，始人赐一饼。余亦忝预，至今藏之。余自以谏官，供奉仗内，至登二府，二十余年，才一获赐。而丹成龙驾，舐鼎莫及。每一捧玩，清血交零而已。③

小龙团创制、进贡于蔡襄庆历末任福建转运使时，仁宗庆历后的南郊大礼只有皇祐五年（1053）一次，在小团初贡不久，当时小龙小凤岁造各三十斤，斤十饼，共各三百饼，故所赐殊少，中书、枢密两府八家各只得四分之一饼。

季秋大享明堂，是宋代最大的吉礼之一，始议于真宗，始行于仁宗皇祐二年，此后一般三年一行。行此礼后，一般都要“御宣德门肆赦，文

---

① 杨亿：《杨文公谈苑》第174条“建州蜡茶”。

② 王禹偁：《龙凤茶》，梅尧臣《七宝茶》，分见《全宋诗》卷六四、卷二六〇。

③ 《居士外集》卷一五。

武内外官递进官有差。宣制毕，宰臣百僚贺于楼下，赐百官福胙，及内外致仕文武升朝官以上粟帛羊酒”。[①] 欧阳修于庆历三年（1043）知谏院，嘉祐五年（1060）任枢密副使，次年拜参知政事，七年时赶上一次明堂大礼。嘉祐七年的明堂大礼赏赐之物，史籍均无记载，从欧阳修为蔡襄《茶录》所写的后序中可知至少有小龙贡茶一项，只不知此后是否为行明堂礼时对两府官员的常赐之物。

至迟到元祐年间，大龙茶的赐予范围业已扩大，已赐及尚书学士等人。苏轼有诗云：“乞郡三章字半斜，庙堂传笑眼昏花。上人问我迟留意，待赐头纲八饼茶。”[②] 并自注曰：“尚书学士得赐头纲龙茶一斤，今年纲到最迟。”苏轼元祐七年（1092）九月自扬州召还为龙图阁学士、守兵部尚书，同年十一月徙端明殿学士、守礼部尚书，属于“得赐头纲龙茶一斤”八饼的“尚书学士”之列。此诗向汶公解释他为何直到六月才乞郡，是因为想等到头纲龙茶赐到后再出朝。说明哲宗时大龙茶已是对尚书学士等的常规之赐。

皇祐五年（1053）两府四人共赐一饼，嘉祐七年（1062）两府人赐一饼，可见贡茶小龙凤之赐的数量在扩大，这同时也就降低了小龙凤茶的价值。所以神宗元丰时下诏建州造密云龙，“取拣芽不入香，作密云龙茶，小于小团，而厚实过之”[③]。曾肇诗曰“密云新样尤可喜，名出元丰圣天子”[④]，黄庭坚诗“小璧云龙不入香，元丰龙焙乘诏作”[⑤]，说的都是此事。密云龙茶是当时贡茶最为精绝者，仅供玉食，不作赐予，故“终元丰时，外臣未始识之”。神宗驾崩，哲宗即位，“宣仁垂帘，始赐二府。及裕陵宿殿夜，赐碾成末茶二府两指许，二小黄袋，其白如玉，上题曰‘拣芽’，亦神宗所藏”[⑥]。

女后垂帘听政，终南北两宋，在包括垂帘女后自己在内的世道人心中，都认为是非制度的、非正常的现象，所以，不唯两宋殊少出现后党干政的局面，垂帘女后也经常要优示恩渥，拉拢一批士大夫。宣仁太后也不

---

① 《宋史》卷一〇一《礼志四》。

② 《七年九月自广陵召还复馆于浴室东堂八年六月乞会稽郡将去汶公乞诗乃复用前韵三首》之一，见《全宋诗》卷八一九。

③ 《续闻见近录》。

④ 见葛立方《韵语阳秋》。

⑤ 见《宣和北苑贡茶录》熊克增补之文，并曰此乃山谷和王扬休点云龙诗。

⑥ 王巩：《清虚杂著补阙》“蔡君谟始作小团入贡”条。

例外，将神宗时不为外臣所知的密云龙茶赏赐二府大臣，便是示恩渥的手法之一。这赏赐甚至从“裕陵宿殿夜”就开始了。

尽管密云龙茶的赏赐开始时的数量是很少的，二府八人只有二指许小黄袋末茶，甚至可能更少于欧阳修最初受赐小龙团时的两府八家各四人共赐一饼之量。但是和此前每款极品新贡茶的情况一样，一旦进入赐茶的行列，它的供玉食之外的消费量，亦即用于赏赐的数量，便不可能尽由着赏赐者一方说了算了。受赐者固然荣宠无比，那些未得如此高档赐茶的人，则会向自己获赐的亲知讨要，所谓“亲知诛责，殆将不胜”[①]。茶有尽而讨要无涯，弄得受赐者不胜其扰。而那些皇亲国戚，则干脆向帝后讨要，所谓“戚里贵近，丐赐尤繁”，以至于“宣仁一日慨叹曰：‘令建州今后不得造密云龙，受他人煎炒不得也！出来道我要密云龙，不要团茶。拣好茶吃了，生得甚意智！’”这样的话从反面更加衬托出密云龙茶的宝贵，传出之后反而更加重了人们对密云龙的兴趣，“由是密云龙之名益著”[②]。所以，只要任何一款贡茶进入赏赐，就无论如何无法控制它的赏赐规模与数量。事实也正是此后赏赐密云龙的数量日益增加。如元祐四年（1089）四月二十四日，赐太师文彦博及宰相、执政官密云龙茶各十片，秘阁提举黄本翰林学士各六片，馆职官各四片[③]，元祐中又曾赐制举考第官密云龙茶人各三片[④]。此数量与宣仁垂帘之初所赐，显然已不可同日而语。

由于密云龙既供玉食又供赏赐，且赏赐数量日增，较广泛的饮用使得帝王饮用它已显不出专制皇权的独占性，所以到哲宗亲政之后的绍圣年间，便改密云龙为瑞云翔龙，以耑帝用，“绍圣初，方入贡，其制与密云等而差小也”[⑤]。同时大量添造上品拣芽，用于赏赐。

到茶皇帝徽宗赵佶之时，更是逐年添造了许多新款贡茶，其中有些茶名如“玉除清赏”“启沃承恩”等，看起来几乎就完全是为了赏赐而造而用的。

皇帝给大臣赐茶，不是为了酬劳便是以示恩宠，两者又都有常规与非常规之分。如元丰七年（1084）四月壬辰，朝献景灵宫，从官以上赐茶，

① 《画墁录》。
② 周烨：《清波杂志》卷四。
③ 《宋会要》职官一八之九。
④ 《画墁录》。
⑤ 《闻见近录》。

自是朝献毕皆御斋殿赐茶，成为定制[①]。这种常规性赐茶，成为宋政府某些礼仪的一部分。此外，对于出使周边辽、金、夏等国的使臣，宋帝大抵经常赐茶劳问，也是较为常规之赐。如南宋高宗绍兴七年（1137）夏四月丁酉，以奉使金国日久，诏赐宇文虚中龙凤茶十斤及黄金绫绢各五十两匹，赐朱弁茶六斤黄金绫帛各三十两匹[②]；绍兴十三年（1143）八月戊戌，洪皓使金还，赐茗、酒、金、帛等甚众[③]，都是劳问出使使臣。不常之赐非常之多，"仁宗朝，春试进士集英殿，后妃御太清楼观之，慈圣光献出饼角子以赐进士，出七宝茶以赐考官"[④]，以及元祐中赐制举考第官茶等都是。

从北宋贡茶与赐茶的过程中，我们可以看到，贡茶与赐茶之间存在着一种互动互促的关系：贡茶规制的确立，使得赐茶成为常规；而随着赐茶量的扩大，又反而促使贡茶更加质精、品众、量大。

2. 茶药之赐

唐人的诗文中就可见"茶药"一词，如白居易"茶药赠多因病久"[⑤]。宋代的史籍中经常可看到茶药之赐，如真宗大中祥符四年（1011）冬十月辛丑，遣使赍手诏劳问知河南府冯拯，赐以茶药。冯拯奉诏感动，涕泗交下[⑥]。元符三年（1100）四月丁巳，徽宗初登基，遣中使到永州诏范纯仁复官宫观，并赐以茶药劳问[⑦]；等等。

劳问大臣并赐茶药，在宋代赐大臣茶事中极为常见，仅苏轼任词臣的元祐二年（1087）一年之中，就撰制赐韩绛、冯京、韩缜、种谊、孙路、游师雄、吕大防、冯宗道、王安礼等大臣茶药诏书数十件[⑧]，可见宣慰抚问大臣时赐茶药，几成不是定制的制度或习惯。

大臣、内使乞假省觐时，宋代沿袭了五代时的做法，也赐给茶叶等物，如咸平六年（1003）八月"戊辰，赐内园使折惟正祖母路氏诏书、

---

① 《长编》卷三四五。

② 《要录》卷一一〇。

③ 《要录》卷一四九。

④ 王巩：《甲申杂记》。

⑤ 《继之尚书自余病来寄遗非一又蒙览醉吟先生传题诗以美之今以此篇用伸酬谢》，见《全唐诗》卷四五八。

⑥ 《长编》卷六七。

⑦ 《宋史》卷一九《徽宗纪》、卷三一四《范纯仁传》。

⑧ 参见《苏轼文集》卷四〇、卷四一、卷四二。

茶药。时惟正请告，诣府州省觐，上闻路氏常训子孙以忠孝，故劳赐之"①。

限于没有相关的材料，所以暂不能确定茶药的具体成分。

二 赐将士茶

在北宋初年军队东征西讨、南征北战忙于统一战争的时候，对参加征伐的军队大面积赐茶的记载经常可见，如：

太祖建隆三年（962），湖南割据政权发生内乱，宋军乘机进军。乾德元年（963）二月，假道江陵顺势占有荆南之地，继而于三月攻入朗州，次第平定湖南，一举占有荆湘，是为北宋统一全国并且顺利取得胜利的第一步。四月壬辰，"遣中使赐湖南行营将士茶药及立功将士钱帛有差"，以示奖励②；

乾德二年（964）正月乙巳，赐京城役兵姜茶；

乾德二年十一月，宋廷发兵六万分道伐蜀，次年正月灭蜀，三月孟昶挈族归朝。四月乙丑，赐西川行营将士姜茶；

乾德四年（966）三月己卯，赐沿边将士姜茶；

太宗太平兴国五年（980）十月甲午，赐河北缘边行营将校建茶、羊酒；

太平兴国八年（983）冬十月庚寅，赐诸军校建茶有差，并赐诸军蕲草茶，人一斤；③

……

由于茶饮兼有消食化瘴等药性，自唐中后期以来，它一直就是军队中的一项必备的军需物资之一。有民俗学家研究认为，现流行于湖南湘阴的姜盐豆子茶，就是南宋岳飞带兵南下至汨罗营田镇准备和杨么作战时调制的。当时军中士兵腹胀、溏泻、厌食、乏力的病人日见增多，军队的士气和战斗力大受影响。岳飞便教部下用当地盛产的茶叶、黄豆、芝麻、生姜调制成姜盐豆子茶饮用，果然使军中疾病大为减少。④ 这一民俗研究表明了茶在宋代军队中的药用作用。宋初军队中就常有大量茶叶，如开宝二年

---

① 《长编》卷五五。

② 《长编》卷四。

③ 分见《长编》卷五、卷六、卷七、卷二一、卷二四各该日记事。

④ 曹进：《湘阴茶考略》，见《茶的历史与文化》，浙江摄影出版社 1991 年版，第 101 页。

（969）闰五月，太祖率伐太原军队还师，北汉主“籍所弃军储，得粟三十万，茶绢各数万”。[①] 仅是丢弃的茶就有数万，军中实际所贮用的茶叶数量之巨，由是可见一斑。

宋统一后，诸般事宜逐渐规范化、制度化，因而从此之后，很少再有大规模向将士赐茶的举动，大概茶从此真的成为一种常规性军事储备了。

此后对将士赐茶大抵都是赐驻守沿边境城砦的将领，以示恩渥抚问，如：

真宗咸平五年（1002）六月丁卯，赐丰州团练使王承美茶三百斤及银绢各百两疋。承美内属，但依蕃官例给俸，时麟府部署言其贫，故有是赐；

大中祥符三年（1010）六月庚戌，“赐石隰州都巡检使汝州防御使高文岯綵二百匹、茶百斤，文岯母在晋州，因其请告宁省，特有是赐”；

仁宗景祐元年（1034）四月甲午，赐三路缘边部署、钤辖、将校腊茶；[②]

哲宗元祐二年（1087）八月十日，赐熙河秦凤路帅臣并沿边知州军臣僚茶银合兼传宣抚问；元祐二年九月二日，赐熙河兰会路种谊以下将校银合茶药，抚问刘舜卿兼赐茶药[③]；

……

此外，仁宗康定元年（1040）七月丁巳，还曾赐戍边诸军在营家属茶[④]。

总之，宋初赐将士茶，常常将之作为一种必须但尚未常备的军需物资；全国统一之后，赐将士茶便主要只是为了慰劳、抚问与示恩宠，其意义正与赐大臣茶同。只是赐将士茶均为非常规性的，都是根据时、事随机而发，与赐大臣茶另有常规性不同。

南宋初期，全国上下陷于与金人的苦战之中，茶税收入成为军队重要的军费来源，但却不再看到对军队将士大面积的赐茶，而只有数次对最高将帅的赐茶。绍兴初，南宋军队中存在着较为严重的恐金心理，甚至在金军后退时也不敢尾随而去收复失地，只有韩世忠一人“独请以身任其

---

① 《长编》卷一〇。

② 以上分见《长编》卷五二、卷七三、卷一一四各该日记事。

③ 《苏轼文集》卷四一。

④ 《长编》卷一二八。

责”，绍兴五年（1135）三月甲申，韩世忠率大军发镇江，翌日至淮南，高宗遣中使赐以银合茶药，并亲自写信劳问韩世忠医药饮食的情况，关心奖励抚问之情充溢行间。绍兴六年（1136）六月己酉，“遣内侍往淮南抚问（右仆射）张浚，仍赐银合茶药，以浚将渡江巡按故也”①。可见南宋对将帅的赐茶主要都是为了奖谕和激励，目的性非常明确。

第二节 赐僧道庶民

一 赐僧道茶

从宗教方面来说，宋代是唐五代以来佛教整体上在官方意识形态中继续衰落的时期，而这时期道教却因统治者的扶持而非常发达，开国之主赵匡胤与著名道士陈抟有着良好的关系，真宗因降天书事件、徽宗因设神道教而都与道教有了极深的渊源关系。

而在真宗、徽宗等帝王与道教的往来关系中，赐茶也起着一个小小的作用：

澶渊之盟以后，由于王钦若与寇准之间的权力斗争，使得真宗反认为澶渊之盟为城下之盟而深感耻辱，常常怏怏不乐，思虑有所行动以洗刷之。

道士贺兰栖真与真宗咸平年间任宰相的张齐贤交往友善，真宗当早闻其名。景德二年（1005）九月，真宗下诏召贺兰栖真赴阙：“朕奉希夷而为教，法清静以临民，思得有道之人，访以无为之理。”既至，真宗作二韵诗赐之，并赐其号玄宗大师，赉以茶、帛等物，蠲观之田租，度其侍者②。为此后真宗降天书、封泰山、祀汾阴等大规模崇道活动的先声。

大中祥符四年（1011）二月庚午，真宗祀汾阴行次华阴县，在行宫召见华山隐士郑隐、敷水隐士李宁，赐御诗并茶药束帛，且赐郑隐号贞晦先生③。第二天辛未日，真宗行次阌乡县，又召见承天观道士柴通玄，柴在太宗朝时就很有名，真宗问之以无为之要，赐诗及茶药束帛，除其观

① 《要录》卷八七、卷一〇二。

② 见《长编》卷六一、《宋史》卷四六二《贺兰栖真传》。

③ 《长编》卷七五。《宋史》卷八记为赐茶果束帛。

田租[①]。

天禧元年（1017）八月丁卯，真宗赐阳翟县僧怀峤茶[②]。

……

二　赐庶民茶

为了表现有道明君与太平盛世，两宋很多帝王常会在上元节等节日时赐酒给京城民众，甚至全国民众，并且这似乎是从前代传下来的传统。

到了宋代，由于茶叶生产与饮用的普遍化、日常生活化，及贡茶与赐茶活动的双向发达，也由于宋初以来文人士大夫们发展了唐中后期以来文人们对茶的赞誉，人们对茶与酒的功用有了更为明确的认识，茶日益成为民众日常生活中不可缺少的用品之一。以至于王安石曾说："茶之为民用，等于米盐。"[③] 所以，帝王的赐茶很早也就及于普通民众，以示恩幸，并屡屡见于记载：

真宗咸平二年（999）十二月壬戌，真宗巡幸河北，行次澶州，登临河桥，赐澶州父老锦袍茶帛[④]；

咸平五年（1002）十二月壬午，京城一百十九岁老人祝道喦率其徒百五十四人上尊号，真宗叹其寿考，赐爵一级，余人赐茶帛等[⑤]；

大中祥符元年（1008）二月壬辰，真宗御乾元门观酺，赐京城父老千五百人茶[⑥]；

大中祥符元年十月癸丑，真宗泰山封禅后，宴近臣、泰山父老于殿门，赐父老茶；

大中祥符四年（1011）春正月甲辰，真宗祀汾阴，发西京至慈涧顿，赐道旁耕种民茶荈；

天禧元年（1017）六月壬申，赐西京父老年八十者茶，除其课役；

仁宗天圣元年（1023）三月丙子，赐西京父老年八十以上者茶，人三斤；

---

① 见《长编》卷七五。另《宋史》卷四六二《柴通玄传》记真宗祀汾阴召见柴通玄后又附记"时又召……郑隐……李宁"，似乎召见郑隐、李宁在柴通玄之后，不妥。

② 《长编》卷九〇。

③ 《临川集》卷七〇《议茶法》。

④ 《长编》卷四五。《宋史》卷六记为"甲亥"日。

⑤ 《长编》卷五三。

⑥ 《宋史》卷七。

天圣二年（1024）九月辛卯，仁宗往祠太一宫，赐道左耕者茶帛；

天圣三年（1025）四月癸酉，汉州德阳县均渠乡邑民张胜析木有文曰“天下太平”，张胜自然将此祥瑞献上，因而改乡名为太平乡，并赐张胜茶帛；

天圣三年五月癸巳，仁宗幸御庄观刈麦，闻民舍机杼声，赐织妇茶帛；

天圣九年（1031）九月癸亥，仁宗往祠西太一宫，赐道左耕者茶帛；

明道二年（1033）三月癸酉，仁宗幸洪福寺，还，赐道旁耕者茶；

庆历五年（1045）冬十月庚午，仁宗幸琼林苑，遂畋杨村，遣使以所获驰荐太庙，召父老赐以饮食、茶绢；

神宗元丰三年（1080）五月乙酉，许州升为颍昌府，颍昌孙京等六百二十二人诣阙谢，赐京紫章服，赐其余颍昌府父老茶綵有差；①

……

从以上不完全统计的记载中可以看到，宋帝赐庶民茶的随意性极强，绝对没有什么常规性或制度性可言，往往是其他某项什么重大活动的附属行为。如真宗在亲往澶州前线时赐澶州父老茶，在封禅往返时赐所过当地父老茶，再如在帝王巡幸途中，赐道边耕织者茶，都是帝王巡幸礼中一个小小的组成部分②，但它的发生更为极度随意，只有一项，即赐年长者（往往是八十岁以上者）茶，倒是比较经常，是相对常规性的一种。南宋程大昌七十岁生日时，宋帝遣使赐茶药等，程写《好事近》词一首记叙此事曰：“岁岁做生朝，只是儿孙捧酒。今岁丝纶茶药，有使人双授。圣君作事与天通，道有便真有。老去不能宣力，只民编分寿。”③ 便是认为他七十岁生日便获赐茶药，与赐庶民年八十以上者茶药的惯例相比较是与“民编分寿”，从侧面说明了赐庶民年八十以上者茶药的常规性。

统观宋帝对庶民百姓的赐茶物，一般不外时服、茶、綵、束帛等，都是具有相当价值的实用性物品。由于北苑贡茶激起的对名茶消费的热

---

①　以上分见《长编》卷七〇、卷七五、卷九〇、卷一〇〇、卷一〇二、卷一〇三、卷一〇三、卷一一〇、卷一一二、卷一五七、卷三〇四各该日记事。

②　《宋史》卷一一四《礼志十七·巡幸》。

③　《全宋词》第三册，第1529页。程大昌另有一首《减字木兰花》词言“做了生朝逾七十。”

情，使得赐茶在其实用价值之上又附加了无法用数字统计的无形价值，因而赐茶是那种庶民很渴望又很少能够得到的物品，宋帝以茶作为赐物，必然能在其与民众加强亲和性的举措中起到重要的良好作用。

第三节　赐四裔

大概因为饮食结构方面的原因，中国西南、西北地区的少数民族，在宋以后在饮食方面表现出某种对茶饮产生依赖的倾向，这某种程度的依赖性发展至今，便表现在很多少数民族与茶有关的某些特别的饮食习惯上。

从唐中后期以来，茶便是中原政权与周边少数民族地区间贸易的一项重要内容，不少少数民族为了获得他们相当依赖的茶，不惜以封建社会中的重要战争资源——马来进行相关交易，由此便出现了对双方来说都比较重要的茶马贸易。为了不给强邻提供战争资源，辽圣宗曾于统和十五年（997）秋七月辛未下诏禁止吐谷浑别部鬻马于宋①，而渴望得到战马的宋朝，则于景德二年（1005）八月乙巳下诏泾、原、仪、渭等边境州“蕃部所给马价茶，缘路免其算”②，为与周边少数民族的茶马贸易大开方便之门。茶也因而成为中原政权与少数民族地区经济与外交、政治关系中的一个重要方面。

在宋代，正常而经常性的边境地区的贸易，是和平的民族、地区间关系的要求及体现。宋政府也经常用茶叶作为周边关系交往中的一个重要筹码，在没有正常边境贸易的少数民族地区，赐茶便因而扮演了一个重要的政治、经济、军事的角色，有时甚至起到上述三种因素都无法直接起到的作用。

仅在北宋一代，对周边少数民族赐茶行为的记载就不下数十起，宋政府时而用茶作诱饵，时而用茶作筹码，时而用茶作奖赏。由于赏赐次数众多，原因、目的及最后所起作用不一，兹将北宋赐四裔茶的行为列成如下一览表（见表5）。

---

① 《辽史》卷一四《圣宗本纪四》。

② 《长编》卷六一。

表 5 **北宋政府赐四裔茶之一览表**

时间	对象	事由与结果	引据
淳化五年十一月庚戌	西夏李继迁		《长编》卷36
咸平四年十一月甲午	西蕃诸族	有能生擒李继迁者始赐。未实赐	《长编》卷50
咸平五年正月乙卯	西夏李继迁部下鄂郎吉等四十六人	以其来附，赐之	《长编》卷51
咸平五年六月丁卯	丰州团练使王承美茶三百斤		《长编》卷52
咸平五年八月丙午	河西蕃部拽浪南山等四百余人	以其来归，赐之	同上
咸平五年十一月甲午	六谷首领博啰齐茶百斤	以其遣使贡马，赐之	《长编》卷53
咸平六年二月戊子	蕃部牛羊苏家等族	以其与敌战，赐之	《长编》卷54
景德元年正月己丑	契丹戎巴罕太尉	以其内属，赐之	《长编》卷56
景德元年二月戊午	灵夏绥银宥等州蕃族茶五千斤	有能归顺者始赐。未赐	《长编》卷56
景德二年二月丙戌	西凉府六谷首领斯多特	以其上贡并上与赵德明战功状，赐之	《长编》卷59
景德二年六月甲午	西夏赵德明	如能顺命始赐。未实赐	《长编》卷60
景德二年十月丙戌	契丹主的乳茶十斤岳麓茶五斤	生日，其母生日亦如之。自是岁以为常	《长编》卷61
景德三年五月己巳	密鄂克延家硕克威等族		《长编》卷63
景德三年十月丁丑	西夏赵德明	如能顺命始赐。未实赐	《长编》卷64

续表

时间	对象	事由与结果	引据
景德四年九月丁亥	西凉府六谷首领斯多特		《长编》卷66
大中祥符四年四月壬子	赵德明宾佐将士	以其来贡马，赐之	《长编》卷75
大中祥符八年二月丙辰	西蕃首领嘉勒斯赍	以其遣贡名马，赐之	《长编》卷84
天圣三年正月乙未	总噶尔埒克遵茶五十斤		《长编》卷103
宝元元年十二月乙酉	邈川首领嘉勒斯赍角茶一千斤散茶一千五百斤	岁以为常	《长编》卷122
庆历三年四月癸卯	西夏主赵元昊茶三万斤	如能顺命则岁赐如是	《长编》卷140
庆历四年十月庚寅	西夏元昊岁赐二万斤进奉乾元节回赐五千斤贺正贡献回赐五千斤	履行三年四月之条款。岁以为常	《长编》卷152
庆历四年十二月乙未	西夏元昊茶二万斤	册命元昊夏国主，赐之	《长编》卷155
至和元年四月己未	吐蕃首领辖戬角茶月增五斤旧主李觉萨角茶岁增三斤 蕃僧遵锥格散茶月给三斤		《长编》卷176
治平元年六月辛亥	邈川首领嘉勒斯赍角茶岁增二百斤散茶岁增三百斤 妻子孙及亲信穹庐官封月给茶綵等		《长编》卷202
熙宁五年五月癸巳	摩正弟董谷以下诸首领		《长编》卷233
元丰元年七月丁酉	邈川首领董戬细末散茶各五十斤		《长编》卷290

续表

时间	对象	事由与结果	引据
元丰三年六月戊戌	邈川城主会州团练使温纳支郢成叔溪心弟阿令京等月给有差		《长编》卷 304
元丰五年二月癸酉	邈川首领董戬角茶岁增五千斤①进奉使李察勒沁岁赐有差		《长编》卷 323
元祐元年二月丁亥	邈川首领鄂特凌古		《长编》卷 367
元祐元年六月丁未	邈川吉奉大首领李沙勒玛角茶岁支十斤		《长编》卷 380
元祐四年正月戊戌	温锡沁妻辖索诺木布摩月给有差		《长编》卷 421

注：此表除所列资料来源外，还参考了朱重圣先生在《我国饮茶成风之原因及其对唐宋社会及官府之影响》一文中所制的《宋初七帝赐茶表》中的部分内容。

从表 5 三十余次赐茶的记录中可以看到，其中对周边少数民族定时岁赐茶约十次，分别针对五六个民族，表明在某种稳定的民族关系中茶的作用；以茶作诱饵，企图使蕃夷归顺或效命者共四次，其中又有三次专门针对西夏，而只有一次收到了引诱的效果，茶等物质利益的诱惑在最终并没能够阻止西夏成为一个独立的王国；而对邈川七次赐茶、对西凉府六谷部二次赐茶、对吐蕃及蕃部的五次赐茶，则表明宋政府对臣服的少数民族政权保持着经常性的茶叶赐予，常常是以赐茶等物品作为奖励，所以茶也因此在宋代对四裔周边少数民族的关系中具有了重要的媒介地位。

而对西夏自元昊以后岁以为常的赐茶三万斤等物，则早已不再是显示恩渥的岁赐，只能算作是购买和平的“岁币”了。

至于宋对辽的岁币中无茶一项的原因，一是因为宋辽间经常保持正常

① 《宋会要》蕃夷六之一七作“五百斤”。

的边境贸易，如雄州等地的榷场，真宗咸平五年四月癸巳，知雄州何承矩上言曰：“去岁以臣上计，于雄州置场卖茶，虽赀货并行……”① 虽此后间有关闭停止，总起来还是开放的时间长；二是因为辽可从宋辽在重要节庆日互赠往来的礼物中得到大量茶叶，满足辽皇室的消费需求。南宋以后，“金人所需之茶除宋人岁供之外，悉贸于宋界之榷场”②，与辽的情况相同。

① 《长编》卷五一。

② 吕思勉：《中国制度史》，上海教育出版社 1985 年版，第 195 页。

第六章　茶与政府仪礼

饮食是人类生存的基本条件，而人与神的关系是人类关于世界的意识中最早的重要内容之一。相传中国太古时饮酒便与祭神等仪礼相关，“汙尊而抔饮……犹若可以致其敬于鬼神”①。周朝之后，祭酒则成为祭神典礼中不可或缺的仪礼之一②，酒礼也成为朝会、社交、聚会中的重要仪礼。

茶进入饮食较之于酒为晚，厕身仪礼更迟。有人以南齐武帝萧赜于永明十一年（493）七月所下遗诏为以茶用于祭祀的明证，诏曰：“我灵上慎勿以牲为祭，唯设饼、茶饮、干饭、酒脯而已。天下贵贱咸同此制。”③虽此诏本义在于倡导节俭，茶却由此进入仪礼。

唐宋之际，以茶待客的习俗逐渐形成，宋代政府仪礼中也纳入了很多茶礼，因为礼在中国古代历史文化中具有较强的折射功能，宋代的茶礼也从某些特定的角度反映了宋代政治生活的一些特性。

第一节　茶礼与相权

一　撤座废茶礼与相权的衰弱

清代毕沅《续资治通鉴》卷一记曰：“建隆元年（960）二月，废宰臣坐议政事制。旧制凡大政事，必命宰臣坐议，常从容赐茶乃退。”此事《宋史》太祖本纪未记，《续资治通鉴长编》记于乾德二年（964）范质罢相之时：

---

① 《礼记·礼运》。

② 《周礼·天官·酒正》。

③ 《南齐书》卷三《武帝纪》。

> 先是，宰相见天子，必命坐。有大政事，则面议之，常从容赐茶而退。自余号令、除拜、刑赏、废置，但入熟状，画可降出即行之。唐及五代皆不改其制，犹有坐而论道之遗意焉。质等自以前朝旧臣，稍存形迹，且惮上英武，每事辄具札子进呈，退即批所得圣旨，而同列署字以志之。尝言于上曰："如此则尽禀承之方，免妄误之失矣。"上从之。由是奏御浸多，或至旰昃。赐茶之礼寻废，固弗暇于坐论矣。后遂为定式，盖自质等始也。①

《长编》此记取自王曾《笔录》，《宋史·范质传》中亦有记，宋人笔记中对此事也多有记述议论。王辟之《渑水燕谈录》卷五记曰：

> 前朝宰相，朝罢赐坐，凡军国大事参议之，从容赐茶而退，所谓坐而论道也。其他事无小大，一用熟状拟进入，上亲批可其奏，印以御宝，谓之印画，降出，宰相奉行。国初，范质等在相位，自以前朝旧臣，乃具札子，面取进止，退各执所得旨，同列连书以记之。自此奏复浸多，而赐茶之礼亦寝。

叶梦得《石林燕语》记述此事意旨与上二书同，皆认为撤座撤茶始于太祖朝范质任宰相，因系前朝旧臣，忌讳良多，故多具札奏事，几无面议，故座撤、茶礼废。

而王巩《闻见近录》、朱弁《曲洧旧闻》、邵博《闻见后录》等书则记为太祖刻意剥夺，乃假为眼昏，诓宰相起立进呈，而密遣中使撤其座。

不论两种说法孰是，却总是渐渐强大而独断的皇权与日益软弱的相权在历史的际遇中适逢其会，共同造就了这段公案。

坐而论道，是先儒的理想，较集中地体现了先秦儒家思想中比较靠近纯粹的知识分子思想的一面。然而，两汉以后儒学竭力向思想界垄断统治地位靠拢，当他们向思想界的异己流派挥舞着权力的利剑的时候，权力之剑这一双面刃的另一面也同时伤害到了他们自己，儒家思想对现实统治屈服让步的比重越来越大，中央集权的皇权所受到的约束越来越小，门阀世

---

① 《长编》卷五，"乾德二年正月戊子"条。

族制度的衰亡，使得较为接近贵族政治的政权形式，在中唐以后慢慢滑向寡头政治，五代时期军阀混战的历史时期加剧了这一进程，也为政治寡头的独断权力做了试验。

在类似贵族政治的政统模式中，帝王更经常地像是官僚系统中的一部分，对整个系统起到统率、整合和润滑的作用。在这一时期，好的帝王便是那些能够克制自己无限权力欲望，与整个官僚系统密切配合与合作的人；然而趋向极端也是人类性格中已然存在的特性，在官僚系统的机构、机制、价值取向尚能约束、遏制帝王个人性格中正在膨胀的无限权力的欲望时，中央集权制的官僚系统便还能以皇权为中心进行正常运转。

可是，以皇权为中心的中央集权，归根结底是一种单向的权力金字塔结构，作为塔顶的皇权是不受任何实质性的约束的，所以最终道德、天命都不能阻止皇权极度自我膨胀，完成其无限权力的实现。

对于宋帝撤去官僚系统的最高代表宰相议大政事时的座位，宋儒自己有着如下的评价，叶梦得认为：

> 唐制，宰相对正衙，皆立而不奏事，开延英奏事始得坐，非尊之也，盖以其论事难于久耳。①

认为宋代以前大臣奏对议事能够坐着，不是帝王出于对大臣的某种尊重，而只是为了能让其较长时间地说话而已。且不论是否愿意而能倾听对方长时间说话本身已经意味着某种尊重，而让对方坐着说话也只是这种尊重意愿的一种物化延伸，姑且如叶梦得所言，表明宋人对让宰臣站立议事的做法是完全接受的，根本没有考虑到此前宰臣坐议政事而具有的一定的人格、尊严，及与帝王对话时相对的平等。

一代大儒朱熹与叶梦得一样接受了宰相无座的事实，并较为明确地看到了宰相无座在政治运作中的不利后果。

> 古者三公坐而论道，方可子细说得。如今莫说教宰执坐，奏对之时，顷刻即退，文字怀于袖间，只说得几句，便将文字对上宣读过，那得子细指点！且说无座位，也须有个案子，令开展在上，指划利

① 《石林燕语》卷二。

害，上亦知得子细。今顷刻便退，君臣如何得同心理会事。①

朱熹和叶梦得一样，都只看到无座以后，宰相不能长时间与帝王说话的事实，但却不明白这事实不是帝王不能倾听大臣意见的原因，而是帝王不肯倾听大臣意见的结果。撤座只是一个小小的序幕，明清以后，想要站着说话都不能，只能跪着说、趴着说，与坐而论道的理想不知相去几许。

如果说座位之设只是出于运作上的方便，不是帝王对大臣的某种尊重，那么赐茶之礼总该说是某种尊重了，撤茶比撤座更加明确地表明了帝王对大臣在人格上某种尊重的消失。而宋儒坦然地接受撤座撤茶这一历史事实表明，宋儒在精神上对于先秦儒家来说是大大地倒退了，在寡头政治还在慢慢生长的时候，率先萎缩成了精神与人格上的侏儒。此后跪着说话的结局只是一个时间上的早晚问题而已，可笑而可悲的是，跪着说话的人们依然一直还想着论什么"道"！

撤座撤茶表象的背后，是独断帝王在人格与尊严上对官僚系统的彻底征服与不平等，帝王从此将自己彻底凌驾于官僚系统之上，并经常与运转的官僚系统严重对立。而正是这种人格上的不平等，不仅使得中央集权的皇权走向了极端，同时也使得它埋头走向了自己的反面，走向了自己的消解。

二　后殿赐宰臣茶仪

宋代宰臣入见皇帝并非一概没有设座、赐茶汤之礼，而是分场合与性质被区别对待。

> 国朝仪制：天子御前殿，则群臣皆立奏事，虽丞相亦然。后殿曰延和、曰迩英二小殿，乃有赐坐仪，既坐则宣茶，又赐汤，此客礼也。延和之赐坐而茶汤者，遇拜相，正衙会百官宣制才罢，则其人亲抱白麻见天子于延和，告免礼毕，召丞相升殿是也。迩英之赐坐而茶汤者，讲筵官春秋入侍，见天子，坐而赐茶乃读，读而后讲，讲罢又赞赐汤是也。他皆不可得矣。②

① 《朱子语类》卷一二八。

② 《铁围山丛谈》卷一。

在正式的朝礼中，在奏对议国事之时，宋代的宰相是没有座位、没有茶饮的，这绝对无误地表明了在封建社会中央集权制度中皇权日益加强的进程中，相权及其宰臣地位的衰落及日趋卑下。然而这一与唐五代制度相比对大臣殊无礼遇的制度，与宋代礼遇士大夫尤其是高位文臣的基本国策之行为与形象不符，而这一在后殿赐坐赐茶的礼仪，似乎是对正殿正式朝礼的一种补偿，以示宋帝对文臣的重视。

然而这种补偿其实是不平衡的，因为这时的赐坐赐茶礼，只是一种“客礼”，官僚阶层在国家正式制度中失去的地位与尊严，是无法在“客来设茶”已然成为宋代社会较流行的“客礼”习俗中得到补偿与挽回的。

然而即便是客礼，除了入谢与讲读以外，一般也不可能轻易获得，所谓“他皆不可得”即指在前二者和赐宴之外，虽宰相大臣也不可得此“客礼”，更可见官僚阶层在宋代政治制度中与皇权相对的实际地位之低下。

但《甲申闻见二录补遗》另有记录曰：

> 张文定自陈徙宋，召入觐，既见，神宗御崇政殿，将引，诏明日前殿引，及见，即召对，赐坐啜茶。上谕曰：“卿宿德，前殿始御靴袍，所以昨日辍崇政引见。”退而谕阁门，今后前执政官见日，不以班次，引前殿，著于令。

张方平入见时在前殿“赐坐啜茶”，与蔡絛《铁围山丛谈》所记前殿群臣皆立奏事的常规仪制不符，这首先表明这些规制本身只不过是帝王意志的体现，固然可以因帝王的一念而有例外，其次更何况受赐座与茶者乃前任宰执，帝王赐之座与茶并不是为了与之坐而议事论道，而只是为了表现对宿德老臣一些体制外的尊重，这种做法，与在制度上贬抑宰臣地位与人格的仪制并没有根本性的冲突。

第二节　政府常规茶礼仪

每当国家举行重大典礼或常规仪式时，茶礼都是宋廷的一大正式礼仪。宋代常规的茶礼仪，有祭奠茶仪、日常茶仪、交往性茶仪、赏赐茶仪等。一般在朝堂举行的茶礼仪都由茶酒班、茶酒班殿侍等专门执役供奉，他们在帝王出行时都要跟从。自北宋初年起，宋帝庞大的行幸仪卫中就有“茶酒班祗应殿侍百五十七人”。宋帝车驾幸青城、太庙的仪仗队中，均有“下茶酒班一铺，三十一人”。徽宗政和大驾卤簿中有“茶酒班执从物一十人”。南宋绍兴卤簿中有“茶酒新旧班一百六人”（孝宗省为四十四人）、“茶酒班执从物殿侍二十二人”。驾后部另有“茶酒班执从物五十人”（孝宗省为三十人）。[①] 而南宋帝王四孟驾出时跟从的仪卫有：茶酒班、茶酒班殿侍（各三十一人）、茶酒班殿侍（两行各六人执从物居内）等[②]，他们负责一般茶礼仪，而帝王御用的茶饮则由翰林司供奉。

宋代宫廷大宴中饮酒、用茶，进盏献乐，诸习俗为后世社会习俗所容纳。1985 年在山西省潞城县崇道乡南舍村发现“万历二年（1574）正月十三日抄立”的《迎神赛社礼节传簿四十曲宫调》，记载了当地迎神赛社供馔献乐的形式。它记载迎神赛社每天供献七盏酒数，其间夹杂各类节目，在载述汉将二十八宿分封故事完毕之后，接着的礼节仪式是：

> 众臣于殿前谢恩礼毕，帝传旨：御厨司造膳，光禄司（寺）进酒，翰林院捧茶，教坊司奏乐。金銮殿君臣饮酒，筵排八盏八趁（珍），选乐部徽工大吹大擂，歌舞奏乐，君臣欢醉而散。

其中，在宫廷大宴中由“翰林院捧茶”的仪式，颇有宋代宫廷大宴之遗风。[③]

一　祭奠茶礼仪

茶最初进入礼仪是从南齐武帝萧赜开始的。武帝于永明九年（491）“诏太庙四时祭……高皇帝荐肉脍、菹羹，昭皇后茗、粣、炙鱼，皆所嗜也”[④]。用昭皇后生时喜欢饮用的茶茗祭祀她。武帝又于永明十一年（493）七月下遗诏以茶用于自己的祭祀，也就是说最早的茶礼是祭祀茶礼。唐人亦以茶祭祀。贞元十三年（797），河南府济源县令张洗树碑列

---

① 以上分见《宋史》卷一四四、卷一四五、卷一四七。

② 《武林旧事》卷一《四孟驾出》。

③ 参见廖奔《宋元戏曲文物与民俗》之《〈迎神赛社礼节传簿〉研究》，文化艺术出版社 1989 年版。

④ 《南齐书》卷九《礼志上》。

举新置祭祀济源公的祭器等一千二百九十二事中，有“鹿茶碗子八枚，茶锅子一并风炉全，茶碾子一”①。唐末，以茶祭祀之风已遍及乡村，“村祭足茗糲”②。

1. 景灵宫四孟祭飨用茶

景灵宫是南宋高宗后期建成的帝王家庙，与太庙供奉历代宋帝神主不同的是，景灵宫供奉历代宋帝、后的塑像，前为圣祖殿，宣祖以后各宋帝殿居中，“岁四孟飨，上亲行之。帝后大忌，则宰相率百官行香，僧道士作法事，而后妃六宫皆亦继往。……景灵宫用牙盘”③。每岁行四孟之飨时，“千乘万骑，驾到景灵宫入次少歇，奏请诣圣祖殿行礼，以醪茗蔬果麸酪飨之”④，用茶醪蔬果麸酪之类物品祭飨。

2. 先皇帝后忌日祭奠用茶

先皇、皇太后忌日，两宋一般都是以行香、奉慰为仪，“凡大忌，中书悉集；小忌，差官一员赴寺”。《政和新仪》规定忌日祭典奉慰在行香之外还要行奠茶仪，其礼为：“……诣香案前，搢笏，上香，跪奠茶，讫，执笏兴，降阶复位，又再拜。”⑤

3. 丧葬之礼用茶

丧葬之礼分为两部分。

一是宋朝国丧礼。宋朝国丧，外国使者入吊，其仪为上香、奠茶酒、读祭文。宋政府对入吊的使者一般都要赐予茶酒。

英宗之前，外国使者来吊丧后辞行时，都要于紫宸殿赐酒五行，英宗即位后就改为在紫宸殿命坐赐茶，“自是，终谅阇，皆赐茶”⑥。

二是外国丧礼。凡外国丧，告哀使至，常增赐茶药及宣抚传问⑦。

此外还有太子丧礼用茶。乾道三年（1167）闰七月二日，庄文太子丧礼，“宰臣升诣香案前，上香、酹茶、奠酒”⑧。

---

① 张洗：《济渎庙北海坛祭器碑》，见《金石萃编》卷一〇三。

② 皮日休：《包山祠》，见《松陵集》卷三。

③ 见《朝野杂记》甲集卷《太庙景灵宫天章阁钦先殿诸陵上宫祀式》。

④ 《梦粱录》卷五《驾诣景灵宫仪仗》。

⑤ 《宋史》卷一二三《礼志二十六·忌日》。

⑥ 《宋史》卷一二四《礼志二十七·外国丧礼及入吊仪》。

⑦ 同上。

⑧ 《宋史》卷一二三《礼志二十六·凶礼二》。

二　常规茶仪

1. 天子诞节赐茶

“国朝故事：天子诞节则宰相率文武百僚班紫宸殿下拜舞称庆，宰相独登殿捧觞上天子寿，礼毕，赐百官茶汤罢。”①

2. 朝献景灵宫赐从官茶

神宗元丰七年（1080）四月壬辰，“朝献景灵宫。……仍宣从官以上赐茶。自是朝献毕，皆御斋殿赐茶”②。遂成常制。

3. 幸宫观寺院赐茶

宋帝游幸宫观寺院，一般都在神像前行礼，礼成后即要赐诸寺茶绢之物，按寺院等级，赐物之礼亦有等第。如“仁宗景祐三年（1036），诏閤门详定车驾幸宫、观、寺、院支赐茶绢等第”③。

是为帝王游观礼中的一部分。

4. 巡幸赐茶

帝王巡幸，劳动所过地方，但帝王自己并不觉其扰，并常行赐物之礼以显其宠幸，赐物之中亦常有茶。

如太祖巡幸之时，“所过赐……父老绫袍、茶帛”，“所幸寺、观，赐道释茶帛，或加紫衣、师号”④。

5. 阅武后赐茶

皇帝在大教场等地阅兵，照例犒赏三军，赐随从文武官员宴会，并赐茶酒，受赐者谢赐奏福后礼毕。

乾道二年（1166）十一月，孝宗幸候潮门外大教场，次幸白石教场，阅武后，“就逐幕次赐食，俟进晚膳毕，免奏万福，并免茶”⑤。酒饭后赐茶饮，是常规礼仪，不赐便要特别写出，亦可从反面见出此礼仪的常规性。“淳熙己酉（1189）十二月二十八日，车驾幸候潮门外大校场大阅。……大阅毕，丞相、亲王以下赐茶。”⑥ 则是正面记之。

---

① 《铁围山丛谈》卷二。

② 《长编》卷三五四。

③ 《宋史》卷一一三《礼志十六·游观》。

④ 《宋史》卷一一四《礼志十七·巡幸》。

⑤ 《宋史》卷一二一《礼志二十四·阅武》。

⑥ 《老学庵笔记》卷一。

6. 赐翰林学士茶

宋代翰林学士颇受重视，多有礼遇。翰林学士初除馆职，命坐赐茶。草诏称旨，亦有赐茶之例。

7. 视学赐茶

宋代以文治立国，始重文士、重教育，政府办太学、国子监，以培养士人。

两宋历朝皇帝对太学都很重视，多有视察。而“车驾幸太学，则有恩例，盖古之养老尊贤之故事”。[①] 开始时赐的是酒。元丰年间神宗车驾幸学，人赐酒二升，“诸斋往往置以益之，曰‘奉圣旨得饮’，遂自肆，致有乘醉登楼击鼓者。因是遇赐酒即拘卖，以钱均给”。[②] 监生、太学生们以赐酒为名纵饮生事，有丧斯文，结果是有关方面此后将赐酒折卖成钱均分给大家。再后来帝王视学干脆不再赐酒而改为赐茶。“哲宗始视学……御敦化堂……复命宰臣以下至三学生坐，赐茶。”徽宗幸太学，礼仪甚为繁缛，但“阁门宣坐赐茶”依旧。

南宋以后，虽多种礼仪有简化更改，帝王视太学依旧，高宗、孝宗、宁宗、理宗都曾亲幸太学，赐随行宰执百官、太学讲官、太学三舍生之茶礼一如北宋时然[③]。《武林旧事》卷八《车驾幸学》记录了南宋帝王的一次视学过程中的茶礼，宋帝入太学拜过孔子、听讲读过经义后，“御药传旨宣坐，赐茶，讫，舍人赞，躬身不拜，各就坐，分引升堂席后立，两拜，各就坐。翰林司供御茶讫，宰臣以下并两廊官赞吃茶”，自宰臣以下降阶再拜，整个视学之礼才告完成。

8. 入阁仪中赐茶

入阁之仪乃唐之旧制，五代荒废。宋朝建立后又复议行之，至熙宁三年（1070），应知制诰宋敏求上疏请，诏学士韩维等增损裁定入阁仪，文武官员按班次序列依次起居拜见皇帝于文德殿，随后分班出，“亲王、使相、节度使至刺史、学士、台省官、诸军将校等并序班朝堂，谢赐茶酒”。“其日，赐茶酒，宰相、枢密于阁子，亲王于本厅，使相……于朝堂，管军节度使……于客省厅”[④]，各依官品高下，于相宜处所受赐、饮

---

① 《朝野类要》卷一《典礼幸学》。

② 《清波杂志》卷四《赐监生酒》。

③ 《宋史》卷一一四《礼志十七·视学》。

④ 《宋史》卷一一七《礼志二十·入阁仪》。

用茶酒，互不干扰，仪礼井然。

9. 大臣赴宴赐茶

“乾道八年（1172）十二月，诏今后前宰相到阙，如遇赴宴赐茶，其合坐墩杌，非特旨，并依官品。”①

此大约为宴前赐茶饮。

10. 诸王纳妃用茶

宋代茶进入婚礼，多在对女方的聘礼中，取其不移之义。两宋诸王纳妃的聘礼中，有“茗百斤”②。

11. 群臣朝覲出使宴饯之茶仪

外任官员回京朝觐皇帝，或群臣出使回朝，宋政府一般都有赐酒食之礼遇。

群臣朝贺，在赐衣、奉慰之外，一般“并特赐茶酒，或赐食”。每年冬季朝会时，“自十月一日后尽正月，每五日起居，百官皆赐茶酒，诸军分校三日一赐”。南宋以后，一仍北宋旧制，“凡宰相、枢密、执政、使相、节度、外国使见辞及来朝，皆赐宴内殿或都亭驿，或赐茶酒，并如仪”。③

12. 外国使臣见辞之茶礼

外国使臣入宋至京师时，宋政府一般都派员在都城门外接引，并设茶酒招待。入京后，皇帝传旨宣抚，都要赐茶。辞别归国，亦会同样有颁赐茶礼。

契丹使臣入宋，宴会之日及辞行之日，都由宋帝亲自到场，酒食之余，常传宣茶酒，受赐使臣拜谢茶酒。

北宋末年，金国迅速崛起，北宋君臣对金国的实力及野心都不甚了解，只想着借金人之力消灭宿敌契丹，而己方乘机大捞实惠。金国在军事进展极为顺利之时，派徒姑旦乌歇、高庆裔等出使北宋，徽宗对金使招待甚为丰厚，“屡差贵臣主宴，赐金帛不赀，至辍御茗，调膏赐之”。想通过这种办法来打混战，但高庆裔“颇知史书”，并不以个人受到优待而忘却所负的使命，强烈要求宋方至少以对待契丹的外交礼仪等级对待金国。徽宗无奈，只好从之。辞别之日，又诏梁师成“临赐御筵，器皿供具皆

① 《宋史》卷一一三《礼志十六·宴飨》。

② 《宋史》卷一一五《礼志十八·诸王纳妃》。

③ 皆见《宋史》卷一一九《礼志二十二·群臣朝使宴饯》。

出禁中，仍以绣衣、龙凤茶为贶”。[①] 北宋先在外交上就输给了金国。但其中足以可见茶在宋金交往初期的作用。

南宋的大部分时间里，金一直为宋之强邻，加有灭北宋之余威、囚二帝之事实，尤其在南宋前期，宋政府对金国的使者一直极其礼遇，其中就有很多茶礼。金使距临安府尚有五十多里时，南宋就派陪同的伴使迎接并以酒食招待，行至杭州城北的税亭时，又行茶酒招待，入城门后客于都亭驿，参见宋帝后，“退赴客省茶酒”，然后参加正式的招待宴会，陛见日，一般都要赐其“茶器名果”。金使辞行日，皆赐茶酒，次日临行，还要“加赐龙凤茶、金镀盒”等物[②]，曲尽奉迎之能事。

三 赏赐性茶仪

1. 学士抄国史赐茶

蔡绦《铁围山丛谈》卷二记：“吾尝读欧阳文忠公集，见其为学士时抄国史，仁庙命赐黄封酒、凤团茶等。后入二府，犹赐不绝。国家待遇儒臣类如此。”

2. 进书赐茶礼

两宋都很重视修史，纂修官进呈国史、实录、日历时，都有专门仪式典礼，仪礼中对负责文字的官员又另有青眼相加，有赐茶之礼，即“次引国史实录院、日历所、编修经武要略所、玉牒所点检文字以下一班当殿面北立定……传旨宣坐赐茶讫”，奉安所进史籍于专门藏书之阁后，礼毕。[③]

四 政府茶礼

1. 都堂点茶

宋朝善待士大夫，讲读官但凡入阁侍讲，亦必“先赐坐饮茶”，然后才正式入阁开讲[④]。在政府日常公务活动中，对大臣常有茶饮款待。朱彧《萍洲可谈》卷一记载：

> 宰相礼绝庶官。都堂自京官以上则坐，选人立白事。见于私第，

---

① 《续资治通鉴长编拾补》卷四五，“宣和四年九月乙丑”条。

② 《宋史》卷一一九《礼志二十二·金国聘使见辞仪》。

③ 《宋史》卷一一四《礼志十七·进书仪》。

④ 《锦绣万花谷》续集卷二《经筵·赐坐饮茶》条。

选人亦坐，盖客礼也。唯两制以上点茶汤，入脚床子，寒月有火炉，暑月有扇，谓之事事有。庶官只点茶，谓之事事无。

进入都堂即宰相办公机构“白事”或办理其他公务的官员，在接待上虽视其身份系“选人”“京官以上”或“两制以上”而各各不同，甚至有“事事有”“事事无”般的悬殊，但无论是“两制以上”还是“庶官”都能“点茶”则是共同的。“点茶”成了宋代最高行政部门处理公务时不可或缺的伴侣。

风气既开，遂上行下效。且上有所好，下必甚焉。在中央政府，点茶饮茶，是身份、礼遇等的代名词，此风为地方政府所仿效，渐渐演成常习。如日本僧人成寻于熙宁年间入宋求学佛法，到达杭州往官府办理公文时，就看见官府衙门的廊下在烧炉点茶①。未知此风是否即是后来政府部门上班先泡茶饮风气的开山。

2. 省试具茶汤

沈括《梦溪笔谈》卷一记载：

礼部贡院试进士日，设香案于阶前，主司与举人对拜，此唐故事也。所坐设位，供帐甚盛，有司具茶汤饮浆。至试经生（一作学究），则悉撤帐幕毡席之类，亦无茶汤，渴则饮砚水，人人皆黔其吻。非故欲困之，乃防毡幕及供应人私传所试经义，盖尝有败者，故事为之防。欧文忠有诗：“焚香礼进士，撤幕待经生”，以为礼数重轻如此，其实自有谓也。

进士试策论、诗文，考的是临场发挥，无书可抄，故考场中座位之间有帐幕分隔，此外还有“茶汤饮浆”多种饮料供应，等等诸种礼遇，非常优待。经生试贴经墨义，必须通晓诸经，全凭死记硬背，故历代科举经试时，夹带提示等作弊之事极易发生且屡屡发生。为防止这类作弊事件的发生，宋代经生考试时的试场防范甚严，任何妨碍考官视线的帐幕均被撤除，且为防“供应人私传所试经义”，也不供应茶汤饮料，可怜一帮老少学究渴了只能喝砚水。虽然事出有因，也难怪欧阳修感慨“礼数重

① 村井康彦：《日本文化小史》，东京角川书店株式会社1979年版，第208页。

轻如此”。

五　附录一：关于御茶床

庆贺帝王生日圣节，仪礼为进御酒数盏，先坐垂拱殿，再坐紫宸殿，上公亲王躬进御酒数盏，而帝王此会所用御桌，却称为“御茶床”，每行礼于一殿，内侍先进御茶床，每殿礼毕，亦是由内侍官举撤御茶床，诸官拜辞后，礼终①。

凡大礼、御宴，帝王所用桌皆称之为御茶床，内侍进御茶床则礼始，举御茶床则礼毕。如北宋徽宗时集英殿春秋大宴，南宋高宗德寿宫寿筵等皆如此仪②。再如帝王行大射之礼，初次射中靶椀之后，箭班献上射中的靶椀，有司进御茶床，一干随行轮流上来敬酒，皇帝亦赐之酒。若皇帝再次射中，则再照以上程式依次献靶椀、进御茶床、敬酒、赐酒重演一遍。射毕，飨宴，亦以内侍进御茶床始，举御茶床终。③

总之宋帝众多的重大活动飨宴所用之桌皆称之御茶床，虽不是茶礼仪，却从侧面反衬出茶在宋代重大礼仪活动中的地位。

宋帝在大礼、御宴时的茶礼部分都是由翰林司负责的。考之《事物纪原》卷六《翰林》，北宋初年有茶床使，后止称翰林使，太宗朝有兼翰林司公事。至迟，太平兴国三年（978）以前，已设翰林司④。元丰改制后隶光禄寺。崇宁二年（1103）五月十四日，并入殿中省太官局，但存其官司⑤。迄南宋，翰林司与翰林院、学士院并置不废⑥。翰林司掌供奉御酒、茶汤、水果，以及皇帝游玩、宴会、内外筵设事；兼管翰林院执役人名籍，拟定轮流值宿翰林院名单上奏；祠祭供设神、食支拨冰雪，等等⑦。与五代时茶酒库使、翰林茶酒使的职掌庶几相近⑧。别称有二，一茶酒局。《东京梦华录》卷一《内诸司》：“翰林司茶酒局也。”二茶酒司。《宋东京考》卷三《诸司》：“翰林司，即茶酒司也。”

---

① 参见《宋史》卷一一二《礼志十五・圣节》，及《武林旧事》卷一《圣节》。

② 参见《宋史》卷一一三《礼志十六・宴飨》，卷一一二《礼志十五・诸庆节》。

③ 参见《宋史》卷一一四《礼志十七・大射仪》。

④ 《长编》卷一九，“太宗太平兴国三年三月戊申”条。

⑤ 《宋会要》职官一九之四。

⑥ 《咸淳临安志》卷二《学士院》、卷十《翰林院、翰林司》。

⑦ 《宋会要》职官二一之八《翰林司》、《长编》卷九八“真宗乾兴元年二月甲寅”条。

⑧ 《十国春秋》卷一一四《百官表》。

六　附录二：折支茶与茶汤钱

宋初官员的俸给，“一分实钱，二分折支”①，只有三分之一给现钱，其余三分之二折支衣、粮、茶、盐、酒等实物。虽然在不同的地区不同的历史时期折支的比例部分有不同的变化，四川诸路甚至有全部支现钱者，但宋代官员俸给始终基本是以现钱和实物两部分来支给的。而在折支的实物中，茶一直是其中的一种。

宋代官员俸给的种类繁多，大体上可分为本俸与添给两大类，“诸称请受者，谓衣粮、料钱，余并为添给”②。本俸是品官所得基本待遇，又称“请受”，添给是本俸之外以差遣实职为根据的各种补贴。元丰改制，使本官实职化，于四年十一月，始“定职事官职钱”③，本为补贴的添给，成为正式的职钱。但本俸、职钱之外的各种补贴仍在不断增加，称为添支，至南宋绍兴九年（1139），“内外官有添支料钱，职事官有职食、厨食钱，职纂修者有折食钱，在京厘务官有添支钱、添支米，选人、使臣职田不及者有茶汤钱”④。各种添支增给，除了现钱外，还有羊、米、面、奉马、元随傔人衣粮、茶、酒、厨料及薪、盐、纸、炭等物。到北宋后期，内外任官员都可得到等第不一的羊、米、面、奉马、元随傔人衣粮等添支，而其余茶、酒等杂色添支，则主要是支给文武高级官员的。添支的实物中有茶，添支的现钱中也有茶汤钱。

例如，北宋大观年间改添支为贴职钱，观文殿大学士、资政、保和殿学士、端明殿学士、枢密直学士、龙图、天章、宝文、显谟、徽猷、敷文阁学士等，添支的实物中都有“万字茶二斤”，而在南宋重定的俸禄制度中，承直郎、儒林郎、文林郎、从事郎、从政郎、修职郎、迪功郎等，每月都有茶汤钱十贯。⑤

官俸中有茶酒厨料和茶汤钱两项，表明宋代的俸禄制度充分考虑到了茶在官员生活中的作用。

---

① 《事物纪原》卷四《官爵封建部·折俸》。

② 《宋史》卷一七二《职官十二》。

③ 《宋会要》职官五七之五二—五三，崇宁四年三月二十九日引录；《宋史》卷一七一《职官十一》。

④ 《文献通考》卷六五《职官十九》。

⑤ 参见《宋史》卷一七二《职官十二》。

第三编　茶与宋代社会生活

茶在宋代成为南北地域城市乡村社会各阶级人士普遍习用的居常饮料，与社会生活的诸多方面发生较为密切的关联，丰富着宋代民众的日常生活与社会生活。宋代形成了一些流传后世的与茶有关的习俗与观念，在宗教生活与文化传播方面，也留下了浓墨重彩的历史印记。

第七章　茶与日常社会生活

作为一种消费物品，茶与民众的日常消费和社会生活有着至为密切的关系，“早晨起来七件事，柴米油盐酱醋茶。”① 这句元杂剧中的俗谚，却是肇始于宋代茶在民众日常生活中不可或缺的事实：“盖人家每日不可缺者，柴米油盐酱醋茶。”② 正如王安石在《议茶法》文中所说：“夫茶之为民用，等于米盐，不可一日以无。”③ 社会各阶层上自天子下至乞丐皆好饮茶，即如北宋人李觏所说：“茶……君子小人靡不嗜也，富贵贫贱靡不用也。”④

茶在宋代不仅成为全社会普遍接受的饮料，并且因其与社会生活的诸多方面都存在着很多的关联，出现了不少与茶相关的社会现象、习俗或观念等。种种观念与习俗不仅为宋代形成空前繁荣的茶文化提供了广泛的社会基础，其自身也成为宋代茶文化多姿多彩的现象之一，同时它们一起极大地丰富了宋代民众的日常生活与社会生活。

第一节　茶与生活习俗

一　客来敬茶

居常备用日常饮料，由来已久，周秦都置有专管饮料的官⑤，唯其称汤、称浆、称羹而已。《诗》云：“或以其酒，不以其浆”⑥，《孟子》曰：

① 元杂剧《岳孔目借铁拐李还魂》第二折，见《新校元刊杂剧三十种》下卷，中华书局1980年版，第473页。

② 《梦粱录》卷一六《鲞铺》。

③ 《临川集》卷七〇。

④ 《盱江集》卷一六《富国策第十》。

⑤ 见《周礼·浆人》《汉书·百官公卿表上》。

⑥ 《诗经·小雅·大东》。

"冬日则饮汤，夏日则饮水"①，《列子》曰："夫浆人特为食羹之货，无多余之赢"②，所说浆、汤、羹等，或是开水，或是极薄的酒，或是类似于菜汤而已。以茶名称饮料，从杂煮诸物叶，或和米膏等物煎煮或冲泡为饮开始。如西晋郭义恭《广志》言："茶、茱萸、檄子之属，膏煎之，或以茱萸煮脯冒汁为之，曰茶，有赤色者，亦米和膏煎，曰无酒茶。"三国魏时的《广雅》云："荆巴间采茶作饼，成，以米膏出之，若饮，先炙令色赤，捣末置瓷器中，以汤浇覆之，用葱姜芼之，其饮醒酒，令人不眠。"③

在很长时间里，茶叶都是这种以多种植物叶混合煮成的饮料中的一种成分。直至唐中后期，茶业已成为一种较为单纯的饮料之时，将茶杂煮诸物饮用的风气仍很盛行。茶圣陆羽对此很不满："或用葱、姜、枣、橘皮、茱萸、薄荷之等，煮之百沸，或扬令滑，或煮去沫，斯沟渠间弃水耳，而习俗不已。"④ 不过，不论陆羽是否喜欢，习俗始终有着其自身的生命力，这种混合茶的遗风，至今仍在湖南地区的擂茶、四川地区的八宝茶及云南白族的三道茶等饮茶方式中得以存续，只是将煎煮茶与诸物的方法改作了冲泡而已。

茶开始成为居常饮料的时间基本上是在两晋南北朝之间，而客来敬茶习俗的形成也基本与之同步。

两晋之际，北方名士纷纷南下以避祸，先南渡者往往在建康石头城下迎接新南渡者，并设茶饮招待，有些北方名士由于尚未熟知南方的茶饮料，奉迎对答之际，不免要闹点小笑话，如：

> 任育长年少时甚有令名。……自过江，便失志。王丞相请先度时贤共至石头迎之，犹作畴日相待。一见便觉有异，坐席竟，下饮，便问人云："此为茶为茗?"觉有异色，乃自申明云："向问饮为冷为热耳。"⑤

---

① 《孟子·告子上》。
② 《列子·黄帝》。
③ 皆据《太平御览》卷八六七引。
④ 《茶经》卷下《六之饮》。
⑤ 《世说新语》纰漏第三四。

初见面时受茶饮招待，任瞻这个北方名士因为不知茶、茗一指，而出了纰漏，损害了名士的令名，竟尔从此郁郁失志。

不过，在两晋，客来设茶还是比较不多见的个人行为，开始时有时甚至很难令人接受。晋司徒长史王濛好饮茶，有客人来时总是设茶招待，却未曾想到并不都是人同此好，很多人乃至甚以为苦，所谓“人至辄命饮之，士大夫皆患之。每欲往候，必云今日有水厄”[①]。以致此后“水厄”成为茶饮的谑称。

在东晋，以茶待客还为人用作节俭、朴素的象征，如何法盛《晋中兴书》中记载：

> 陆纳为吴兴太守时，卫将军谢安尝欲诣纳，纳兄子俶怪纳无所备，不敢问之，乃私蓄十数人馔。安既至，纳所设唯茶果而已。俶遂陈盛馔，珍羞毕具。及安去，纳杖俶四十，云：“汝既不能光益叔父，奈何秽吾素业？”[②]

陆纳以茶待客，欲借以表达自己“素业”之志趣。

至少南北朝时期，茗饮已成为公认的南方人喜爱饮用的饮料，北朝之人在招待南方人时常首先想到为之设茗饮，但北方人却尚不喜饮茶，而用“水厄”这一谑称来指代茶饮。如萧正德归降北魏时，魏辅政元义欲为之设茗饮，先问：“卿于水厄多少？”萧正德这个南方人却尚不知水厄之意，茫茫答之曰：“下官虽生于水乡，而立身以来，未遭阳侯之难。”元义与举座之客皆笑焉。[③]

可见此时，以茶待客之习，主要见之于江南地区，行之于江南之人。

唐以后，以茶待客习俗所行的地区范围日渐扩大，除江南地区外，更南方的交广地区也出现了这一习俗。

> 又南方有瓜芦木，亦似茗，至苦涩，取为屑茶饮，亦可通夜不

① 《太平御览》卷八六七引《世说》。当指刘义庆《世说新语》，然今本《世说新语》不载。

② 《太平御览》卷八六七引。

③ 《洛阳迦蓝记》卷三《城南》。“元义”，《魏书》卷一六作“元叉”。

眠。煮盐人但资此饮，而交广最重，客来先设，乃加以香芼辈。[①]

入宋，“宾主设礼，非茶不交”。[②] 北宋时客来敬茶的习俗已遍行于宋境，其习俗为客来设茶，送客点汤。

朱彧《萍洲可谈》卷一载：“今世俗客至则啜茶，去则啜汤。汤取药材匡香者屑之，或温或凉，未有不用甘草者。此俗遍天下。”此俗所遍天下乃大宋之天下，在北方辽国中招待客人行茶行汤的先后次序正好相反。朱彧接着记道：“先公使辽，辽人相见，其俗先点汤，后点茶。至饮会亦先水饮，然后品味以进。”张舜民《画墁录》中也记录了在客来设茶方面北人与南人相反的习俗：“北朝待南人礼数皆约毫末……待客则先汤后茶。”二者从正反两面记录了宋代先茶后汤的待客习俗。

《南窗纪谈》亦记曰：“客至则设茶，欲去则设汤，不知起于何时。然上自官府，下至闾里，莫之或废。”表明宋时客来设茶招待已在社会各阶层蔚然成风。

宋人笔记中多有客来设茶的记载，王安石尚为小学士时造访蔡襄，蔡以其名士，便用最好的茶叶招待他[③]。有人用不同的茶招待不同的客人，如王城东与杨亿相友善，王有一茶囊，十分贵重，只有杨亿来才取茶囊具茶招待，其他的客人绝对享用不到。所以王的家人一听传呼茶囊，就知道是杨亿来了。[④] 而吕公著则用不同的茶具来区别招待不同的客人，“家有茶罗子，一金饰，一银，一棕榈。方接客，索银罗子，常客也；金罗子，禁近也；棕榈，则公辅必矣。家人常挨排于屏间以候之”[⑤]，等等。

而金国的茶俗则与宋地区同，也是客来设茶，客去设汤。金院本戏文《宦门子弟错立身》第十二出中茶坊里的茶博士上场念白便是：“茶迎三岛客，汤送五湖宾。”[⑥]

元代基本沿用宋代的习俗，元代无名氏所做的戏曲《冻苏秦》第三折中，当苏秦与张仪话不投机争执起来后，二人每争说一句话，张仪的贴

---

① 见《茶经》卷下《七之事》，有注曰，瓜芦又称皋芦，茗之别种。

② 林駉：《古今源流至论续集》卷四《榷茶》。

③ 《墨客挥犀》卷四。

④ 《梦溪笔谈》卷九。

⑤ 《清波杂志》卷四《吕申公茶罗》。

⑥ 钱南扬：《永乐大典戏文三种校注》，中华书局 1979 年版，第 242 页。

身侍从张千就在旁边喝一声“点汤!”替主人逐客，两段念白一段唱中共说了十多次点汤，并且还有这样一段明确说点汤送客。

张千云：“点汤！”正末唱：“哇！你敢也走将来喝点汤喝点汤!”云：“点汤是逐客，我则索起身。”①

借前朝衣冠人物形象地记载了宋元时点汤送客的饮茶习俗。清代以后，茶饮成为主要的基本居常饮料，渐渐人们已不再饮汤，点汤送客也渐发展成为端茶送客。此风俗盛行于清代，却是从宋元送客点汤的习俗发展而来。

客来敬茶，是从主人角度出发而言的，对于受茶者来说，作为这一“客礼”中的客体，应该是受茶不拜。即便是帝王设茶赐茶饮，若非是在朝会、拜祭礼仪中的赐茶、设茶，而是作为客礼即待客之礼出现的赐茶、设茶，受茶者也皆谢而不拜。若是在做客时受茶而拜，则非仪。如：

王沂公罢政柄，以相节守西都。属县两簿尉同诣府参，公见之，将命者喝放，参讫，请升阶，啜茶。二人皆新第经生，不闲仪，遂拜于堂上。既去，左右申举非仪，公卷其状语之曰：“人拜有甚恶。”噫！大臣包荒，固非浅丈夫之可望也。②

在比较注重礼仪的中国古代，“非仪”常常是弹劾官员的一项有力指证。宋代对“非仪”“失仪”的官员一般都予以严厉的处理，如真宗咸平三年（1000）十一月辛卯日，大臣张齐贤因为私自喝酒而在殿堂上失态，被御史弹劾失仪，张齐贤想为自己辩护，真宗说：“卿为大臣，何以率下！朝廷自有宪典，朕不敢私。”最终还是罢了张齐贤的官③。两个新当官的经生，尚不懂得在客礼中受茶不拜之礼，乱拜一气，为王曾左右告诉非仪，幸而首先礼多人不怪，又碰上了肚里能撑船的前任宰相，虽然非仪，却并没有危及乌纱帽。

---

① 臧晋叔编：《元曲选》第二册，中华书局1989年重排版，第449页。

② 高晦叟：《珍席放谈》卷上。

③ 《长编》卷四一，本日条。

二　居家饮茶与以茶睦邻

茶为居常饮料，在宋人居家生活中占有重要地位。这方面文字材料很少见，但在宋代墓葬中却有大量的资料保存。

1992 年发现于洛阳邙山约葬于崇宁二年（1103）前后的北壁所绘进茶图[①]，河南禹县白沙镇赵大翁宋哲宗元符元年（1098）墓前室两壁有壁画，其中一幅为墓主人夫妇对坐宴饮图［参见图 59］，1992 年 2 月在河南洛宁县大宋村北坡出土的葬于政和七年（1117）乐重进石棺左面的进茶图[②]［参见图 60］，1995 年 12 月河南宜阳县莲庄乡坡窑村发现的宋墓画像石棺的饮茶图［参见图 61］，等等，都是反映墓主人生时在人间的生活享乐情景，应该说是对宋代百姓居家饮茶生活最贴切的反映，除了它本身所具有的一定的艺术价值外，也具有相当的资料价值。

图 59　河南禹县白沙宋墓夫妇对坐宴饮图（《白沙宋墓》图版二二）

① 参见宋涛等《洛阳邙山宋代壁画墓》，《文物》1992 年第 12 期。

② 参见李献奇《北宋乐重进画像石棺进茶图》，《农业考古》1994 年第 2 期。

图60　河南洛宁乐重进石棺进茶图

（《河南洛宁北宋乐重进画像石棺》，《文物》1993年第5期）

图61　河南宜阳宋墓画像石棺饮茶图

（《河南宜阳北宋画像石棺》，《文物》1996年第8期）

由于饮茶已成为百姓日常生活必不可少的组成部分，在客来敬茶成为宋代人们习以为常的待客礼俗后，邻里之间以茶水往来就成了以“客礼”对待邻里，使茶在邻里交往中也起着相当的作用。如南宋杭州邻里之间不论有事没事，“朔望茶水往来”，与吉凶庆吊之事一起，成为不可不知的睦邻之道。如果有新住户搬来，“则邻人争借动事，遗献汤茶，指引买卖之类，则见睦邻之义”[1]。

三 茶与婚俗

中华民族极重礼仪，婚姻仪礼，又在全部礼仪中占据根本性地位。所谓“昏礼者，礼之本也。夫礼始于冠，本于昏”[2]。这是因为“有天地然后有万物，有万物然后有男女，有男女然后有夫妇，有夫妇然后有父子，有父子然后有君臣，有君臣然后有上下，有上下然后礼义有所错。夫妇之道不可以不久也”。[3] 宋以前以羊酒、金银珠宝、锦缎等物为礼，诸物往来贯穿婚姻全部过程。自宋代茶饮习俗大盛之后，茶仪也开始进入了婚姻仪礼。婚姻仪礼中用茶，主要是取茶有不移之性：“凡种茶树必下子，移植则不复生，故聘妇必以茶为礼，义固有所取也。”[4] 明代此风继盛。郎瑛在《七修类稿》中说：“种茶下籽，不可移植，移植则不复生也；故女子受聘，谓之吃茶。又聘以茶为礼者，见其从一之义也。”许次纾《茶疏·考本》中也说：“茶不移本，植必子生。古人结婚，必以茶为礼，取其不移植之义也。”其意皆在于取茶不可移植之性，表明了在传统的社会文化中，男性中心的观念对婚姻中女性的要求。在宋代婚仪中，茶与前举羊酒等诸物并重，无论相亲、定亲、退亲、下聘礼、举行婚礼，皆需用到茶。

一如相亲，初时如女方中意，即以金钗插于冠髻中，名曰“插钗”，一门亲事基本上就这样算定了下来[5]，相亲之礼完成。此步骤后来发展成为女方吃下男方的茶，“插钗”变成了“吃茶”，如《红楼梦》第二十五回凤姐笑问黛玉：“你既吃了我们家的茶，怎么还不给我们作媳妇?”就是此意。

插钗或吃茶之后，男女双方通过媒人“议定礼”，由男方“往女家报定”，常带着十盒或八盒以“双缄”形式包裹的礼物，其中包括羊酒及缎匹茶饼等，送到女方家。“女家接定礼合，于宅堂中备香烛果酒，告盟三界，然后请女亲家夫妇双全者开合，其女氏即于当日备回定礼物”，回礼

---

① 《梦粱录》卷一八《民俗》。
② 《礼记·昏义》。
③ 《周易·序卦》。
④ 《天中记》。
⑤ 《梦粱录》卷二〇《嫁娶》。

除各色金玉、罗缎、女红外，“更以元送茶饮果物，以四方回送羊酒，亦以一半回之”，若富贵之家，再另加财物。定亲之礼亦告完成。

此后就要选择良辰吉日送聘礼，“富贵之家当备三金送之”，一般聘礼都要包括“珠翠特髻，珠翠团冠，四时冠花，珠翠排环等首饰，及上细杂色彩缎匹帛，加以花茶果物、团圆饼、羊酒等物。又送官会银锭，谓之‘下财礼’，亦用双缄聘启礼状”。有钱人家收到聘礼之后，亦像收到定亲礼物时一样，回送礼物。下聘礼毕。而送财礼又称“下茶”，所以话本《快嘴李翠莲记》中说：“行甚么财礼下甚么茶?”①

行、受聘礼之后，便是择日成亲了。经过一系列繁复的仪式之后，新郎新娘入洞房行合卺礼。再入礼筵，“以终其仪”。

成亲后三日，新媳妇要为公婆奉茶，“三朝点茶请姨娘”。《快嘴李翠莲记》中李翠莲在过门后的第三日，在厨下“刷洗了锅儿，煎滚了茶，复到房，打点各样果子，泡了一盘茶，托至堂前，摆下椅子”，然后去请公婆、伯伯、姆姆等前来吃茶。“公吃茶、婆吃茶，伯伯、姆姆来吃茶。姑娘、小叔若要吃，灶上两椀自去拿。”同时，成亲后的第三天，“女家送冠花、彩缎、鹅蛋……并以茶饼鹅羊果物等合送去婿家，谓之‘送三朝礼’也”。此后两新人往女家行拜门礼，女家也要送茶饼鹅羊果物等礼物给新女婿。②

宋以后茶与婚姻仪礼的关系日益密切，在南方许多地区甚至形成了以茶称名即俗称“三茶”的婚姻仪礼，即相亲时的“吃茶”，定亲时的“下茶”或“定茶”，和成亲洞房时的“合茶”。即便是退亲，亦被称为“退茶”。

茶礼完全与婚礼相始终。

《仪礼·士昏礼》中记婚礼有六礼，自茶进入婚礼后，“三茶六礼”则成为举行了完整婚礼明媒正娶婚姻的代名词。所以李渔《蜃中楼·姻阻》中有“他又不曾三茶六礼行到我家来”语。

四　饮茶之忌禁

这里从礼俗而非养生的角度来讲饮茶的忌禁。

---

① 《清平山堂话本》卷二。

② 本题除了另注出处外，皆据《梦粱录》卷二〇《嫁娶》。

关于饮茶的礼俗忌禁绝少见。孔平仲《谈苑》卷一记："夏竦薨，子安期奔丧至京师，馆中同舍谒见，不哭，坐榻茶橐如平时。"此则记载在于说明夏安期在父丧期间行为举止不合礼法，其中包括像平时一样在喝茶。这表明了宋代有人将饮茶视为享乐行为，认为在父丧期间应当禁绝之。

周密《齐东野语》卷十九《有丧不举托》中所记关于茶饮禁忌的记载比较明确："凡居丧者，举茶不用托"。因为宋代与建盏配套的木质茶托多为朱红色漆漆就，丧事一直是忌用红色物品的，所以宋代在服丧期间的人，喝茶时有不能用茶托之俗，因为"或谓昔人托必有朱，故有所嫌而然……平园《思陵记》载阜陵居高宗丧，宣坐赐茶，亦不用托，始知此事流传已久矣"。

五 茶与饮食业

1. 茶饮料业

宋代饮料统称"凉水"，由多种原料制成，茶水只是其中的一种。但以茶肆为名的饮料店中，却是诸种"凉水"皆卖。

宋代的茶饮分为两大类，一类是单纯的茶饮，只以一种茶叶点泡而成，一类是混合茶饮，将茶叶与其他多种物品混合在一起，擂碎后，或冲泡或煎煮而成。

茶肆中"四时卖奇茶异汤，冬月添卖七宝擂茶、馓子、葱茶，或卖盐豉汤。暑天添卖雪泡梅花酒，或缩脾饮暑药之属"①。

除了茶肆、茶坊、茶楼在固定的地方专门卖茶水等诸种饮料外，北宋汴京至夜半三更还有提瓶卖茶者，"盖都人公私营干，夜深方归也"②，南宋时杭州则在"夜市于大街有车担设浮铺，点茶汤以便游观之人"，为深夜仍在活动、游玩的吏人、商贾或市民提供饮茶服务。另外在"巷陌街坊，自有提茶瓶沿门点茶，或朔望日，如遇吉凶二事，点送邻里茶水，倩其往来传语"③。大为便利市民的日常生活。

南宋刘松年绘有茶画《茗园赌市图》，从画面上看是卖茶沽茗者之间在斗茶竞卖。画中有四个提茶瓶的男子在斗茶，一位手持茶碗似乎刚刚喝

---

① 《梦粱录》卷一六《茶肆》。"缩脾"《武林旧事》卷六《凉水》作"缩皮"，并注"宋刻作缩脾"。按"梅花酒"非酒，乃饮料"凉水"之一种，见《武林旧事》卷六《凉水》。

② 《东京梦华录》卷三。

③ 《梦粱录》卷一六《茶肆》。

完正在品味，一位正在举碗喝，一位左手持茶瓶右手拿茶碗正在往碗中注茶汤，一位则是在喝完茶后抬起右手的衣袖擦嘴。四人的右边，一个男子站在茶担边，左手搭在茶担上，右手罩在嘴角上正在吆喝卖茶，茶担一头贴着“上等江茶”的招贴。画面的左右两边各有一个手拿茶瓶、茶碗茶具的男女，一边在往前走，一边同时又在回头看着四位斗茶的人在斗茶。画面中提茶瓶的卖茶人身上都带着雨伞或雨笠，挑茶担人的茶担上也有一个防雨的雨篷，说明这些卖茶者主要是在露天的大街小巷、瓦市勾栏中卖茶的。整幅画面表现了宋代茶肆生活的一个侧面，反映的是市民阶层的卖茶、饮茶生活。［参见图 62］

图 62　刘松年《茗园赌市图》（现藏台湾故宫博物院）

2. *以茶称饮食业*

宋代酒肆、面食店多以茶称呼，如分茶酒肆，主要卖下酒食品，而厨子则谓之“茶饭量酒博士”①。溯其源起，大约始于下酒菜被称作“分

① 《东京梦华录》卷二《宣德楼前省府宫宇》《饮食果子》，卷四《食店》。

茶"，"且如下酒品件，其钱数不多，谓之'分茶'、'小分下酒'"。[①] 而所谓茶饭者，乃百味羹。[②] 但到了南宋，杭州城以茶饭店等为名的酒肆，则是酒阁中暗藏卧床内有娼妓的酒店，这种店门前往往悬挂红灯笼为标志[③]。

大抵宋代酒肆、酒店亦分高消费和一般消费。高消费区一般都是楼上雅座，故而"大凡入店不可轻易登楼，恐饮宴短浅。如买酒不多，只坐楼下散坐，谓之'门床马道'"。其消费标准之高低一般是以"买酒"多少来断定的，所以分茶虽指购买下酒食品花钱不多者，但以之来称酒食店，却未必是指低档次的店，因为"杭都如康、沈、施厨等酒楼店，及荐桥丰禾坊王家酒店，暗门外郑厨分茶酒肆，俱用全桌银器皿沽卖"，其富贵可知，档次自不会低。[④]

分茶酒肆、分茶酒店，其含义与现在的酒楼、饭店差不多，兼卖酒、菜、食品，其中的食次名件，可以概称为"茶食"。[⑤]（但茶食在现代江浙一些地区是指点心）

若单称"分茶店"而中无"酒"字，就是指面食店，此种店名自北宋以来一直就有。"向者汴京开南食面店，川饭分茶，以备江南往来士夫，谓其不便北食故耳。"南宋以后，饮食混淆，已无南北之分，但面食店仍沿称为"分茶店"，而且如果称为分茶店的话，一定有某些固定的饮食如四软羹等。

为了照顾到信佛斋戒的食客，还另有专卖素食的分茶店。[⑥]

在分茶酒肆中还会有各色人等从事各种小买小卖以规利，"有以法制青皮、杏仁……小蜡茶、香药……橄榄、薄荷，至酒阁分表得钱，（不问要与不要，散与座客）谓之'撒暂'"[⑦]。其中一种小零食就是用小蜡茶制作的。

茶与饮食业当有较深的渊源关系，但由于材料的缺乏，现在却无法明确"分茶"在饮食业中的确切意指，只能有待发现更多相关资料之时日。

---

① 《梦粱录》卷一六《酒肆》。

② 《东京梦华录》卷二《饮食果子》。

③ 《都城纪胜·酒肆》。

④ 《梦粱录》卷一六《酒肆》。

⑤ 《梦粱录》卷一六《分茶酒店》。

⑥ 《梦粱录》卷一六《面食店》。

⑦ 《武林旧事》卷六《酒楼》，"暂"《梦粱录》作"暂"。

第二节　茶肆与市民社会生活

茗铺、茶肆，唐代中期即已出现。《封氏闻见记》卷六《饮茶》曰："自邹、齐、沧、棣渐至京邑，城市多有茗铺，煎茶卖之，不问道俗，投钱取饮。"又《旧唐书·王涯传》载："涯等仓皇步出，至永昌里茶肆，为禁兵所擒。"武宗会昌五年（845）六月九日，日本僧人圆仁在郑州"见辛长史走马赶来，三对行官遇道走来，遂于土店里坐，吃茶"。[①] 都说的是唐代即已出现茶肆店铺。但唐代的茶肆并不甚普及。宋代的茶肆则遍布城市乡村，茶肆的经营与活动涉及了社会生活很多方面。

一　宋代茶肆概述

茶肆、茶坊、茶楼、茶店是宋代诸大城市乃至县乡市镇中极为常见、为数较多的专门店。两宋的都城汴京和临安都分布有多家茶坊茶肆。

汴京茶坊，多集中于御街过州桥、朱雀门外街巷、潘楼东街巷、相国寺东门街巷等处，主要有李四分茶坊、薛家分茶坊、从行裹角茶坊、山子茶坊、丁家素茶坊等。此外长约十里的马行街上……"各有茶坊酒店，勾肆饮食"。[②] 而《宣和遗事》中徽宗微服私访李师师时，还有一家"周秀茶坊"。《清明上河图》中有众多的无字号店铺，"沿河区的店铺以饭铺茶店为最多，店内及店门前，都摆设有许多桌凳，不管客人多少，看上去都很干净。桌子有正方形和长方形两种，凳子则均为长条形，而且凳子面较宽，一般都排放整齐"。[③]［参见图 63］

临安则"处处各有茶坊"，如八仙茶坊、黄尖嘴蹴球茶坊、王妈妈家茶肆、车儿茶肆、蒋检阅茶肆、潘节干茶坊、俞七郎茶坊、朱骷髅茶坊、郭四郎茶坊、张七相干茶坊等。[④]［参见图 64］

在京城之外，其他城市乡镇和草市中亦多有茶坊茶肆。庄绰《鸡肋编》记严州城有茶肆，洪迈《夷坚志》中记载了不少地方的茶肆，如

---

① 圆仁：《入唐求法巡礼行记》卷四。

② 孟元老：《东京梦华录》卷二"宣和楼前省府宫宇""朱雀门外街巷""潘楼东街巷"条，卷三"寺东门街巷"条。

③ 周宝珠：《〈清明上河图〉与清明上河学》，河南大学出版社 1997 年版，第 118 页。

④ 《梦粱录》卷一三《铺席》，卷一六《茶肆》。

图63　张择端《清明上河图》局部·沿河饭铺茶坊
（现藏北京故宫博物院）

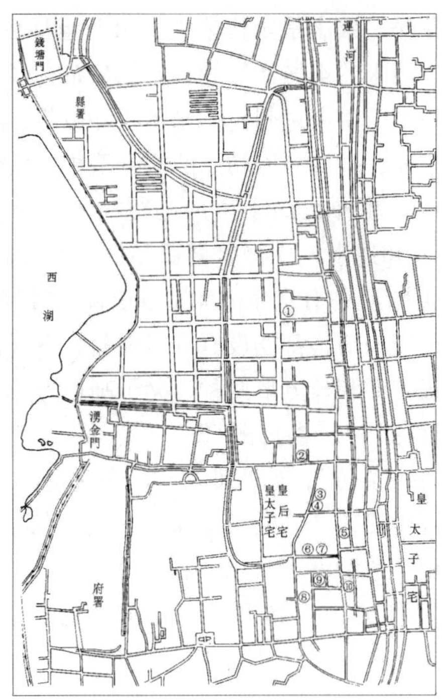

图64　南宋临安茶馆茶肆分布图

①八仙茶坊　②连二茶坊　③潘节干茶坊　④俞七郎茶坊　⑤朱骷髅茶坊　⑥王妈妈家茶肆　⑦蒋检阅家茶肆　⑧郭四郎茶坊　⑨张七相干茶坊　⑩黄尖嘴蹴球茶坊

注：本图根据斯波义信《宋代江南经济史の研究》中的《杭州城内娱乐设施详图》改绘。

"邢州富人张翁，本以接小商布货为业，一夕闭茶肆讫……客曰：张牙人在乎？我欲令货。""临川人苦消渴，尝坐茶坊"。"饶州市老何隆……尝行至茶肆。""乾道五年六月，平江茶肆民家失其十岁儿。""黄州市民李十六，开茶肆于观风桥下。""鄂州南草市茶店仆彭先者……才入市，迳访茶肆。" "福州城西居民游氏家素贫，仅能启小茶肆，食常不足。"[①]《水浒》三十三回中"那清风镇上也有几座小勾栏并茶房酒肆"等。由于茶肆茶坊遍及城乡分布广泛，至有以茶坊茶肆为县界起止标志者[②]。另南宋杭州清波门附近有"茶坊岭"，因为宋时有茶坊在焉，故以为名[③]。除了上文刚提及的单纯卖茶饮料的坊肆楼店之外，还有各种"人情茶肆，本非以点茶汤为业，但将此为由，多觅茶金耳"。[④] 由此出现了与多种社会角色、行业相关的专门茶楼，使茶与宋代市民的社会生活发生了密切的关系。

茶肆是随着饮茶在社会生活中日益普遍化而出现的一种专门行业，坊肆数量众多，人流杂处，往往体现出市民社会生活方方面面的特征，有很强的社会性和公众性。宋初灭后蜀时，后蜀宫中金银玉器书画全部被宋军收缴，"太祖阅蜀宫画图，问其所用，曰，以奉人主尔。太祖曰，独览孰若使众观邪？于是以赐东门外茶肆"[⑤]。认为挂在茶肆中就能让大众观看，可见茶肆在社会生活中接触平民的广泛性。而蔡绦述及宋代"遇禁烟节，至清明日则赐新火"与执政、侍从等杂学士以上之家，而那些所谓"快行家者，昧爽多就执政、侍从之门，茶肆民舍取火爇烛，执之以烧"[⑥]，举"茶肆民舍"以指称社会中的市民阶层，亦足可见茶肆在市民社会生活中的代表性。

太祖赐蜀宫画给茶肆，表现了他与民同乐的某种姿态，从而也成为茶

---

① 分见《夷坚志》乙志卷七《布张家》，支庚卷八《道人治消渴》，志补卷二《何隆重拾券》，丙志卷十《茶肆民子》，支乙卷二《茶仆崔三》，支庚卷一《鄂州南市女》，支癸卷八《游伯虎》。

② 《琴川志》卷二《县界》："第二界：跨塘桥街西，直上西何家桥、丁家茶坊，入寿安坊街西，止西子游巷……"

③ 《西湖游览志》卷三《南山胜迹·茶坊岭》。

④ 《梦粱录》卷一六《茶肆》。

⑤ 《后山丛谈》卷三。

⑥ 《铁围山丛谈》卷五。

肆“插四时花，挂名人画，装点店面”，“所以勾引观者，留连食客”[①]，“所以消遣久待”[②] 经营手法的始俑。此种经营手段在茶肆中的运用，早在宋太祖赐画茶肆时就有，而不必如《梦粱录》《都城纪胜》中所说，原为汴京熟食店所用，后来才为杭州茶肆所用。吴自牧等为南宋末年人，对北宋初年汴京的事可能不甚了解。

除了用名人字画装饰店面外，茶肆还经常“敲打响盏歌卖”[③]，或鼓乐吹曲卖茶，经营手段比较丰富。

茶肆除了经营茶饮，或为其他行业提供场地和多收费的由头外，还会随着时节经营一些其他物品。如《东京梦华录》卷二记汴京潘楼东街巷的“茶坊每五更点灯博易买卖衣服图画领抹之类，至晓即散”。叶梦得《石林记》：“余绍圣间春官下第，归道灵壁县，世以为出奇石。余时正病中，闻茶肆多有求售。”南宋杭州“自旧夕冬孟驾回……天街茶肆渐已罗列灯球等求售，谓之灯市，自此以后，每夕皆然”。[④] 说明茶肆在元宵节前亦同时经营灯市。

茶坊里的服务人员称作茶博士。宋代杭州茶肆还有一些自己行业性的术语，当时称茶博士市语。如每日所收茶钱，不直接说得了多少钱，而是说到了什么地方，也就是以杭州至某地的道里远近来隐喻钱数。比如说“今日到余杭县”，就是一日赚得四十五钱，因余杭至杭州是四十五里，若说“走到平江府”，就赚足了三百六十钱[⑤]，等等。

丰富多彩的经营手段，一专多业的经营领域，为茶肆招徕了众多的顾客，各色人等聚集茶肆展现人情世态，也给茶肆带来了多姿多彩的社会生活。

由于茶肆与社会生活的关联度甚大，故而茶肆中往往展示了社会的众生相，有很多事情都是以茶肆为背景，或者就是在茶肆中发生。如释文莹《玉壶清话》卷六记范质在为后周太祖启用前在茶肆中与陋鬼奇遇，因而受教，执政后首议刑典。又如《老学庵笔记》记秦桧孙女崇国夫人走失

---

① 《梦粱录》卷一六《茶肆》。

② 《都城纪胜·茶坊》。

③ 《梦粱录》卷一六《茶肆》。

④ 《武林旧事》卷二《元夕》。

⑤ 《万秀娘仇报山亭儿》，见《警世通言》卷三七。胡士莹说本篇就是钱曾《也是园书目》著录的宋人词话《山亭儿》，见《话本小说概论》上册，中华书局1980年版，第231页。本篇中茶博士的市语走州府以杭州为基地，也可作为此篇为宋人词话的一个证据。

所豢养的一只狮猫，立限访求。临安府“乃赂入宅老座，询其状，图百本于茶肆张之”，等等。宋明话本中很多宋代故事都提到人们怎样从茶肆中探知茶肆当地的事情、人物的情况，不少故事甚至直接从茶肆中开始发生。如《赵伯升茶肆遇仁宗》说的就是赵旭在茶肆遇到微服私行的宋仁宗，因应对称意而得美官；《鬼董》讲秀才樊生央王老娘做冰人为他介绍娶亲对象，王老娘就到她时常出入的茶肆为他寻找；《闹樊楼多情周胜仙》讲述周胜仙、范二郎在茶坊一见钟情，周以挑剔茶水为由，介绍自己的身世，暗示爱慕之情，一出爱情故事便从茶坊开始，等等。说明宋代社会不同阶层的男男女女都在茶肆中活动、交往。

由于茶肆茶坊中往来人众巨大，流动性强，使得它成为消息传播的重要场所。如《水浒》第三回何进在茶坊里向茶博士打听经略府，第十八回何涛问茶博士值班押司，而官府要缉拿晁盖等人的机密也是在茶坊里走漏等。茶肆传播信息的职能满足了信息交流不方便的古代社会消息传播的需要，但也很容易为别有用心的人利用。南宋宝庆年间（1225—1227），权相史弥远想排逐政敌真德秀、魏了翁，谕意有敢弹劾二人者即除监察官。州县小官梁成大风闻此事，便每日坐到茶坊中肆言诋毁二人。消息传开，史相大喜，立刻擢升梁成大为言官。① 表明宋代茶肆的社会功能因利用者的用心而变得很复杂。

二　诸种茶肆

1. 茶楼教坊

“大凡茶楼多有富室子弟、诸司下直等人会聚，学习乐器，上教曲赚之类，谓之‘挂牌儿’。”②

茶与中国传统戏曲的关系历来甚为密切，两宋正值传统戏曲的初音“南戏”的形成之时，茶肆作为一个重要的消费娱乐场所，又为戏曲的传习提供了良好的场地。

2. 行业聚会处

“又有茶肆专是五奴打聚处，亦有诸行借工卖伎人会聚行老，谓之市

① 《宋季三朝政要》卷一。
② 《梦粱录》卷一六《茶肆》。

头"①，各种行业的人员常在某个茶肆聚集，茶肆因而成为诸行寻觅专业人力之处，有点像现在的专业劳务市场与同业行会。

3. 文人士大夫社交场所

"更有张卖面店隔壁黄尖嘴蹴球茶坊，又中瓦内王妈妈家茶肆名一窟鬼茶坊，大街车儿茶肆、蒋检阅茶肆，皆士大夫期朋约友会聚之处。"②

茶坊为文人士大夫提供了既正式又随意的社交场所。

4. 花茶坊与水茶坊

消费娱乐业常常和色情业结合在一起，茶肆亦不例外。在南宋杭州城，"大街有三五家开茶肆，楼上专安著妓女，名曰'花茶坊'，如市西坊南潘节干、俞七郎茶坊，保佑坊北朱骷髅茶坊，太平坊郭四郎茶坊，太平坊北首张七相干茶坊，盖此五处多有吵闹，非君子驻足之地也。"③ 妓院并不是中国古代文人忌讳的地方，如果这些地方不是经常吵闹，想必君子驻足一下也无妨。

事实也正是花茶坊的传统源远流长，至少到民国时期，人们还有将嫖妓称为"吃花茶"者。

而水茶坊则是"娼家聊设桌凳，以茶为由，后生辈甘于费钱，谓之干茶钱"的地方④，完全是以茶为幌子的色情场所。

5. 歌馆

有些茶肆虽然也为女色填满，但它却不像"花茶坊"那样纯为出卖色相之地，而更主要的是卖歌卖艺，类于艺伎。

> 诸处茶肆，清乐茶坊、八仙茶坊、珠子茶坊、潘家茶坊、连三茶坊、连二茶坊，及金波桥等两河以至瓦市，各有等差，莫不靓妆迎门，争妍卖笑，朝歌暮弦，摇荡心目。凡初登门，则有提瓶献茗者，虽杯茶亦犒数千，谓之"点花茶"。登楼甫饮一杯，则先与数贯，谓之"支酒"。然后呼唤提卖，随意置宴。⑤

① 《梦粱录》卷一六《茶肆》。

② 同上。

③ 同上。

④ 《都城纪胜·茶坊》。

⑤ 《武林旧事》卷六《歌馆》。

艺伎茶肆歌馆的消费高过了任何的茶肆包括花茶坊，至少说明当时人在买笑娱乐中还比较重艺。

6. 茶肆与书场

南宋，小说讲史成为市民喜闻乐见的文化娱乐活动形式，茶肆则为之提供了良好的场所。说话讲史者在茶肆中搭台即席开讲，饮茶者一边品茗一边听书。乾道年间，吕德卿等四人出嘉会门入茶肆，看见幅纸用绯尾贴云："今晚说《汉书》"①，便是在茶肆中讲史的说话艺人的节目预告。

由于南宋小说界出现了众多的专业艺人，有的艺人长期在某个娱乐场所表演，以至于该场所便以他的名字称呼。而茶肆亦会因其一段时间专门讲说某种话本故事而得名。如前文提到的"中瓦内王妈妈家茶肆名一窟鬼茶坊"，《一窟鬼》是宋代说话人常说的话题，可以想见王妈妈家茶肆当是有说话人讲《一窟鬼》故事而著名，乃至以"一窟鬼"名称之。又有保佑坊北朱骷髅茶坊，大概也是以有说话人讲说神怪故事而得名。② [参见图 65]

图 65　李嵩《骷髅幻戏图》

（现藏北京故宫博物院）

① 《夷坚支志》丁志卷三。

② 《梦粱录》卷一六《茶肆》。

宋代的茶肆除上述社会功能外，还有前文中提过的杭州城内的一家茶坊名“黄尖嘴蹴球茶坊”，大概是可以供茶客蹴球玩乐或观赏蹴球游戏。此外，茶肆中也常可以弈棋赌博。洪皓使金至燕京时，发现那里的茶肆和南方宋境一样兴盛，也同样开设赌局招赌。“燕京茶肆设双陆局，或五或六，多至十，博者蹴局，如南人茶肆中置棋局也。”[①] 人的劣根性使赌博的恶习在茶馆中一直延续，至清代江南，“乡镇茶坊，大半赌场”，有的地方“茶肆皆设赌具，接龙、斗虎，无肆不然”[②]。

正是因为多种多样的茶肆中有着丰富多彩令人目眩心驰的娱乐活动，它才能成为宋代社会市民们“终日居此，不觉抵暮”的社交、娱乐场所。

三　茶肆经营者

宋代茶肆生意兴隆，除却因茶肆分担了很多社会生活职能之外，茶肆经营者自身的良好素质，亦是重要的原因之一。

王明清《摭青杂说》记录了一桩发生在汴京大酒楼樊楼旁边一家小茶肆中的事。该茶肆“甚潇洒清洁，皆一品器皿，椅桌皆济楚，故卖茶极盛”。熙丰年间，有一外地李姓士人在茶肆前遇一旧知，相引就茶肆饮茶叙别情，谈到高兴处一起转到樊楼去饮酒，将一包金子忘在了茶桌上。喝到夜半酒将散时，才想起金子忘在茶肆。“李以茶肆中往来者如织，必不可根究。遂不更去询问”。过了数年，李氏故地重游，在茶楼前与同行提及此事，为茶肆主人听见，过来询及详情。问清李氏及在座者的衣着后：

> 主人曰：“此物是小人收得。彼时亦随背后赶来送还，而官人行速，于稠人广众中，不可辨认，遂为收取。意官人明日必来取。某不曾为开，觉得甚重，想是黄白之物也。官人但说得块数称两同，即领取去。”李曰：“果收得，吾当与你中分。”主人笑而不答。茶肆上有一小棚楼，主人捧小梯登楼，李随至楼上，见其中收得人所遗失之物，如伞屐衣服器皿之属甚多，各有标题，曰某年某月某日，某色人所遗下者，僧道妇人，则曰僧道妇人，其杂色人，则曰其人似商贾，似官员，似秀才，似公吏，不知者，则曰不知其人。就楼角寻得一小

---

① 洪皓：《松漠纪闻》卷下。

② 民国《钱门塘乡志》卷一《风俗》，民国《海宁州志稿》卷四〇《风俗》。

袱，封记如故，上标曰……主人开之，与李所言相符，即举以付李。李分一半与之，主人曰："官人想亦读书，何不知人如此。义利之分，古人所重，小人若重利轻义，则匿而不告，官人待如何？又不可以官法相加。所以然者，常恐有愧于心故也。"

李氏因之很受教益，王明清亦很感慨："识者谓伊尹之一介不取，杨震之畏四知，亦不过是。"有这样素质者经营的茶肆茶楼，其生意之好，当是不足为怪的。

而对于素质不好的经营者，则可通过茶肆的行会组织禁止其再从事茶肆业的服务。如《万秀娘报仇山亭儿》中在襄阳府万员外家茶坊做事的茶博士陶铁僧，因为偷了柜上的茶钱，被万员外发现后赶了出去。陶铁僧只道是"除了万员外不要得，我别处也有经纪处"。不料万员外"分付尽一襄阳府开茶坊底行院"，便再没有其他茶坊雇佣他。

第三节　茶事之社会服务

一　茶酒司

宋代社会生活活动频繁，公私宴会、红白喜事不断。为了应付日益繁多的宴会，"官府各将人吏，差拨四司六局人员督责，各有所掌，无致苟简"①。所谓四司，乃帐设司、茶酒司、厨司、台盘司，六局乃果子局、蜜煎局、菜蔬局、油烛局、香药局、排办局。

因为四司六局从事之人，"祗直惯熟，不致失节，省主者之劳"，且宋代亦有俗谚云："烧香点茶，挂画插花，四般闲事，不宜累家"，所以一般官员"府第斋舍，亦于官司差借执役"，一般"富豪庶士吉筵凶席……则顾唤局分人员"，不论在家中还是在娱乐场所或什么地方办酒筵，"但指挥局分，立可办集，皆能如仪"。

四司六局，责任有大小轻重，因而在各种筵会上，"不拘大小，或众官筵上喝犒，亦有次第，先茶酒，次厨司，三伎乐，四局分，五本主人从"，均有先后次第之分。

茶酒司所掌的职责是：

---

① 《梦粱录》卷一九《四司六局筵会假赁》。

茶酒司，官府所用名宾客司，专掌客过茶汤、斟酒、上食、喝揖而已。民庶家俱用茶酒司掌管筵席，合用金银器具及暖荡、请坐、谘席、开话、斟酒、上食、喝揖、喝坐席，迎送亲姻，吉筵庆寿，邀宾宴会，丧葬斋筵，修设僧道斋供，传语取复，上书请客，送聘礼合，成姻礼仪，先次迎请等事。①

尤其是为民庶办筵席，茶酒司主事甚多，几乎包揽了所有事情的所有过程，宜其在四司六局中次第最先。

二　茶酒厨子

茶酒司等四司六局是官府中的服务性机构，民庶亦可“于官司差借执役”。同时，市肆中也有专门的人员名“茶酒厨子”为民庶办理红白喜事、请客宴席一类的事情。

凡吉凶之事，自有所谓“茶酒厨子”专任饮食请客宴席之事，凡合用之物，一切赁至，不劳余力。虽广席盛设，亦可咄嗟办也。②

总之茶事的社会服务为庶民的社会生活提供了很大的便利。

第四节　茶会

古人曾以文会友、以诗会友、以酒会友，凡文雅物品，常可以之会友。茶饮大行其道后，文人们又开始以茶会友。最早见于文字记载的茶会当数唐时的茶宴，如吕温《三月三日茶宴序》所记③。但此茶宴乃是在传统的三月三日上巳修禊之饮时，以茶代酒而成，尚非专门正式的茶会。此外钱起也有《与赵莒茶宴》诗记叙茶会。

《太平广记》记唐代奚陟为吏部侍郎时，曾“请同舍外郎就厅茶会，

① 以上皆见《梦粱录》卷一九《四司六局筵会假赁》。

② 《武林旧事》卷六《赁物》。

③ 见《全唐文》卷六二八。

陟为主人”。但这个有二十多人的茶会却只有两只茶碗，使茶会的主人迟迟都喝不到茶，以致心情烦躁斥责下属。①

较早的正式茶会是佛门为与文人吟诗论佛而组织的，如武元衡《资圣寺贲法师晚春茶会》、刘长卿《惠福寺与陈留诸官茶会，得西字》、钱起《又尝过长孙宅与郎上人作茶会》等诗篇所记录的情况。

五代时和凝曾组织汤社：“和凝在朝，率同列递日以茶相饮，味劣者有罚，号为汤社。”② 和凝组织这种茶会的真正目的完全在于饮茶、评茶，与后来的茶会也还略有区别。

宋代的茶会，已经开始具有品饮茶汤之外的社会功能。如“太学生每路有茶会，轮日于讲堂集茶，无不毕至者，因以询问乡里消息”。③ 这茶会有类于后来的同乡会，以茶会集，互相询问了解家乡的情况。

宋代官僚们经常“会茶”，以茶饮为由会集一起，诸多趣闻轶事，便在会茶时发生。如《道山清话》记曰：“馆中一日会茶，有一新进曰：‘退之诗太孟浪。’时贡父偶在座，厉声问曰：‘风约一池萍，谁诗也？’其人无语。”

在文人们聚集的茶会上，常常还会行茶令。南宋王十朋有诗云：“搜我肺肠茶著令”，并自注云：“余归，与诸友讲茶令。每会茶，指一物为题，各举故事，不通者罚。”④

① 见《太平广记》卷二七七《奚陟》，原注“出《逸史》”。奚陟于唐德宗贞元十一年至十五年任吏部侍郎，见严耕望《唐仆尚丞郎表》，第155—157、592页。

② 《清异录·茗荈门·汤社》。

③ 《萍洲可谈》卷一。

④ 《梅溪王先生文集》前集卷四《万季梁和诗留别再用前韵》。

第八章　茶与宋代宗教生活

茶与宗教的关系包括两个方面，一是宗教界对宋代茶业与文化的贡献，二是茶饮对宗教生活的作用。同时，在宋代，茶与宗教之间还存在着一个特别的关系，那便是中国茶文化通过宗教文化的传播而传播到了海外，尤其是日本，而成为日本茶道文化的源头。

第一节　宗教对宋代茶业的贡献

一　佛教与宋代名茶

宋代最有名的茶当然是北苑茶，由于其大量的进贡与赏赐而名贯两宋，但其数量一直不过五六千斤，即使加上建州当地其他园焙所贡的腊茶最多时也不过二十万斤左右，在宋代数以千万计的茶叶生产与消费中仍可谓是沧海一粟，对于崇尚名茶好茶的宋代茶叶消费来说，是远远不够的。需求往往能引导生产，作为北苑名茶补充的，是全国各产茶区都出现了各自地方性的名茶，而其中很多名茶是由佛教僧侣栽培的。

俗云：高山出好茶，又云：天下名山僧占多，佛教僧侣与茶在地理上便有了一种自然的亲近。而且传说中茶与佛教还有着极深的渊源关系，印度僧人菩提达摩于公元475年来到中国，在嵩山面壁九年，终于大彻大悟，得道成佛，成为中国禅宗的开山祖。日本茶道界相信达摩亦是茶的始祖。

达摩在九年面壁期间，由于疲乏的关系，他终于感到难于不闭眼而陷入错沉状态，绝望之余，他终于将他的眼皮撕下，弃置地上。说来也不免有些神奇的是，他眼皮弃置之处，竟然冒出一棵有绿叶闪闪发光的灌木。后来，前来坐在这位伟大导师足前向他学修“圆智”

> 的弟子们，也在长久坐禅当中感到了眼皮的魔障。最后，他们终于将由这位祖师眼皮长成的那棵小树的叶子弄来煎汁饮用。说来奇怪，这种汁液颇有神力，居然能使他们的眼皮不闭而保持心灵的清明。这成了最早的茶。①

这种传说几乎没有一丝靠得住的成分，但禅僧们对于茶的热情却是不争的事实，这热情使得宋代佛教寺院里名茶辈出。

僧侣种茶的最早记录，相传是西汉吴姓僧人法名理真者在四川蒙顶所种蒙顶茶。南宋象之《舆地纪胜》卷一四七记："西汉时有僧从岭表来，以茶实植蒙山，急隐池中，乃一石像。今蒙顶茶擅名，师所植也，至今呼其石像为甘露大师。"明曹学佺《蜀中广记》卷八五记曰："昔普惠大师生于西汉，姓吴氏，挂锡蒙顶上清峰，中凿井一口，植茶数株，此旧碑图经所载为蒙山茶之始。"虽然明清学者即对甘露大师为西汉僧人的身份有所质疑与探讨②，但其植茶蒙顶之事自南宋后期以来却为人们深信。

寺院僧侣种茶，历来便同时具有宗教的与世俗的双重目的。其宗教的目的便是用于在佛前的供奉，其世俗的目的便是僧侣自己饮用及用于招待僧俗客人时的饮品，若再有余茶时便用于出售贩卖规利。当然世俗的目的最终还是为宗教目的服务的，这一点将在下一节中详细介绍。

《茶经》卷下《七之事》中所记南北朝时僧人释法瑶在武康小山寺饮茶、昙济道人在八公山以茶待客，都是僧人饮茶的较早的记录。至唐代寺院中僧人即已以茶供佛。开成六年（841）大庄严寺开佛牙供养，"设无碍茶饭，十方僧俗尽来吃"，"堂中傍壁，次第安列七十二贤圣画像、宝幡宝珠，尽世妙彩，张施铺列。杂色毡毯，敷遍地上。花灯、名香、茶、药食供养贤圣"③。多宝寺老僧烹茶，"先供佛祖歆"④。

寺院用茶，自唐以来常由皇帝或官府赐给，或由信徒施舍。但由于寺院用茶量较大，赏赐或施舍用茶并不能保证经常性的供给，僧侣自己种茶

---

① 《禅与茶道·茶礼》，转引自曹工化《"茶禅一味"说献疑》，见《茶文化论》，文化艺术出版社1991年版，第109页。

② 参见笔者《〈甘露祖师行状〉研究》，载《形象史学研究（2013）》，人民出版社2014年版，第161—165页。

③ 《入唐求法巡礼行记》卷三。

④ 吕从庆：《游多宝寺》，《全唐诗》卷六四四。

的情况也就较多。李咸用《谢僧寄茶》诗记录了匡山僧种茶制茶的情形：

> 匡山茗树朝阳偏，暖萌如爪拿飞鸢。
> 枝枝膏露凝滴圆，参差失向兜罗绵。
> 倾匡短甑蒸新鲜，白苎眼细匀于研。
> 砖排古砌春苔干，殷勤寄我清明前，
> 金槽无声飞碧烟。①

五代时吴僧梵川植茶供佛的行为比较特别：

> 吴僧梵川，誓愿燃顶供养双林傅大士。自往蒙顶结庵种茶，凡三年，味方全美，得绝佳者圣赐花、吉祥蕊，共不逾五斤，持归供献。②

梵川供佛之心至诚，从吴地远赴当时出产名茶之地蒙顶结庵种茶，持归供献。而后世僧侣，一般都在寺院本山种茶，宋代僧侣因而培植了很多寺院当地的名茶。

1. 杭州佛寺名茶

唐代杭州寺院即已有植茶者，陆羽《茶经·八之出》记浙西杭州“钱唐生天竺、灵隐二寺”。宋代杭州地区普遍植茶，佛寺名茶甚伙，如《咸淳临安志》卷五八《特产·货之品》载：

> 茶，岁贡，见旧志载。钱塘宝云庵产者，名宝云茶；下天竺香林洞产者，名香林茶；上天竺白云峰产者，名白云茶，东坡诗云：“白云峰下两枪新”；又宝严院垂云亭亦产茶，东坡有：“怡然以垂云新茶见饷，报以大龙团，戏作小诗：妙供来香积，珍烹具太官。拣芽分雀舌，赐茗出龙团。”又：“游诸佛舍，一日饮酽茶七盏，戏书，有云：何须魏帝一丸药，且尽卢仝七碗茶。”盖南北两山及外七邑诸名山，大抵皆产茶。近日径山寺僧，采谷雨前者，以小缶贮送。

---

① 《全唐诗》卷六四四。

② 《清异录·茗荈门·圣赐花》

王令有诗《谢张和仲惠宝云茶》：“故人有意真怜我，灵荈封题寄华门。与疗文园消渴病，还招楚客独醒魂。烹来似带吴云脚，摘处应无谷雨痕。果肯同尝竹林下，寒泉犹有惠山存。”① 到明朝嘉靖时，宝云、香林、白云、垂云诸茶，虽已不如龙井茶那么有名，但仍然还是杭州的名茶②。

2. 越州佛寺名茶

越州佛寺名茶有资寿寺日铸茶：“日铸岭在会稽县东南五十里，岭下有僧寺名资寿，其阳坡名油车，朝暮常有日，产茶绝奇，故谓之日铸。”日铸茶始出产自宋代，“日铸有名颇晚。吴越贡奉中朝，土毛毕入，亦不闻有日铸，则日铸之出，殆在吴越国除之后”。③

日铸茶品质殊异。《嘉泰会稽志》卷一七记载：“日铸茶芽纤白而长，其绝品长至二、三寸，不过十数株，余虽未逮，亦非它产可望。味甘软而永，多啜宜人，无停滞酸噎之患。”欧阳修评价：“草茶盛于两浙，两浙之品，日注为第一。”④

3. 湖州佛寺名茶

“草茶极品，惟双井、顾渚，亦不过各有数亩。双井在分宁县，其地属黄氏鲁直家也。元祐间，鲁直力推赏于京师，族人交致之，然岁仅得一二斤尔。顾渚在长兴县，所谓吉祥寺也，其半为今刘侍郎希范家所有，两地所产，岁亦止五六斤。近岁寺僧之采者多不暇精择，不及刘氏远甚。”⑤

4. 建州佛寺名茶

福建路“产茶州军诸寺观园圃，甚有种植茶株去处”⑥，而建安能仁院茶殊为有名，且因为大茶艺家蔡襄的故事得以传之久远：

> 蔡君谟善别茶，后人莫及。建安能仁院有茶生石缝间，寺僧采造，得茶八饼，号“石嵓白”，以四饼遗君谟，以四饼密遣人走京师，遗王内翰禹玉。岁余，君谟被召还阙，访禹玉，禹玉命子弟于茶笥中，选取茶之精品者，碾待君谟。君谟捧瓯未尝，辄曰：“此茶极

---

① 《全宋诗》卷七〇六。

② 参见田汝成《西湖游览志》卷四《南山胜迹·老龙井》。

③ 《嘉泰会稽志》卷一七《日铸茶》。

④ 《归田录》卷上。

⑤ 叶梦得：《避暑录话》卷四。

⑥ 《宋会要》食货三二之三。

似能仁院石嵓白，公何从得之？”禹玉未信，索茶贴，验之，乃服。①

5. 岳州佛寺名茶

岳州名茶，唐时已著，裴汶《茶述》有录，入宋以后，此地名茶赖僧侣种植得以存续。

> 灉湖诸山旧出茶，谓之灉湖茶。李肇所谓岳州灉湖之含膏也。唐人极重之，见于篇什。今人不甚种植，惟白鹤僧园有千余本，土地颇类此（北）苑，所出茶一岁不过一二十两，土人谓之白鹤茶，味极甘香，非他处草茶可比。并茶园地色亦相类，但土人不甚植尔。②

岳州地方传统名茶赖佛寺僧种植得以存续。

6. 泉州佛寺名茶

泉州南安莲花峰，有一种岩缝茶于北宋时即已著名。大中祥符四年（1011）泉州郡守高惠连到莲花峰游览后留下了“岩缝茶香。大中祥符四年辛亥，泉州郡守高惠连题”的题刻。这种茶生长在石缝间，后经南宋僧侣净业、胜因等精心培育，其名更盛。③

7. 其他

《锦绣万花谷》后集卷三五引《蛮瓯志》“惊雷荚萱草带”条云：“觉林僧志崇收茶三等，待客以惊雷荚，自奉以萱草带，供佛以紫茸香。客赴茶者，皆以油囊盛余沥以归。”三等茶都很精好。

二　宗教僧徒对茶艺的传习

佛教在中国的传播颇借文人之力，与文人有甚多的因缘关系，因而历代佛教僧徒中，皆有一些著名的文化僧，如擅天文的一行和尚、擅书草的怀素和尚、擅作诗的齐己和尚，等等。茶事也不例外，茶圣陆羽自小便是养在佛门，离开寺庙之后，终生做了居士，创设了全新的茶艺与文化。

分茶技艺在宋代极为盛行。早在五代与宋之交，便有僧徒精习。

---

① 《墨客挥犀》卷四。

② 范致明：《岳阳风土记》。

③ 李玉昆：《泉州所见与茶有关的石刻》，载《农业考古》1991 年第 4 期，第 255 页。

> 馔茶而幻出物象于汤面者，茶匠通神之艺也。沙门福全生于金乡，长于茶海，能注汤幻茶，成一句诗，并点四瓯，共一绝句，泛乎汤表。小小物类，唾手办耳。①

入宋以后，精于分茶之艺的似乎仍以佛门僧徒为上，第一编所引杨万里《澹庵座上观显上人分茶》诗就记叙了显上人高超的分茶技艺。《墨客挥犀》卷二亦记兴国寺和尚“分茶甚美”。

苏轼《送南屏谦师》云：“道人晓出南屏山，来试点茶三昧手。忽惊午盏兔毫斑，打作春瓮鹅儿酒。天台乳花世不见，玉川风腋今安有。东坡有意续茶经，会使老谦名不朽。”并有题引曰：“南屏谦师妙于茶事，自云得之于心应之于手，非可以言传学到者。十月二十七日闻轼游寿星寺，远来设茶，作此诗赠之。”②

吴则礼《同李汉臣赋陈道人茶匕诗》记录了北宋宣和年间茶筅已然盛行时陈道人仍用茶匕点茶的高超茶艺：“个中风味玉高彻，问取老师三昧舌。”③

第二节　茶与宋代宗教生活

作为一种外来的宗教，佛教在中国的传播，在不同的历史时期，凭借僧徒们勤奋与敏锐的感触，抓住了不同的社会生活重心与人们关注的兴奋焦点，利用一切可能的物品和方式，从而把握了很多的历史机缘，将佛教的影响传入中国的思想界、文化界，传入中国人的日常生活中。

茶在唐代始为人们广泛饮用，佛教亦即于此时开始在传道中利用茶饮。唐封演《封氏闻见记》卷六记曰：

> 开元中，泰山灵岩寺有降魔师，大兴禅教。学禅务于不寐，又不夕食，皆许其饮茶。人自怀挟，到处煮饮。从此转相仿效，遂成风俗。

---

① 《清异录·茗荈门·生成盏》。

② 《全宋诗》卷八一四。

③ 《全宋诗》卷一二六七。

佛教利用茶饮传道，茶饮亦借佛教之力，在本不饮茶的北方传播开来。

降魔禅师利用茶饮能使人不睡的特性传教，或许是达摩眼皮变茶叶传说形成的源头，抑或是该传说的结果。但不论其先后的顺序怎样，其本质都是一样，即佛教利用茶饮传教。

当茶饮成为普遍的日常饮料之后，人体对它的刺激作用渐渐适应，它对人的刺激效应相对减弱，佛教也并不再用它作直接的传教、修炼物品。但由于茶叶具有刺激作用又不令人昏醉，它一向不是佛门禁用的物品；另因茶为社会普遍使用，因而它仍有相当的利用价值，依然在佛教生活中起着一定的作用。

一　茶与佛教

1. 饮茶成为佛教僧徒寺居生活的一部分

所有的宗教都各具自身的种种戒律，饮食戒律常常是其中的一部分，佛教的饮食戒律是以禁欲和不杀生为主的。素食者必然有营养方面的问题，因而在欧洲的修道院中，修士们通过培植某种植物，经过加工和提炼成具有营养和某些疗效的饮品，而在中国，佛教僧徒们则径自采用了具有提神和某些疗效的茶叶。

唐时，“喝茶去”成了赵州从谂禅师的名句，赵州和尚见有僧来问禅，便问“曾到此间么?”不论回答是到与未到，都说“吃茶去”，使得“吃茶去”成为一句充满机智的话，茶便成为禅宗僧徒参禅悟道的一种凭借物。甚至说如何是和尚家风?“饭后三碗茶”①。

到宋代，喝茶则成了寺院日常生活的一部分，如《景德传灯录》卷二六载：“晨起洗手面盥漱了，吃茶，吃茶了，佛前礼拜，归下去打睡了，起来洗手面盥漱了吃茶，吃茶了东事西事，上堂吃饭了盥漱，盥漱了吃茶，吃茶了东事西事。”饮茶成了禅林制度，每天都有规定的时间用于喝茶，届时，有执事僧敲鼓聚集众僧于禅堂喝茶。这集僧喝茶之鼓，就被专称为“茶鼓”。林逋《西湖春日》诗有曰：“春烟寺院敲茶鼓，夕照楼台卓酒旗。”② 而敲茶鼓负责茶事的僧人便称为“茶头”，专门用于聚僧喝

---

① 《五灯会元》卷四“赵州从谂禅师”、卷九“资福如宝禅师”条。

② 新编《全宋诗》卷一〇六改茶为斋，并注曰：宋本作茶。此改殊无道理，考林逋诸诗，酒与茶皆对称使用，如看酒谱与读茶经等。

茶的禅堂则称为“茶堂”①。另外，寺门前还会有“施茶僧”，为往来信徒惠施茶水。茶成了僧徒日常生活中不可或缺的物品，以至于黄庭坚《䒭字颂》诗戏僧徒云：“不与一瓯茶，眼前黑如漆。”②

宋及宋以后，寺院中凡新上任的主事僧都要先请大家喝茶，然后方才上任，若有什么事，也要先请事主喝茶，然后才开始解决事情，几乎可以说是无茶不成事了。

佛门饮茶，名目甚多。一众僧徒按照受戒年限先后饮茶，称为“戒腊茶”；请所有僧众饮茶称为“普茶”；化缘乞食所得之茶则谓之为“化茶”。

僧徒坐禅，每日分六个阶段，每一阶段焚香一支，每焚完一支香后，寺院监值都要“行茶”，行茶多至四五匝，借以消除因长时间坐禅而产生的疲劳。

唐宋以来，茶礼成为丛林清规的重要组成部分，北宋宗赜禅师《禅苑清规》中有集成式体现，后文将专门论述。

2. 茶成为佛前的供品之一

佛教传入中国后，佛前一直有供品，初多为鲜花水果等，稍后供品日繁，至宋，茶汤也成为佛前供品之一。如前举吴僧梵川、觉林僧志崇等都是以上好的茶叶供佛。而到了宋代，善男信女们烧香拜佛、求神许愿时，也常以茶作为佛前的供品。洪迈《夷坚甲志》卷十四《董氏祷罗汉》记董氏夫妇“偕诣庐山圆通寺，以茶供罗汉……以求嗣”。而刘理《罗汉阁煎茶应供》、黄庭坚《以香烛团茶琉璃花碗供布袋和尚颂》③，说的也都是以茶供佛。

《百丈清规》卷二记载佛祖释迦牟尼诞日，佛寺皆以茶果等在佛前供养。“四月八日，恭遇本师释迦如来大和尚降诞令辰，率比丘众，严备香花灯烛茶果珍馐，以申供养。”

3. 助缘传道的茶汤会

茶虽已不再是传道修炼的直接用品，但仍在助缘传道中被广泛使用。南宋杭州“城东城北善友道者，建茶汤会，遇诸山寺院建会设斋，又神圣诞日，助缘设茶汤供众”④。耐得翁《都城纪胜》则记曰：“遇诸山寺

---

① 分见黄庭坚《归宗茶堂森明轩颂》《送慧林明茶头颂》，见《全宋诗》卷一〇二六。

② 《全宋诗》卷一〇二四。

③ 见《全宋诗》卷九〇九、卷一〇二〇。

④ 《梦粱录》卷一九《社会》。

院作斋，则往彼以茶汤助缘，供应会中善人，谓之茶汤会。”

4. 茶成为僧徒与文人士大夫交往的重要媒介

宋代禅宗的核心是“直指人心，见性成佛”，与宋儒倡导的“格物致知”内在精髓颇为一致。僧徒们以茶参禅，有心向禅的文人们也以茶悟禅。如朱熹《茶坂》：“一啜夜窗寒，跏趺谢衾枕”，苏轼《东轩小室即事》：“煮茗破睡境，炷香玩诗编……闻无用心处，参此如参禅”，《龟山辨才诗》：“羡师游戏浮沤间，笑我荣枯弹指内。尝茶看画亦不恶，问法求师了无碍”，黄庭坚《题落星寺》：“宴寝清香与世隔，画图妙绝无人识。峰房各自开户牖，处处煮茶藤一枝”等。① 正因为茶是文人与禅僧各自生活中一种共同的物品，因而它自然而然地出现在二者间的交往之中。从宋人的诗文中可以看到，佛教僧徒们与文人间常有茶的来往。宋祁有《答天台梵才吉公寄茶并长句》诗，石待举也有《谢梵才惠茶》诗，都是谢天台僧梵才寄茶的。佛印和尚有《题茶诗与东坡》诗，释德洪有《无学点茶乞诗》诗，黄庭坚有《寄新茶与南禅师》诗，吴则礼有《携茶过智海》诗，都是以僧徒们与文人间的茶事来往为吟咏对象。可见茶在僧徒与文人士大夫交往中被使用的频繁程度。

琴棋诗书画，经常为佛教僧徒熟练掌握，并在与文人士大夫们的交往中借用。宋代禅宗与文人们日益靠近，文人们对茶的热衷也很快使茶成为僧徒与之交往的一种重要媒介。前举僧梵才来自天台，而天台是陆羽《茶经》中出仙茗的地方，梵才本人又是个诗僧，在其访游京城的时候，诗与他所带来的天台茶，就成了他和当时许多著名文士交往的方式：“佛天甘露流珍远，帝辇仙浆待汲迟。饫罢翛然诵清句，赤城霞外想幽期。”② 梵才的诗与茶使得他与文人们广泛交往，“驰声满上京”③，当时一些著名文人如宋祁、章岷、梅尧臣、皇甫泌、元绛等人与之都有诗与茶的迎来送往唱和之作。

而当文人们具文敦请僧徒作佛会时，则出现了一种专门的文体形式：茶榜。《五百家播芳大全文粹》卷七九载有宋代茶榜十四首，如冯时行《请岩老茶榜》：“点头咽唾，何必竖佛拈花；有舌随身，各人一椀。若色

① 分见《全宋诗》卷二三八八、卷一六五三、卷八〇七、卷一〇〇六。

② 宋祁：《答天台梵才吉公寄茶并长句》，见《全宋诗》卷二一七。

③ 孔洵：《送梵才上人归天台》，见《全宋诗》卷六七一。

若香若味，直下承当；是贪是嗔是痴，立时清净。”内容都是有关饮茶、参禅、悟禅的，言语精妙，充满机锋、禅意。

文人们经常燕游林下，僧侣们常以茶为介，与燕游中的文人士大夫们交往。名山大川中的石刻，记录了他们的茶往来。“嘉定甲申春，郡守胡榘仲方劝耕东郊，峻事同至鼓山……长老自镜瀹茗于半山亭。”“淳祐甲辰重阳日，郡别驾杨临邛杨选约……乡僧德静来游鼓山之灵源洞……汲泉烹茗于此。”①

5. 茶是寺院经济的重要构成部分

古时寺院常是人们行走驻息之所，住宿、饮食皆有供应，彭乘《墨客挥犀》卷二记开封“兴国寺，和尚……分茶甚美”，一日与朋友过去享用，却因忘了带钱无法会账，只好落荒而逃。可见寺院供人茶饮取钱，茶钱是寺院收入的一部分。

在茶法森严的时期，有些寺院僧徒将所种茶冒法私贩规取厚利，如福建路寺观多有种植茶叶者，不少寺院里的僧徒往往“妄作远乡馈送人事为名，冒法贩卖”②。

二　茶与道教

1. 以茶显神迹

作为一种土生土长，又借鉴了佛教很多东西的道教，其自身的神系与理论可以说一直都未能完善，而其传道的主要方式仍然是较原始宗教所采用的显神迹的方法，并且常常是道教中有名的神仙或方士，以常人一般不易容忍的疾病与污秽去考验一个人的“道心”后，显现出超凡的神迹，然后或接引超度那有“道心”者到神仙世界，或实现其在俗世的某些心愿。

道仙显神迹的地方，或在山林，或在闹市。宋以后，茶坊茶肆既身处闹市同时又是人们熙来攘往之处，因而亦被选作道仙显神迹的场所：

> 京师民石氏开茶肆，令幼女行茶。尝有丐者，病癞，垢汙蓝缕，直诣肆索饮。女敬而与之，不取钱，如是月余，每旦，择佳茗以待。

① 《闽中金石略》卷五，《胡榘等题名》《杨选题名》。

② 《宋会要》食货三二之三。

其父见之，怒（不）逐去，笞女。女略不介意，供伺益谨。又数日，丐者复来，谓女曰："汝能啜我残茶否?"女颇嫌不洁，少覆于地，即闻异香，亟饮之，便觉神清体健。丐者曰："我吕翁也。汝虽无缘尽食吾茶，亦可随汝所愿，或富贵或寿（考）皆可。"女，小家女，不识贵，止求长寿，财物不乏。既去，具白父母，惊而寻之，已无见矣。女既笄，嫁一管营指挥使，后为吴燕王孙女乳母，受邑号。……石氏寿百二十岁。①

因为未能容忍吕洞宾的全部污秽，未能尽食其茶而未能得道成仙，却也富寿双全。

又如《夷坚乙志》卷一《小郗先生》记"李次仲与小郗先生游建康市，入茶肆，见丐者蹒跚行前，满股疮秽"，李固请小郗先生为治，小郗先生很快就将其治愈，"市人争来聚观，郗于众中逸去。李急追访之，不及矣"。也是在茶肆中行神迹。

2. 在圣位前供茶

宋代信道教的人们与信佛者在佛前供茶一样，也在道观里三清等神像前供茶。洪迈记绍兴二十二年正月，江东兵马钤辖黄某在池州天庆观设醮，"所供圣位，茶皆白如乳"②，便是设醮获得灵验。而王巩所记："潘中散适为处州守，一日作醮，其茶百二十盏，皆乳华。内一盏如墨，诘之，则酌酒人误酌茶盏中。潘焚香再拜谢过，即成乳华。僚吏皆敬叹。"③则既记录了道教生活中亦以茶作供奉，同时又为道家神灵显神迹提供了一次大好机会。

3. 以茶迎神诞

道教的神系借鉴佛教，但又与佛教不同的是，它经常援引地方神或名人死后得道成仙进入神系。而在一些地方神祇的诞日，民间也会举行一些模仿佛教的仪式，其时也会用到茶，如每年的"九月初一日，湖州市遇土神崇善王诞日，亦有童男童女迎献茶果，以还心愫"④。

---

① 洪迈：《夷坚甲志》卷一《石氏女》。

② 《夷坚丁志》卷八《赵士遏》。

③ 王巩：《随手杂录》。

④ 《梦粱录》卷一九《社会》。

第三节　《禅苑清规》与丛林茶礼

唐百丈怀海（720—814）禅师有感于禅宗“说法住持，未合规度，故常尔介怀”[①]，因而别创禅林，改变禅僧寄居律院的局面，并且大约在自唐顺宗至宪宗的十几年间（805—814）制立禅门共居规约《禅门规式》，在戒律方面完成了中国化的转变，从制度上保证僧团的管理与发展。至北宋崇宁二年（1103）宗赜禅师于住真定府十方洪济禅院时，因为“丛林蔓衍，转见不堪；加之法令滋彰，事更多矣”，因而“随机而设教”，更为详细地制立规范——《禅苑清规》——这也是新禅律首次命以“清规”之名。

《禅苑清规》是现存可见最早的完整丛林清规，对宋元时期寺院制度礼仪的发展有着重要影响，是研究宋元及以后中国佛教的重要材料。此后诸家清规或据《禅苑清规》编撰，或者直接受其影响，或者都有直接引录其文者。日本入宋僧永平道元禅师所编撰的《永平清规》亦直接受《禅苑清规》的影响。故《禅苑清规》可称为后世清规之蓝本。

《禅苑清规》中备载丛林诸般茶礼茶会，是宋元以来丛林茶礼之源泉与根本，从中可见丛林茶礼的全貌。

一　清众为丛林茶礼之根本

整部《禅苑清规》从“受戒”“护戒”开始，因为“参禅问道，戒律为先”，并言“受戒之后，常应守护。宁有法死，不无法生”，并引《妙法莲华经》文：“精进持净戒，犹如护明珠”[②]，讲述持戒守规的重要，以表明撰者宗赜禅师对于所述禅苑清规的看重[③]。

丛林茶礼自禅僧入院挂搭开始。新到僧“具威仪，袖祠部，于堂司相看”，带着度牒、言行举止庄重合宜得体，到堂司相见。由行者报知维那，维那见僧，“相见各触礼三拜”。寒暄，呈报度牒。然后吃茶。吃茶

---

① 《景德传灯录》卷六《洪州百丈怀海禅师》附《禅门规式》，顾宏义《景德传灯录译注》第1册，上海书店2010年版，第428页。

② 《妙法莲华经》卷第一《序品第一》。

③ 《禅苑清规》卷一《受戒》《护戒》，参见苏军点校本《禅苑清规》，中州古籍出版社2001年版，第1、2页。以下引用《禅苑清规》，只注卷序、具体篇目及页码。

罢，再行一番人事，完成挂搭[1]。甚至在“尊宿入院”之仪规中，新主持人入院制度亦同于新到僧，在遇迎接有“请就座茶汤”时，“不可卸包”，于三门下烧香法语，后到僧堂解包洗脚，于维那处行礼挂搭[2]。

挂搭讫，“新到归寮，寻寮主云：新到相看。见寮主各触礼三拜”，行茶礼。接着，“新到于圣像前次第立定，问讯讫，巡寮罢。乃寻寮中首座相看，各人触礼三拜”。再接着就要去拜见堂头和尚：

> 乃上堂头看侍者（未用作礼）云：“新[3]到礼拜和尚，相烦侍者咨报。”（如堂头人客相看，或歇息，即延客茶汤。如无阻节，便可引领。即未用点茶）

见到住持和尚，则行礼参拜，寒暄起居，行茶礼。接着拜见侍者、库司、书记、藏主、知客，“略叙寒暄”。当天如果浴堂开放，“如浴主有煎点，即看浴主”，如果浴主有茶汤招待，则去浴堂。

《禅苑清规》要求新到僧在刚到寺院的“三日内常在寮中及僧堂内守待请唤茶汤，不得闲游，免令寻觅”。[4] 因为寺院对于新到僧的茶汤礼是非常隆重的，所谓“新到茶汤特为，礼不可缺”。[5] 从库司诸头首迎待新到僧的茶礼可以看到新到茶礼的隆重：“库司诸头首迎待新到之礼：早晨茶，斋后茶，放参汤，并烧香一炷。如晚间，不请吃汤。斋后茶了，就座点汤。”[6] 而最基层的头首——寮主、寮首座的职责之一，就是要为新到僧举办专门的茶汤礼：“挂搭新到，茶汤特为。”而如果有很多事务，“新到茶汤特为”程序也可以相对减省，“一香一药一茶而已”[7]。

新到僧如果刚到寺院不久就想离开，也有一定的法规：“若欲起离，须守堂仪半月，并点入寮茶讫，或圣节上殿罢。临行告白寮主并上下肩，方可前去。”[8] 从中可以看到，新到僧入寺，还有一种茶礼，为

---

① 卷一《挂搭》，第5—6页。
② 卷七《尊宿入院》，第93页。
③ “新”原本为“亲”，苏军未出校，按理当为新到之“新”。
④ 以上并见卷一《挂搭》，第6—7页。
⑤ 卷三《书状》，第40页。
⑥ 卷五《知事头首点茶》，第65页。
⑦ 卷四《寮主寮首座》，第53页。
⑧ 卷一《挂搭》，第7页。

“入寮茶”。

新到僧人入寺后首先要习熟的是赴茶粥与赴茶汤之礼，以使出堂入堂、上床下床、行受吃食、取放盏橐等行动举止，皆具威仪详序。“或半月堂仪罢，或一二日茶汤罢”[①]，新到僧人才可入室请因缘，可见粥饭之法与茶汤之礼之习熟在丛林生活中的重要。以本书所关注的茶礼来看，“院门特为茶汤，礼数殷重，受请之人不宜慢易”。[②] 其具体的仪礼轨范包括了应邀参加茶会茶礼的每一个程序步骤的行为举止。

1. 受请。在受到邀请参加特为茶会时，一定要弄清茶会的地点顺序：“既受请已，须知先赴某处，次赴某处，后赴某处。”

2. 闻鼓板赴集。听到举办茶会的茶鼓板声后，及时到达茶会场所，明记自己的座位照牌，随首座依位而立，在住持人或行法事人揖座后，安祥就座：“闻鼓版声，及时先到。明记坐位照牌，免致仓遑错乱。如赴堂头茶汤，大众集，侍者问讯请入，随首座依位而立。住持人揖，乃收袈裟，安详就座。弃鞋不得参差，收足不得令椅子作声，正身端坐，不得背靠椅子。袈裟覆膝，坐具垂面前。俨然叉手，朝揖主人。常以偏衫覆衣袖及不得露腕。热即叉手在外，寒即叉手在内。仍以右大指压左衫袖，左第二指压右衫袖。”

3. 在行法事人烧香问讯时，要恭谨致礼。如果是住持人所请茶会，由侍者代行法事时，应非常恭谨地对待侍者：“侍者问讯烧香，所以代住持人法事，常宜恭谨待之。”

4. 饮茶吃药时要举动安详，不得出声。“安详取盏橐，两手当胸执之，不得放手近下，亦不得太高。若上下相看一样齐等，则为大妙。当须特为之人，专看主人顾揖，然后揖上下间。”

“吃茶不得吹茶，不得掉盏，不得呼呻作声。取放盏橐，不得敲磕。如先放盏者，盘后安之，以次挨排，不得错乱。”

“左手请茶药擎之，候行遍相揖罢方吃。不得张口掷入，亦不得咬令作声。”

5. 谢茶退席时，俱要行为安详，致礼恭谨：“茶罢离位，安详下足，问讯讫，随大众出。特为之人，须当略进前一两步问讯主人，以表谢茶之

---

① 卷一《请因缘》，第 15 页。

② 卷一《赴茶汤》，第 13 页。

礼。行须威仪庠序，不得急行大步及拖鞋踏地作声。主人若送，回身问讯，致恭而退，然后次第赴库下及诸寮茶汤。”

在参加各种丛林茶会的所有步骤过程中，赴茶汤客人都不得随意说话嬉笑：“寮中客位并诸处特为茶汤，并不得语笑。”①

按：《禅苑清规》将新到僧入院之礼规置于众规之首，这与此后所出宋元诸清规皆不同，与后世名头至大的元《敕修百丈清规》之眼光向上看，特别不同，表明了宗赜禅师对于丛林“清众”的重视，以及他对丛林根本之所在的清醒认知。

不过，后世特别是元代清规《禅林备用清规》《敕修百丈清规》将“圣节升座讽经”“旦望祝圣升座”“藏殿祝圣讽经”“朝廷祈祷”放在整部清规之首，也是有其历史缘由的。宋代实行十方丛林制度，从中央到地方的各级政府掌控了十方寺院（乃至子孙制寺院）住持的任命权，故而禅僧自我认识到住持的职责之一就是“官请梵修，盖为祝圣延寿”②，禅僧应为“壮祖域之光辉，补皇朝之圣化”而修为③，并且在丛林日常仪礼中已经开始有意识地向皇权示好，如在《禅苑清规》中已经可见几处念诵中对于皇权和帝王的祝诵。如卷二《念诵》：“初三、十三、二十三念：皇风永扇，帝道遐昌；佛日增辉，法轮常转。”而到了南宋地方财政日益困窘时，地方官经常出卖寺院主首职位，这影响了寺院住持风气，如同南宋陈庆勉的议论：“近年以来，僧不以戒行任住持，惟以奔竞争住持耳。”④《敕修百丈清规》将“祝厘”置于整部清规之首，可见南宋以来的奔竞之风日趋甚盛，并已经形成定规。

二　四节茶会为丛林茶礼之盛典

四节：结夏、解夏、冬至、新年，是宋代禅宗寺院最重要的节日，于此时所举行的茶汤礼，是寺院最重要的仪式、礼节。南宋末金华惟勉《丛林校定清规总要》云：“丛林冬夏两节最重，当留意检举。”⑤从中可

---

① 以上并见卷一《赴茶汤》，第13—14页。

② 卷七《尊宿住持》，第94页。

③ 卷八《龟镜文》，第100页。

④ 陈栎：《定宇集》卷九《通守陈公（庆勉）传》，文渊阁《四库全书》本。

⑤ 惟勉：《丛林校定清规总要》卷下《十九月分需知·十一月分》，蓝吉富主编《禅宗全书》第82册，台北文殊文化有限公司1990年版，第51页。

以看到宋代禅寺完整的茶会仪式礼节。（按：本书主要探讨茶礼，于汤礼不做论述，礼仪不可分处偶及之而已）

四节茶会，共举行三日。由堂头和尚、库司和首座先后主办。地点均在僧堂，又称云堂。但也偶有例外，如冬至日住持所办茶会，在方丈举行。

夏安居是丛林最重要的集中修行生活，结、解之礼至为隆重，宗赜叙之甚详。以下以结夏茶礼为例，叙述共举行三天的四节茶会程序。

第一日，结夏前一日举行茶汤会，“四月十四日，斋后，挂念诵牌。至晚，知事豫备香花法事于土地前集众念诵……知事预令行者祗候，才闻略声法事，即使打鼓。堂司预设戒腊牌，香花供养（在僧堂前设之）。次第巡堂就位坐，知事一人行法事（本合监院行事，有故即维那代之）。念诵已前先写榜，呈首座请之”。其榜云：“库司今晚就云堂煎点，特为首座、大众，聊表结制之仪。伏冀众慈，同垂光降。库司比丘某等敬白。”

第二日，四月十五日正节当日，粥前，知事、头首、小师、法眷先来方丈内人事，升堂罢，知事、首座大众依次礼拜住持。再依法礼拜知事、首座等。住持人入堂烧香，答拜巡堂。住持人出堂，首座已下礼拜、致语，各自归寮。住持人从库堂起巡寮次第，大众相随，送至方丈，大众乃退，再“众僧各行，随意人事”后，即行结夏茶礼。“堂头、库司、首座次第就堂煎点。然后堂头特为知事、头首，请首座、大众相伴”。

第三日，四月十六日，“库司特为书记、头首已下，请首座、大众相伴。然后首座就寮，特为知事、头首，请众相伴。自余维那已下诸头首、退院长老、立僧首座，特为知事、头首，就本寮煎点”①。

解夏礼仪大致同结夏，只不过在头一日举行的是汤会。“七月十四日晚，念诵煎汤。”

七月十五日正节当日，“升堂、人事、巡寮、煎点，并同结夏之仪。唯榜、状词语不同而已”②。根据卷五《僧堂内煎点》，解夏茶汤会亦是由堂头、库司、首座次第就堂煎点，只是茶汤榜状的结、解用语略为不同而已。

《禅苑清规》中对于行脚僧人在结夏、解夏时的行为亦有所规定，即

---

① 以上并见卷二《结夏》，第22—23页。

② 以上并见卷二《解夏》，第25页。

结夏时："行脚人欲就处所结夏，须于半日前挂搭。所贵茶汤、人事不至仓卒。"[①] 与解夏时的"众中兄弟行脚，须候茶汤罢，方可随意（如有紧急缘事不在此限)"。[②] 都是为着不妨碍结、解二节的茶礼、人事，可见看重。

冬至茶礼亦是三日茶汤。"节前一日，堂头有免人事，预贴僧堂前，至晚堂内库司点汤。"冬至当日，"堂头就僧堂煎点"，次日，住持人"方丈内特为知事、头首，请大众相伴"，再次日，"知事就库司特为首座已下煎点，首座、维那以次煎点，各就本寮特为"。所用茶汤榜状与结夏同，唯改"聊表结制之仪"为"聊表至节陈贺之仪"。

新年茶礼尽同于冬至茶礼，唯所用茶汤榜语为"聊表改岁陈贺之仪"[③]。

四节茶会，是寺院住持人及知事、头首（《禅苑清规》常称之为堂头、库司、首座），即寺院管理层和带领大众修行的高僧，分别为下一级职级者或首座和大众举行的茶会盛典。从举办的地点来看，分为两大类，一是住持人（常称堂头和尚）在方丈（又称堂头）举办，称为堂头煎点；二是住持、知事、头首在僧堂（或称云堂）举办，称为僧堂内煎点。其程序礼仪基本相同，只是在请客步骤略有差异，以下以僧堂内煎点为例，叙述四节茶会的程序礼仪。

1. 茶榜请客

丛林茶会请客，用茶榜状[④]，先由请客主人、堂头（侍者代）、库司、首座专呈特为人礼请之后，再贴于僧堂门颊，礼请大众。"堂头、库司用榜，首座用状，令行者以箱复托之。侍者或监院或首座呈特为人礼请讫，贴僧堂门颊。(堂头榜在上间，若知事、首座，在下间)"

书写茶榜状，是书状（一云书记）的专门职任之一，且自有专门书仪："新到茶汤特为，礼不可阙。院门大榜、斋会疏文，并宜精心制撰，如法书写。"[⑤] 如堂头、库司、首座结夏茶榜状格式分别如下。

---

① 卷二《结夏》，第22页。

② 同上。

③ 以上并见卷二《冬年人事》，第26页。

④ 按：住持人于方丈举行的堂头煎点请客则不用茶榜，而是由侍者专门于所请客人处礼请："煞茶诸事已办，子细请客。"侍者去请客人，"于所请客，躬身问讯云：'堂头斋后特为某人点茶，闻鼓声请赴。'问讯而退。礼须矜庄，不得与人戏笑"。见卷五《堂头煎点》，第59页。

⑤ 卷三《书状》，第40页。

堂头结夏茶榜云："堂头和尚今晨斋退，就云堂煎点，特为首座、大众，聊表结制之仪。兼请诸知事光伴。今月日。侍者某人敬白。"

库司结夏茶榜云："库司今晨斋退，就云堂点茶，特为首座、大众，聊表结制之仪。伏望众慈，同垂光降。今月日。库司比丘某甲敬白。"

首座结夏茶状云："首座比丘某，右某启取今晨斋后，就云堂点茶，特为书记、大众，聊表结制之仪。仍请诸知事。伏望众慈，同垂光降。谨状。月日。首座比丘某状。封皮云：状请书记、大众。首座比丘某甲谨封。"

2. 鼓板集客

至茶会时，在各项准备工作俱齐，如"准备汤瓶（换水烧汤）、盏橐茶盘（打洗光洁）、香花、坐位、茶药、照牌"，"照管香炉位次，如汤瓶里盏橐办，行者齐布茶讫（香台只安香炉、香合，药榇、茶盏各安一处）"，即打鼓集客。若住持人茶会，则由侍者礼揖请众客入僧堂，"首座已下，次第进前，依照位立"。然后请住持人到僧堂，待宾主立定，"侍者于筵外东南角立，略近前问讯揖客坐"①。

而若监院或首座茶会，则由"监院或首座于方丈礼请住持人，长版后众僧集定，入堂烧香，大展三拜，巡堂请众。斋后堂前钟鸣，就坐讫"。

3. 问讯烧香

众人就坐，行法事人问讯烧香（住持人茶会则由作者代行）。"行法事人先于前门南颊朝圣僧②叉手侧立，徐徐问讯，离本位，于圣僧前当面问讯罢，次到炉前问讯，开香合，左手上香罢，略退身问讯讫，次至后门特为处问讯，面南转身，却到圣僧前当面问讯，面北转身，问讯住持人，以次巡堂至后门北颊版头，曲身问讯，至南颊版头，亦曲身问讯。如堂外，依上下间问讯，却入堂内圣僧前问讯，退身依旧位问讯，叉手

① 见卷五《堂头煎点》，第59—60页。

② 关于在僧堂内煎点时，圣僧像在茶汤礼仪式中的作用以及在礼仪空间中的地位，学者已有提及，如刘淑芬《〈禅苑清规〉中所见的茶礼与汤礼》。而若在堂头煎点，因无圣僧像，烧香之仪，即大有不同："良久烧香。烧香之法，于香台东望住持人问讯。然后开合上香。（两手捧香合起，以右手拈合，安左手内，以右手捉香合盖，放香台上，右手上香，向特为人焚之，却右手盖香合，两手捧安香台上，并须款曲低细，勿令敲磕或坠地）更不问讯，但整坐具，叉手行诣特为人前问讯。（有处众坐定，侍者先在住持人边立，请坐具及请香，以表殷重之礼。今香台边向住持人问讯，乃表请香之礼意者也）转身叉手依位立。"见卷五《堂头煎点》，第60页。

而立。”

4. 吃茶

吃茶程序共有三个步骤，包括二茶一药。

第一，茶。“茶遍浇汤”，行法事人（或侍者）先至特为人面前问讯，礼请先吃茶，然后巡堂劝大众饮茶：“茶遍浇汤，却来近前当面问讯，乃请先吃茶也。汤瓶出，次巡堂劝茶，如第一翻，问讯巡堂，俱不烧香而已。”茶罢，烧香，问讯，拜圣僧，巡堂：“吃茶罢，特为人收盏。大众落盏在床，叉手而坐。依前烧香问讯特为人罢，却来圣僧前大展三拜，巡堂一匝，依位而立。”

第二，药。行药遍，先请特为人吃：“行药罢，近前当面问讯，乃请吃药也。”

第三，茶。再次行茶浇汤，先请特为人吃茶，再巡堂问讯请大众吃茶：“次乃行茶浇汤，又问讯请先吃茶。如煎汤瓶出，依前问讯巡堂，再劝茶，茶罢依位立。”

5. 谢茶

茶罢谢茶，年节茶会谢茶仪礼皆是谢住持人。

堂头煎点，由特为人谢住持：“如侍者行法事，茶罢先问讯，一时收盏橐出。特为人先起，于住持人前一展云：‘此者特蒙和尚煎点，下情无任感激之至。’又一展叙寒暄云：‘伏惟和尚尊体起居万福。’乃触礼三拜，送住持人出堂外。侍者于圣僧前上下间问讯讫，打下堂钟。”①

库司、首座茶会，则由众知事或首座谢住持人：“如库司或首座煎点茶汤了，先收住持人盏，众知事或首座于住持人前一展云：‘此日粗茶（或云此日粗汤），伏蒙和尚慈悲降重，下情不任感激之至。’又一展叙寒暄云：‘伏惟和尚尊体起居万福。’乃触礼三拜。第三拜时，住持人更不答拜，但问讯大众，以表珍重之礼。”

6. 送客

僧堂内煎点茶会结束送客时，皆是先送住持人出堂外，然后行法事人（侍者、库司、首座）再入僧堂内，上下间问讯讫，再打钟出堂外。“作

---

① 如果堂头特为煎点特为人与堂头为“平交已上，即晚间诣堂头陈谢。词云：‘此日伏蒙管待，特为煎点，下情无任，不胜感激之至。’”而后文要叙述到的众中特为煎点，如果是平交，也不当场谢茶，而是放参后诣寮谢，同堂头特为煎点平交已上谢茶礼：“如众中平交特为煎点，须当放参前后诣寮谢之。”并见卷六《谢茶》，第72页。

礼竟，送住持人出堂。行法事人再入堂内圣僧前，上下间问讯，收盏罢，再问讯，打钟出堂外。首座亦出堂外，与众知事触礼三拜。如首座特为书记，书记亦先出堂外，与首座触礼三拜而散。”①

三　职事任免茶会为丛林茶礼之常务

设职管理众僧及寺院事务，最初沿用从印度传来的“三纲”之职，即上座、寺主、维那三职，以统率大众、维持纲轨。而在《禅苑清规》中丛林制度重要的内容之一，就是僧职职责明确，礼仪俨然。

寺院住持人常从上命、外请，所以《禅苑清规》中所言基本是寺院里监院、维那、典座、直岁、首座、书状、藏主等主要知事头首的僧职职责和任免，其任免程序运作过程中，咨询确定人选及请任新知事头首之人时，都要用茶礼。而在新知事头首就任后，则要举行“三日茶汤置食持为”，接连举办三天的茶汤会，特表“贺谢之仪”。以下以请知事为例，叙述请知事头首职事任免茶会茶礼的礼仪程序。

请知事谓请“监院（有处立副院也）、维那、典座、直岁”。丛林诸知事头首一般任职一年，即自行求退，住持人即需请任新知事头首。首先是要咨询确定新任知事之人选，在某旧知事告退后，住持人：

> 先请知事、头首、前资勤旧吃茶。茶罢，住持人咨闻：某知事告退，烦大众同议，不知何人可充某知事。顾问再三，大众无语，和尚即云：欲请某人充某知事，众意如何？众允，即令侍者请某人，及某人相知，并以次当请之人。再点茶罢。

人选确定后，即请新选定的知事到咨询茶会上，即同请任。

接着新任知事与住持及众知事头首递相贺谢，“转椅子当面吃汤”后，鸣钟集众入堂告众，诸礼毕，住持以下大众送新任知事入库堂，新任维那则送入堂司，一应礼拜贺谢，“次第巡寮竟，住持、知事、头首，同共新旧知事交割钱帛、所记文簿等，或当日或来日，点茶煎汤而退”。

新知事就任，接着就是一番“聊表贺谢之仪”的特为置食煎点。“次日库司特为置食。”“次日住持人堂中特为新旧知事煎点。”堂头特为茶榜

① 以上除专门出注外并见卷五《僧堂内煎点》，第62—63页。

贴堂外上间，榜云：“堂头和尚今晨斋退，就云堂点茶，特为新旧某知事，聊表贺谢之仪。兼请首座、大众同垂光伴。今月日。侍者某敬白。”

堂头特为煎点罢，新监院入堂与首座、大众煎点。请大众茶榜令行者贴于堂外下间：“库司今晨斋退，就云堂煎点，特为首座、大众，兼请诸知事相伴。伏望众慈，特垂光降。今月日。知事比丘某敬白。”新知事自身于“斋前具箱复，托茶榜呈首座。词云：上闻首座，今晨斋退，特为堂中煎点，伏望慈悲降赴”。令行者请诸寮头首，自身就堂头礼请住持人：“今晨斋退，堂中特为首座煎点，敬请和尚与大众相伴。伏望慈悲，特赐开允。”又自请同事，入堂伴众。

又次日，“库堂内特为交代知事头首，请首座、大众相伴。然后知事、首座头首，次第特为新旧知事煎点。如副院、典座、直岁，即就库堂，维那就堂司，特为同事交代煎点（唯堂头、监院、首座入堂煎点）”。①

请头首，谓请首座、书记、藏主、知客、浴主，受礼作贺，一如请知事之法。“请同座僧众伴送入寮，住持人前两展三礼送出，与僧众触礼三拜。知客引巡寮，如知事巡寮之法。”

接下来就是“三日茶汤置食持为”。如请首座，堂头和尚就云堂煎点。茶榜云：“堂头和尚今晨斋退，就云堂点茶，特为新请首座，聊表陈贺之仪。（如有旧首座即云：特为新旧首座，聊表贺谢之仪）兼请知事、大众同垂光伴。今月日。侍者某敬白。”

次日首座却②为书记（如无书记即特为以次头首）、大众就堂煎点。茶状云：“首座比丘某，启取今晨斋退，就云堂煎点，特为书记、大众，仍请诸知事相伴。幸冀法慈，同垂光降。月日。具前位某状。”封皮云：“状请书记、大众，具前位某谨封。”仍粘在状前箱内，呈请讫，贴僧堂南颊。次请堂头入堂相伴。斋前令行者请知事、头首。

请知事头首茶会的礼仪程序全同于前文所叙僧堂内煎点之仪，所不同者，只是茶榜状的用语差别而已。

而首座以次头首，分别由堂头、维那、藏主所请，就任后煎点茶汤的场所有所不同，如：“书记、藏主、浴主、水头、街坊炭头，凡系堂头所

---

① 以上并见卷二《请知事》，第29—30页。

② 此“却”字理当为“特”。苏军未出校。

请之人，并就本寮煎点”；“堂头侍者、圣僧侍者、殿主、堂主、净头、炉头之类，并系维那所请，院门三日茶汤特为”；“藏下殿主、街坊表白，并系藏主所请，院中茶汤特为同前”。①

新知事、头首就任后，特为置食煎点茶汤三日，其礼与四节之礼一般隆重。

而下知事头首的茶会之礼亦同样郑重。

一般知事头首于执事一年外，便于方丈告求退。卸任后，旧知事“与新知事巡寮，茶汤特为罢，却与新交代旧同事，就本寮特为煎点”。②

而堂头所请诸头首，亦于方丈求退，“如堂司所请头首等，即不拘时节，于维那处解罢。藏下头首，即于藏主处解罢。六头首告退，方丈茶汤。同维那、知客等伴送入寮，两展三拜，送主人出。余但问讯而已。以次头首，合入前资寮抽解。只维那请吃茶汤，相送入寮，三日茶汤特为置食。唯寮主、寮首座无茶汤特为”③。

掌管化缘的化主④系临时之职役，虽非长任职事，但因于丛林生活之重要，其确定人选、饯行送别及归院卸任时，礼仪都甚隆重。

在确定人选时，因为化主“既离禅宇，遍诣檀门”，易为“俗士侵夺”，其“主执之人，宜奉清廉之诫矣”。故而礼请之仪亦甚隆重，“或侍者寮具州县名目，出榜召请发心，或知事、头首和会。礼请之仪，并同头首”。确定化主人选后，“特为交代煎点，询问去年事例”，将需办之事，须备茶汤人事之物，应带门状、关牒、书信，都需仔细用心一一检点。

饯行送别化主，主要是茶汤之礼：“院门饯送化主之法，伺候化主起发有日，前一日常住特为茶汤置食。至日，住持人升座饯送，兼以偈颂激发道心，送至门首，头首相伴，茶汤相别。”

化主归院，交代化缘诸事项，僧堂见大众贺谢诸礼毕，由知客引领巡堂出至方丈专门拜谢住持和尚，大展九拜，三拜云：“此者化缘得无难事，皆荷和尚道力庇庥，下情无任感激之至。”又三拜叙寒暄，又三拜而

---

① 以上并见卷三《请头首》，第 38 页。

② 卷三《下知事》，第 37 页。

③ 卷五《下头首》，第 59 页。而“寮主、寮首座无茶汤特为”或许因为寮主、寮首座系依入寮先后轮流就任，与其他头首分别由堂头或堂司所请不同。

④ 此处指外出远离寺院的化主，与卷三《监院》中监院所请之“街坊化主”不同，街坊化主游走街坊，故简称街坊，他们向信徒劝募物质等以维持寺院日常生活，依劝化物的不同，有粥街坊、米麦街坊、菜街坊、酱街坊等之别。

起。“照位吃汤，并请新旧化主或前资勤旧相伴，不过十数位而已。”接着知客引领化主次第巡寮，众寮寮主、首座待之，三日茶汤特为置食[①]。

四　僧众茶会、居常茶礼为丛林茶礼之基础

普通僧众举办的茶会，以及丛林居常生活中触处可见的日常茶礼，是丛林茶礼的基础。

（1）入寮腊次煎点。

入寮腊次煎点，为各寮僧众依腊次所举行茶会。腊次是法腊之次第，即依受具足戒年数而定之席次。寺院“众寮各造入寮牌、腊次牌各一面，逐时抽添。所贵煎点坐位及寮主先后各无差误”。[②]

入寮腊次煎点的请客步骤比较简便直接，欲办茶会的僧人只要在本寮内一次面请即可。

> 如请吃茶，寮内众僧坐定时，先烧香一炷云：“来日恭请寮主、首座、大众，特为点茶，伏望慈悲降重。”触礼三拜，巡寮问讯讫。然后当日点茶人行法事。

入寮腊次煎点茶会的程序如下：

> 煎点之法，烧香罢，从寮主为头问讯，次从首座为头问讯。问讯罢，浇茶遍，巡寮劝茶。良久，近前问讯云：“茶粗恕不换盏。”乃烧香再请，又巡寮问讯。次行药，次行茶，次劝茶。（两次烧香问讯并末后谢茶，须依头首次第。第二番劝茶，但从便简，省问讯一匝。第一番劝茶，但就上下间问讯，普同亦可也。）次谢茶云：“此日粗茶，特蒙寮主、首座、大众慈悲降重。”触礼三拜。次巡寮一匝收盏，问讯起。[③]

其谢茶与僧堂内煎点礼仪一致，入寮腊次煎点也是由茶会主人向客人中最

---

① 以上并见卷五《化主》，第56—58页。

② 见卷三《维那》，第34页。又，此处维那之职事文字，为《永平清规》卷上引用。

③ 卷五《入寮腊次煎点》，第65—66页。

尊者寮主、寮首座致谢，最不同处是一并向在座参会的“大众”——僧众致谢。

又则因于本寮举行，入寮腊次煎点与其他所有茶会茶礼不同的是没有送客这一步骤程序。

（2）众中特为煎点。

普通僧众之间特为煎点茶汤礼。

请茶法：“早晨茶，隔宿请。斋后茶，早晨请。晚间汤，斋后请。”

煎点之前，“安排坐位、香花、照牌了当。至时门首迎客就坐”，问讯、烧香。

> 行茶浇汤，约三五碗，即问讯云：请先吃茶。汤瓶出，即于特为人处问讯劝茶，收盏罢。（如不收盏，即云：“茶粗恕不换盏。”如点汤不换盏，即云：“汤粗恕不换盏。”）再烧香问讯特为人。次行药遍，即问讯云：“请吃药。”次行茶浇汤，请先吃茶并劝茶，同前。
>
> 茶罢，陈谢云：“此日点茶（或云此日煎汤）特为某人某人，茶粗，坐位不便，下情无任感激之至。”如近上尊敬之人，即大展三拜。晚间放参前后，诣寮礼谢。如已次尊敬及平交，陈谢云：“此日点茶（或云煎汤）特为某人某人，兼不合起动某人相伴。”触礼两拜，又云：“恐烦尊重，晚间更不敢诣寮礼谢。”又礼一拜，然后从相伴人一例问讯。良久，问讯收盏。次问讯离位，即先出门首送客。①

（3）众中特为尊长煎点。

僧众“特为本师及嫡亲师伯、师叔、师兄之类”煎点茶汤礼。如本寮坐位不便及妨碍众人，即借寮煎点，言句威仪诸事并如特为堂头煎点之法。（详见下条）

（4）法眷及入室弟子特为堂头煎点。

早晨具威仪，先见侍者云：“欲烦报覆和尚，斋后欲就方丈点茶②，特为堂头和尚。”侍者报讫，引见堂头，问讯展拜，近前躬身云：“今晨斋退，欲就方丈点茶，特为堂头和尚。伏望慈悲，俯赐开允。”

---

① 卷五《众中特为煎点》，第66—67页。

② 唯众中特为尊长煎点或于本寮或借寮举行。

住持人应允后，则“计会侍者安排坐位并照牌，自请相伴人。（须请大头首、近上法眷及前资勤旧相伴）斋后先上堂头，照管香火、茶药、盏橐、汤瓶，虑或失事”。

次第客集（不得打鼓集众），揖客就座。然后入方丈，迎请住持人就主位正坐。问讯，上香，转身归旧位问讯立。

行茶遍，约浇汤三五碗，近前问讯（乃请先吃茶也），退身依位立。汤瓶出（或为本师师翁煎点，即侍者浇汤，亲自下茶以表专敬也），于住持人前问讯劝茶，依位立。茶罢收盏（若自下茶者须是自收盏）。良久，伺候盏橐办，依前烧香，于住持人前大展三拜，近前躬身云：“欲延象驾，再献粗茶。伏望慈悲，特赐开允。”住持人一般辞却。候住持人收足，乃问讯转身依位立。药遍，近前问讯（乃请吃药）。复退身依位立。行茶浇汤约三五碗（或自下茶），又复问讯（乃请先吃茶也）。汤瓶出，复近前问讯劝茶，转身依位立。

候茶罢，先收住持人盏（或自收盏）。住持人前大展三拜，躬身近前云：“此日粗茶，伏蒙和尚慈悲降重，下情无任感激之至。”住持人云：“重意烹茶，不胜感激。”答拜不答拜各逐尊卑也……煎点人礼竟，又近前问讯罢，退身近西，叉手侧立。住持人离坐，珍重大众，入方丈。煎点人随后送入，问讯而退。……却依旧位而立，谢大众云：“此日粗茶，特为堂头和尚，伏蒙某人某人慈悲光伴，下情无任感激之至。”触礼三拜。次第问讯，依旧位立。

“收盏罢，问讯起送客，只至筵外一两步，以表客无送客之礼。却于侍者寮陈谢侍者。”①

普通僧众的特为煎点礼仪，更显平常化，一是请客直截当面；二是在僧寮或借方丈举行，茶会仪式空间中没有了圣僧像，其仪式更为日常生活化；三是请客之间在谢茶之际有了言语答对，使众中特为茶会增多了一层僧众之间的交流，使丛林茶礼平添生动之气。

腊次煎点、众中特为煎点之外，丛林中还有一些日常茶礼，随事而设，如：

（1）巡堂茶。

如遇公界上堂早参，众人按班入堂赴参，住持人升座，依次问讯讫，

---

①　卷六《法眷及入室弟子特为堂头煎点》，第69—70页。

“聆住持人下座，大众普同问讯，首座已下巡堂。大众立定，住持人入堂，次知事巡堂。如山门有茶，就位而坐，知事在门外。茶罢，住持人起，打下堂钟。如不点茶，知事巡堂出，祗候住持人，问讯而退”。①

（2）巡寮茶。

住持人旦望巡寮，结夏、解夏巡寮，或不时巡寮。先在堂上挂巡寮牌。“寮中寮主、首座设坐位、香花，或茶或汤，祗候住持人近，鸣版集众，于寮外次第向寮门排立问讯，参随住持人入寮。寮主烧香罢，大众问讯，或茶或汤。住持人说事讫，临起，寮主近前展坐具陈谢。如不受礼，大众问讯，相送出寮。（如非解结，旦望巡寮，即不须相送巡寮）”②

（3）浴茶。

《禅苑清规》卷四“浴主”条下，并未明言有“浴茶”，然言设浴之日，浴主需要于“斋前，挂开浴或淋汗或净发牌，铺设诸圣浴位及净巾、香花、灯烛等，并众僧风药、茶器”。表明设浴之日亦需设茶。而在卷一“挂搭”条下，言新到僧入寺，“如浴主有煎点，即看浴主”，说的是如果浴主设浴、煎点，则应前去看浴主、沐浴并赴其茶汤③。

（4）病起茶汤。

“住持人病起，升堂陈谢……巡堂礼圣僧、大众，次入方丈，点大座茶。”

“众中兄弟……病起参堂，先到堂司相看，然后上方丈人事，次第诣知事、诸头首寮，问讯堂头已下诸头首，随意茶汤，不须特为。”④

（5）客位茶汤。

“如寻常人客，只就客位茶汤。”⑤

（6）官客茶汤。

接待寺院所在本州岛太守、本路监司、本县知县等官员的茶汤礼。“官员、檀越、尊宿、僧官及诸方名德之人入院相看，先令行者告报堂头，然后知客引上，并照管人客，安下去处。”接待时：

侍者烧香讫，住持人起云：“欲献粗茶（或粗汤），取某官指挥。”如其

① 卷二《上堂》，第18页。

② 卷二《巡寮》，第27页。

③ 以上分见第46、7页。

④ 以上并见卷六《将息参堂》，第83页。

⑤ 卷四《知客》，第44页。

允许，方可点茶。如蒙叹赏，住持人但云："粗茶聊以表专，不合轻触。"

诸官入院，茶汤饮食，并当一等迎待。若非借问佛法，不得特地祇对（檀越施主）。或官客相看，只一次烧香，侍者唯问讯住持而已。礼须一茶一汤，若住持人索唤别点茶汤，更不烧香。（如檀越入寺，亦一茶一汤，不须烧香）①

（7）其他日常茶礼。

看藏经时，藏主要为僧众"准备茶汤"②。

请立僧，"次日，堂头、库下特为煎点"。③

请尊宿，专使携带文书中有"院门茶榜"④ 一项，当有煎点之礼。

尊宿受疏之后，专使特为新住持人，"先呈茶榜，次日置食点茶"。⑤

僧人迁化后，"诵戒煎汤，唱衣点茶"。《塔前十念》中有词云："茶倾三奠，香爇一炉，用荐云程，和南圣众。"⑥

尊宿迁化，外人来吊慰后，要"与丧主茶汤"。⑦

可以看到，以上种种随事而设的茶礼，涉及丛林居常生活的方方面面，它们既是丛林茶礼无处不在的具体体现，也是丛林茶礼的坚实基础。

五 小结

"丛林以茶汤为盛礼"⑧，《禅苑清规》的茶礼，从受戒出家，到上堂、念诵、小参，直至冬夏四节茶礼，诸节斋会，日常生活，直至迁化，无一不有，足见茶汤之礼在丛林生活中的隆盛。

在后出的宋元诸清规中，《禅苑清规》中茶礼的内容被不断地重复和细化。如南宋佚名《入众须知》将"茶榜式""夏前特为新到茶单状式""首座夏前请新到茶状式""茶汤榜式""首座请茶状式"等茶汤榜状的书仪形式具体开列。金华惟勉《丛林校定清规总要》更是详细绘制了《四节住持特为首座大众僧堂茶图》《四节知事特为首座大众僧堂茶汤之

① 以上并见卷五《堂头煎点》，第60—61页。

② 卷六《看藏经》，第72页。

③ 卷七《请立僧》，第89页。

④ 卷七《请尊宿》，第90页。

⑤ 卷七《尊宿受疏》，第92页。

⑥ 卷七《亡僧》，第87页。

⑦ 卷七《尊宿迁化》，第95页。

⑧ 《敕修百丈清规》卷七《方丈小座茶汤》，《禅宗全书》第81册，第94页。

图》《四节前堂特为后堂大众僧堂茶图》《诸山法眷特为住持煎点寝堂庙坐之图》《诸山特为住持煎点寝堂分手坐位之图》《特为新旧两班茶汤管待之图》《夏前住持特为新挂搭茶六出坐位之图》《夏前知事头首特为新挂搭茶八出之图》八幅茶图，同时还开列了“知事请新住持特为茶汤状式”“住持请新首座特为茶榜式”“四节茶汤榜状式”、“夏前请新挂搭特为茶单式”“头首点众寮江湖茶请目式”多种茶汤榜状单目式。直到元东林弌咸《禅林备用清规》、德辉《敕修百丈清规》，其中相关于茶礼的内容又各有继承和创新。它们与《禅苑清规》一起，为研究佛教茶礼，提供了最为翔实的历史资料。

丛林茶礼程序礼仪，对于佛教的意义，与世俗社会政治文化之间的互动关系，等等，都值得进一步深入探讨研究。

第四节　宋代佛教与茶文化往日本的传播

茶自唐代起由日本入唐僧侣最澄、空海等人于8世纪末9世纪初传入日本，日本的饮茶风气日渐浓厚。但如今成为独特文化风景的日本茶道却并不是自唐代时期的日本开始形成的，与之相关的日本茶事与文化，大约是两个多世纪之后，日本的入宋僧人，在前往日本禅宗的中国祖庭寺庙学佛时，将中国宋代茶叶、茶具以及一些茶仪传入了日本，而这些物品，在日本茶道的自身发展过程中，成为其描摹的对象，对日本茶道的形成与某些特色的出现产生了较大的影响。另外，还有一些与宋代茶艺并无关联的宋代佛教物品，因为系由与日本茶道有很深渊源关系的日本僧人的引入，也成为日本茶道中的重要茶道具。中日僧人的宗教活动极大地推动了宋代茶文化往日本的传播以及日本茶道的自我形成过程，但由于中国方面资料的缺乏，本书将主要以相关的日本僧人为线索进行叙述。

一　成寻

成寻（1011—1081）是日本藤原时平的曾孙，自七岁时入岩仓大云寺学佛，后任该寺主持。1060年成寻梦明神谕示他入宋，便立志要入宋求佛法。十二年后，他的愿望终于得以实现。宋神宗熙宁五年（1072），成寻终于获准前往中国，3月15日，他率领众弟子搭乘北宋定海孙吉的商船启程。

经明州等地到达杭州后，成寻对所见到的宋代中国的茶饮产生了浓厚的兴趣，在其日记《参天台五台山记》中不厌其烦地记录了他所见到和经历的茶事。如同年 4 月 22 日，成寻在杭州市场中见到人们用银茶器饮茶，投钱一文即可取饮。26 日成寻在有关政府衙门申请办理去天台山参诣的手续时，看见走廊上有点茶，这是成寻第一次看到与唐代煮茶法不同的宋代点茶法。三日后，杭州兴教寺住持老僧亲为成寻点茶。5 月 13 日，成寻到达天台国清寺，十多人前来迎接他并一起喝茶。18 日，成寻登上天台山最高峰，看见苦竹苍郁，茶树成林。此后连日都有诸寺院各房僧人与成寻一起点茶饮茶的记载。［参见图 66］

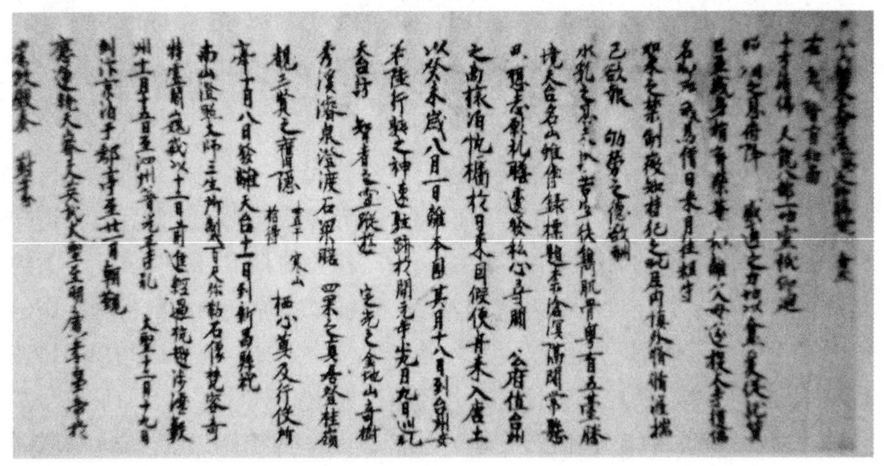

图 66　成寻《参天台五台山记》手迹

当成寻在国清寺参拜智顗大师真身时，感动得热泪盈眶。于是便想留在国清寺深究佛理。地方官员将此事上报北宋朝廷，“州以闻，诏使赴阙。……神宗以其远人而有戒业，处之开宝寺，尽赐同来僧紫方袍”。[①] 10 月 15 日，成寻在开封延和殿谒见宋神宗，神宗曾经问及日本需要中国什么物品，成寻的对答中有“茶椀（碗）”一项。后来成寻与印度僧人一

① 《宋史》卷四九一《外国传·日本》。

起斗法祈雨，结果成寻灵验，神宗钦赐其善惠大师称号。此后，成寻往来于开封与天台，行止都有饮茶、送茶事记载，与之来往饮茶的有开宝寺的文慧大师、广智大师等。熙宁六年元月十三日，神宗遣使赐物，“蒙中使赐到上元节茶果下项，成寻茶二斤、果子十楪”，成寻拜表谢之。之后又有照大师从开封回来带回好茶等的茶事记载。①

1081 年，成寻在开宝寺圆寂，未能生归日本，完成他想传习中国末茶茶艺的心愿②。虽然其弟子们后来都回到日本，但因其中并无声名卓著者，所习宋代点茶法也因之寂寂无闻，不然宋代点茶法就会早于荣西一个多世纪传到日本。

二　荣西

日本茶道始祖叶上僧正荣西（1141—1215）于 1168 年入宋，学于四明、丹丘，朝拜天台山，在浙东停留了五个月左右。1187 年，荣西第二次入宋，再登天台山拜临济宗黄龙派虚庵怀敞为师，得其单传心印，至 1191 年回日本，又在浙东停留了近四年之久。[参见图 67、图 68]

图 67　荣西像

① 《参天台五台山记》第六。

② 《日本文化小史》第 210 页。

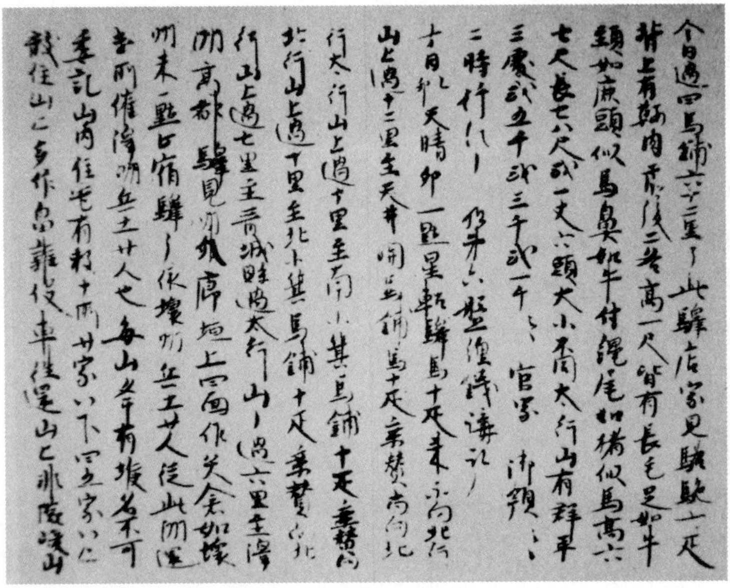

图 68　荣西入宋记录手迹

荣西在中国的学茶活动因史料的缺乏已经不得其详，但他肯定亲身体验了宋代的茶艺及饮茶的效用，并且极度渴望在日本传播茶饮及其文化。因而，自荣西归国在日本最西端九州平户岛登陆起，他就在回京都的路上一路播撒茶籽，到京都后又将茶籽送给拇尾高山寺的明惠上人，这些地方后来都成了日本最古的茶园。拇尾茶更是被人们称为“本茶”，其他地方的茶则一概被称为“非茶”，而通过品尝以区别本茶与非茶是此后室町时代斗茶的主要内容。[参见图 69]

1214 年 2 月某日，镰仓幕府第三代将军源实朝醉酒，一夜不解。作为实朝导师的荣西听说后，马上叫他住持的寿福寺进茶一碗，同时献上他所著的“誉茶德之书”《吃茶养生记》。实朝饮茶之后，顿觉体轻神爽，对《吃茶养生记》一书也大加赞赏。从此日本再度兴起了新的饮茶之风。

此番饮茶之风不同于空海等人传入的唐代的末茶煮饮法，而是宋代的末茶冲点法。饮用时先用茶勺将已经碾成末状的茶叶放入茶碗，然后冲入开水，冲入开水时用茶筅搅动茶汤，点好的茶汤表面浮着一层厚厚的茶沫，茶沫为绿色。需要指出的是，北宋自蔡襄《茶录》之后，茶色以白色为上，但入南宋以后，人们发现绿色的茶味淳味长，因而在制茶饮茶的

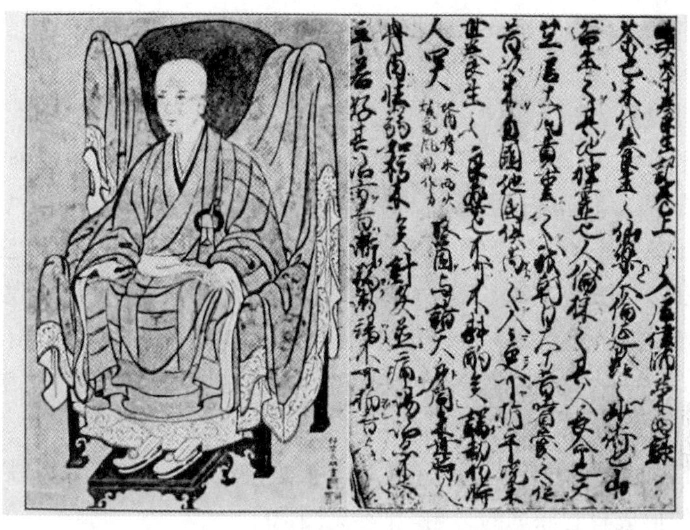

图69　荣西与其《吃茶养生记》

实践中不再固守拘泥于茶以白色为上的观念，贡茶中已以“正焙茶之真者已带微绿为佳”，至于其他各地所产的茶叶，更是“上品者亦多碧色”①。荣西入宋的主要时间都在四明天台山万年寺和天童山景德寺度过，不大有机会得到头纲、次纲的白色贡茶，所见都为绿色茶，故传入日本的也是绿色的末茶。由荣西传入的这种绿色末茶冲点法一直为后来形成的日本茶道所沿用。

另外荣西还传入了南宋的叶茶贮藏方法和贮茶器物。北宋以来饼茶是用焙笼、竹箱等箱笼贮藏的，而佛教寺庙中的自产茶大都为叶茶形式，贮藏用瓶缶。如《咸淳临安志》在引用苏轼《游诸佛寺一日饮酽茶七盏戏书勤师》诗后注道：杭州“南北两山及外七邑诸名山，大抵皆产茶。近日径山寺僧采谷雨前者，以小缶贮送”②，就是用小陶罐贮藏叶茶。从现存的实物来看，宋代大大小小陶质、金属质地的藏茶罐皆有。荣西传入的是叶茶瓶罐贮藏法，后来日本禅师道元（1200—1253）入宋学佛时，又传回日本一种小茶罐，被称为“茶入”。两种器物皆为后来的日本茶道所发展运用，小茶罐用于贮放已经碾就的末茶，大茶罐则用来长年贮放叶

① 《耆旧续闻》卷八。

② 《咸淳临安志》卷五八《特产·货之品》。

茶。前者更是成为日本现代茶道中一种极为重要的茶道具。

三　道元

永平道元（1200—1253）禅师是日本曹洞宗的创始人，曾师事荣西。荣西归寂后，师事法兄明全。1223 年入宋，往多处名刹参禅，最后在浙东天童寺如净禅师（曹洞宗第十三代祖）处开悟，受曹洞宗禅法、法衣以及《宝镜三昧》《五位显法》等。1227 年返回日本。1233 年在深草建兴圣寺，为日本最初的禅堂。1243 年，开创永平寺，后成日本曹洞宗大本山。

道元发明“默照禅”，崇尚宗教的纯粹性，主张实行更严格细密的禅院礼法，并参照宋朝宗赜禅师所制《禅苑清规》亲自制定了《永平清规》，其中对吃茶、行茶、大座茶汤等礼法仪式作了规定，对日后日本茶道礼法的形成有着深远的影响。[参见图 70]

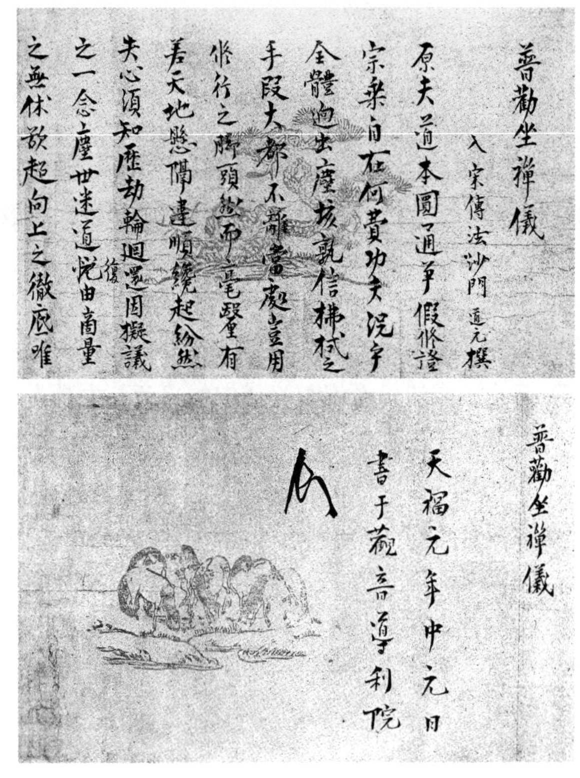

普勸坐禪儀
入宋傳法沙門道元撰
原夫道本圓通爭假修證
宗乘自在何費功夫況乎
全體逈出塵埃孰信拂拭之
手段大都不離當處豈用
修行之脚頭然而毫釐有
差天地懸隔違順纔起紛然
失心須知歷劫輪迴還因擬議
之一念塵世迷道復由商量
之無休欲超向上之徹底唯

普勸坐禪儀
天福元年中元日
書于觀音導利院

图 70　道元墨迹

道元的仆从加藤四郎随行一同来到明州等地，学习了陶瓷制作技术，归国后在濑户等地仿照青瓷和天目瓷烧制一种被称为“濑户烧”的陶器。加藤四郎后被称为日本的“陶瓷之祖”。濑户烧与备前、信乐、常滑等并存，为日本现存最古陶窑之一，具有代表性的品种有“黄濑户”“志野”“织部”等。濑户市的“赤津烧”被誉为日本六大代表性陶瓷之一。“濑户烧”陶瓷制品有茶道器具、花道器具等，在日本茶道具日本化的发展过程中有重要作用。1977 年，“濑户烧”陶瓷被指定为日本国家传统工艺品。

四　南浦绍明

日本筑前崇福寺开山大応国师南浦绍明（1235—1308），1259—1260 年入宋，先在杭州净慈寺师从虚堂智愚学习佛法，后虚堂奉诏主持径山寺，南浦也随往径山修学。1267 年，南浦返回日本。

南浦在参禅的同时，学习了径山寺的茶礼。作为受法印证，他从虚堂禅师处得到了一张台子。这张台子先在崇福寺放置，后传入京都大德寺，大德寺的梦窗国师（1276—1351）首次使用这台子点茶，开了日本点茶礼仪的先河，因为台子的使用是日本点茶礼仪开端的关键。

另外，据说南浦同时还将中国的七部茶典一起带回了日本，其中《茶道轨章》《四谛义章》两部为后人合并抄为《茶道经》，现代日本茶道所信奉的和、清、静、寂四规就来源于其中。①

五　园悟克勤

临济宗杨歧派大师园悟克勤（1063—1135），是径山寺第十三代住持宗杲的师父。克勤并未在宋代对中日茶文化交流起到直接的作用，但他在 1128 年写给另外一名大弟子虎丘绍隆的受法印证墨迹，在 300 多年后却成了日本茶禅一味之茶道的重要茶道具。

克勤的这份墨迹后来传入日本大禅师一休宗纯（1394—1481）之手，一休大师又将此墨迹作为参禅的印可证书传给日本的一代大茶人村田珠光（1422—1502）。珠光将其挂在自己茶室的墙壁上，终于悟出了“佛法存于茶汤”即“茶禅一味”的道理，从此日本茶道与禅宗之间有了正式的法嗣关系。

---

① 西部文净：《禅と茶》，淡交社 1976。转引自《日本茶道文化概论》。

茶禅一味的理念后来为日本茶道之集大成者千利休（1522—1592）所继承发扬，他甚至认为“禅师之墨迹为种种茶道具之首”①。而园悟克勤的墨迹至今遂成为日本茶道界最高的宝物。［参见图71］

图71　圆悟克勤墨迹《印可状》

（现藏日本东京国立博物馆）

六　天目碗与天目台

日本茶道具中的天目碗、天目台，都是因从宋代两浙的佛寺中传去日本而得名。

天目碗其实即是宋代建窑等窑口所产的黑釉盏，但因日本僧人是在天目山一带的佛寺接触到这种茶碗并将之带回日本，就称之为天目碗。天目

① 千利休：《南方录》。

台的情况也一样。建盏并没有与其自身质地、款式风格一致的瓷质茶托，而是用的木质茶托，《茶具图赞》中称之为漆雕秘阁。《梦粱录》记杭州一般茶肆中“用瓷盏、漆托供卖”茶饮①，表明漆木盏托在宋代应用甚为广泛。［参见图72］宋代漆雕木盏托目前国内虽然尚未有发现，但从日本茶道具中的木质漆雕“天目台”来看，与《茶具图赞》中的“漆雕秘阁”完全同形，所以日本的天目台当也是从天目山佛寺中传到日本去的建盏盏托，可作为宋代建盏茶托的佐证。［参见图73］

图72　南宋素漆木盏托
（通高6.5厘米，盏口径6厘米，现藏南京博物院）

图73　天目台
（高7.9厘米，最大横径16.1厘米，现藏日本德川美术馆）

① 《梦粱录》卷一六《茶肆》。

有人认为，从建阳窑或吉州窑等生产黑釉盏的窑址中一直都未发现过盏托，便误认为宋辽时期宋地区盏托有式微的迹象①，这是因为没有全面考察宋代各式窑所产茶具全貌所致。建盏无瓷质盏托，但定窑的白瓷托盏、湖田窑的影青托盏、耀州窑的青釉托碗等，都有与茶碗同质的盏托。［参见图37、图38、图39］加上建盏用木质盏托，可以说宋代的茶盏都是用盏托的。从天目台的情况可以看到，宋代佛教传播中茶具的传播，可以作为今天宋代社会历史文化考证的材料。

有些从宋代传到日本的茶道具，因为其自身极高的文物价值与日本茶道对日本产、高丽产茶具多加应用而很少在现代日本茶道的表演中使用，常常只在有极尊贵的客人时才予使用。但正如本书透过宋代佛教及其传播的历史所看到的那样，日本茶道与宋代茶文化之间存在着深深的渊源关系。

---

① 刘泽明：《盏托沿革考》，见《茶博览》1997年春之卷。

第九章　宋代社会有关茶的观念

第一节　茶与社会人生

宋儒讲格物致知，从不同的事物中领悟人生与社会的大道理，他们也从茶叶茶饮中省悟到不少的人生哲理。他们常以茶砺志修身，以茶明志讽政。同时他们对茶性的认识也从微小处折射出他们对人生与社会的根本态度。

一　朱熹以茶之物理比喻社会人生

> 先生因吃茶罢，曰：物之甘者，吃过必酸，苦者吃过却甘。茶本苦物，吃过却甘。问：此理如何？曰：也是一个道理，如始于忧勤，终于逸乐，理而后和。盖礼本天下之至严，行之各得其分，则至和。又如家人嗃嗃，悔厉，吉；妇子嘻嘻，终吝，都是此理。①

先苦后甘回味无穷是茶的物性，宋代饮茶之风盛行，但茶的这一物性却未必人人都能自觉体味。朱熹信手拈来，首先能马上唤起人们的生活体验，接着，朱熹从茶所蕴藏的甘与苦的辩证物性，推导开去到社会人生"始于忧勤，终于逸乐"的辩证道理，也当较易为人们接受。这只是宋儒"格物致知"一个小小的应用。

一代大儒朱熹一生好茶，少年时"茶当酒，山居偏与竹为邻"，平时生活"坐对清阴只煮茶"②。在福建时曾为武夷第五曲的茶灶石亲手书写

---

① 《朱子语类》卷一三八《杂类》。

② 《积芳圃》,《朱文公文集》卷三。

“茶灶”两个大字，并为之写了“仙翁遗石灶，宛在水中央。饮罢方舟去，茶烟袅细香”这样清丽的诗作①。他也曾经以人喻茶：“建茶如‘中庸之为德’，江茶如‘伯夷叔齐’。又曰：《南轩集》云：草茶如江泽高人，腊茶如台阁胜士。似他之说，则俗了建茶，却不如适间之说两全也。”② 可以说清雅幽香的茶叶，为朱熹的生活及学问诗情平添了一抹灵气，也为茶的文化发掘出些许的哲理。

二　苏轼、司马光以茶与墨谕人

> 东坡与司马温公论茶墨。温公曰：“茶与墨政相反，茶欲白，墨欲黑；茶欲重，墨欲轻；茶欲新，墨欲陈。”予曰：“二物之质诚然，然亦有同者。”温公曰：“谓何？”予曰：“奇茶妙墨皆香，是其德同也；皆坚，是其性同也。譬如贤人君子妍丑黔晰之不同，其德操韫藏实无以异。”③

儒家的先师孔子，常常喜欢用君子、小人来指分在道德和智识上取向完全相反的两类人。汉唐以后党争纷纷，宋代的党争尤其频繁、激烈，庆历以后，党争的双方势成水火，各各指责对方小人朋党。

司马光是反对熙宁改革和主持元祐更化的主角，在政治主张和政治实践上与王安石尖锐对立，他对茶与墨物性截然相反黑白分明的认识与他的政治性格完全一致。所以司马光上台之后，将王安石熙宁改革的各项措施全部一一否定，并且对蔡京这种在熙宁和元祐中推行与推翻新法都很积极的官员不加详察，为徽宗时代的政治噩梦埋下了恶因。

苏轼则在茶与墨黑白尖锐对立的表象之外，看到了奇茶妙墨皆香这一在本质上的相同，表明苏轼对人性与社会有着更为深厚的洞察力。所以也就不难理解，苏轼为什么既在熙宁时反对新法，又在元祐时反对司马光完全废除新法，更在元丰时与王安石和解。从苏轼对茶与墨本性的理解，以及他以之譬喻“如贤人君子妍丑黔晰之不同，其德操韫藏实无以异”，可

---

① 《茶灶》，《朱文公文集》卷九。

② 《朱子语类》卷一三八《杂类》。

③ 赵令畤：《侯鲭录》卷四。

以说他看到了王安石与司马光的变法与反变法在出发点上是一致的。但可惜的是变法与反变法的双方尤其是司马光却没有看到这一点，这是这一时期党争的致命遗憾。茶与墨的物性之辨，只是为他们作了一个小注脚。

三 以茶喻事总有不足

> 东坡云：砚之美者必费笔，不费笔则退墨，二德难兼，非独砚也。大字难结密，小字常局促，真书患不放，草书患无法。茶苦患不美，酒美患不辣。万事无不然，可以付之大笑也。①

苏轼生性聪慧，才华横溢，却因秉性正直而仕途坎坷屡遭磨难，但他却能达观地对待人生的磨难，潇洒磊落，又经常气度恢宏，这既得益于他对释道儒三家思想精髓的把握，也在于他对人生、对事理有着深邃的悟性，茶、酒、书、砚，在在无不体悟出人事总有不足，“二德难兼”。苏轼难能可贵之处，是他为了坚持自己的原则与信念，而不惜放弃甚至牺牲一些现实的利益，这大概是他一直以来受到并值得人们崇敬的原因之一。

四 以茶自况君子品性

在咏物的诗文中以吟咏对象的优良品质来比况人尤其是作者自身所具备的某些优良品质的方法常为人们所采用，茶因其自身的特性也成为两宋很多人讴歌君子品性的凭借。王禹偁《茶园》：“沃心同直谏，苦口类嘉言”，以茶味的苦涩象征忠臣苦口直谏；岳珂《茶花盛放满山》：“洁躬淡薄隐君子，苦口森严大丈夫”，以茶的纯净象征君子洁身自好；黄庭坚《满庭芳·茶》：“一种风流韵味，如甘露不染尘凡”，欧阳修《双井茶》：“岂知君子有常德，至宝不随时变易”，以茶味甘香象征君子操守如一的美德；苏轼《寄周安孺茶》：“有如刚性耿，不受纤芥触；又若廉夫心，难将微秽渎”，则以茶的纯真象征君子刚正廉洁的品性。② ［参见图 74］

---

① 《侯鲭录》卷三。

② 分见《全宋诗》卷六七、卷二九六八；《全宋词》第一册，第 401 页；《全宋诗》卷二九〇、卷八〇五。

图 74　赵孟頫《苏轼像》

苏轼为茶所作的拟人化记传作品《叶嘉传》，则以茶为描摹对象，刻画了一个胸怀大志，资质刚劲，励志清白的君子形象：

叶嘉，闽人也。其先处上谷，曾祖茂先，养高不仕，好游名山，至武夷，悦之，遂家焉。……子孙遂为郝源民。至嘉少植节操，或劝之业武，曰，吾当为天下英武之精，一枪一旗，岂吾事哉。因而游见陆先生，先生奇之，为著其行录，传于时。方汉帝嗜阅经史时，建安人为谒者侍上，上读其行录而善之，曰，吾独不得与此人同时哉。曰，臣邑人叶嘉，风味恬淡，清白可爱，颇负其名，有济世之才，虽羽知犹未详也。上惊敕建安太守召嘉，给传遣诣京师。郡守始令采访嘉所在，命赍书示之，嘉未就遣。使臣督促，郡守曰，叶先生方闭门制作，研味经史，志图挺立，必不屑进，未可促之。亲至山中，为之劝驾，始行登车。遇相者揖之曰，先生容质异常，矫然有龙凤之姿，后当大贵。嘉以皂囊上封事，天子见之曰，吾久饫卿名，但未知真实尔，我其试哉。因顾谓侍臣曰，视嘉容貌如铁，资质刚劲，难以遽用，必槌提顿挫之乃可。遂以言恐嘉曰，碪斧在前，鼎镬在后，将以烹子，子视之如何。嘉勃然吐气曰，臣山薮猥士，幸惟陛下采择至此，可以利生，虽粉身碎骨，臣不辞也。上笑命以名曹处之，又加枢要之务焉。因诫小黄门监之。有顷报曰，嘉之所为，犹若粗竦然。上曰，吾知其才，第以独学未经师耳。嘉为之屑屑就师，顷刻就事，已精熟矣。上……视其颜色，久之曰，叶嘉真清白之士也，其气飘然若浮云矣。遂引而宴之。少选间，上鼓舌欣然曰，始吾见嘉未甚好也，久味其言，令人爱之，朕之精魄，不觉洒然而醒。《书》曰："启乃心，沃朕心"，此之谓也。于是封嘉钜合侯，位尚书。曰，尚书，朕喉舌之任也。由是宠爱日加。朝廷宾会遇客宴享，未始不推于嘉。上日引对，至于再三。后因侍宴苑中，上饮逾度，嘉辄苦谏，上不悦曰，卿司朕喉舌，而以苦辞逆我，余岂堪哉。遂唾之，命左右仆于地。嘉正色曰，陛下必欲甘辞利口而后爱耶？臣虽言苦，久则有效，陛下亦尝试之，岂不知乎？上顾左右曰，始吾言嘉刚劲难用，今果见矣。因含容之，然亦以是疏嘉。嘉既不得志，退去闽中，既而曰，吾未如之何也。已矣！上以不见嘉月余，劳于万机，神薾思困，颇思嘉，因命召至，喜甚，以手抚嘉曰，吾渴见卿久矣。遂恩遇如故……居一年，嘉告老。上曰，钜合侯其忠可谓尽矣。遂得爵其子，又令郡守择其宗支之良者，每岁贡焉。嘉子二人，长曰抟，有父风，故以袭爵。次子挺，抱黄白之术，比于抟，其志尤淡泊也，尝散其资，拯乡闾之困，人皆德之。故乡人以春伐鼓，大会山中求之以为常。

赞曰：今叶氏散居天下，皆不喜城邑，惟乐山居，氏于闽中者，盖嘉之苗裔也。天下叶氏虽夥，然风味德馨为世所贵，皆不及闽。闽之居者又多，而郝源之言族为甲。嘉以布衣遇天子，爵彻侯，位八座，可谓荣矣。然其正色苦谏，竭力许国，不为身计，盖有以取之。①

第二节　茶与酒

唐代抑酒扬茶的言论屡屡见于篇什，吕温认为饮茶“不令人醉，微觉清思，虽五云仙浆，无复加也”②，皎然则认为茶饮“此物清高世莫知，世人饮酒多自欺”③，都是认为酒远远比不上茶饮。但很快人们就客观地

① 《苏轼文集》卷一三。陈善《扪虱新话》曰：“《东坡集》有《叶嘉传》，此吾邑陈表民作也。表民名裕，吾不见及其人，盖名士也。”四库馆臣对陈善的《扪虱新话》评价很差：“其书考论经史诗文兼及杂事别类，分门颇为冗　，持论尤多踳驳。大旨……以王安石为宗主，故于宋人，诋欧阳修、诋杨时、诋陈东、诋欧阳澈，而诋苏洵、苏轼、苏辙尤力。……善南、北宋间人，其始末不可考。观其书，颠倒是非，毫无忌惮，必绍述余党之子孙，不得志而著书者也。”已经明确认识到陈善对苏轼诋毁尤力，但在《四库提要》卷一五四“东坡全集”条，又信从陈善《扪虱新话》的说法，认为苏东坡的集子“风行海内，传刻日多，而紊乱愈甚，固其所矣”，可见陈善对于苏轼虽多“颠倒是非”之论，但其影响犹在。（余嘉锡对《东坡集》的态度和《四库提要》同，还进一步认为苏集中，凡是仿韩愈《毛颖传》的游戏之作，除了《江瑶柱传》为真，其他都是伪作）今人重编《苏轼文集》，对此并未予以确论，今仍旧题。

② 吕温：《三月三日茶宴序》，见《全唐文》卷六二八。

③ 皎然：《饮茶歌消崔使君》，见《全唐诗》卷八二一。

看到了茶与酒各自的特质与区别："驱愁知酒力，破睡见茶功"[①]，并且茶还可以解酒，"倘把沥中山，必无千日醉"[②]。

到了宋代，人们对于茶与酒之间区别的认识基本上与唐代差不多，认识到茶可以"蠲病析醒"[③]。有趣的是，宋代饮茶的人们并无多少观点鲜明的抑酒扬茶言论，饮酒的人们却有抑茶扬酒之用心，有以"胜茶"称酒名者[④]。一生好饮茶，后来又止酒二十多年的黄庭坚甚至说过"薄酒终胜饮茶"[⑤]。

宋人罕见以茶薄酒的言论，而多行以茶代酒之实。唐人已有以茶代酒者，如白居易"清影不宜昏，聊将茶代酒"[⑥]，就是说要在不宜饮酒的情况和情景下饮茶。宋人以茶代酒的情况基本与之相类。

> 文正李公既薨，夫人诞日，宋宣献公时为从官，与其僚二十余人诣第上寿，拜于帘下。宣献前曰："太夫人不饮，以茶为寿。"探怀出之，注汤以献，复拜而去。[⑦]

就是宋绶在李昉夫人生日时，因为李夫人自不饮酒，因而以茶代酒，以茶为寿。

宋代以茶代酒最著名者当数黄庭坚。黄庭坚在四十岁时写过一篇《发愿文》："今日对佛发大誓愿，从今日尽未来世，不复淫欲、饮酒食肉。设复为之，当堕地狱，为一切众生代受其苦。"[⑧] 胡仔认为黄庭坚的誓愿虽大，却不能践言，其后"无一能行之"，发大愿后，仍然喝酒。对此，黄庭坚发愿十五年后写的《醉落魄》词题注可作说明："老夫止酒十五年矣。到戎州恐为瘴疠所侵，故晨举一杯。不相察者乃强见酌，遂能作

---

① 白居易：《赠东邻王十三》，《全唐诗》卷四四八。
② 皮日休：《煮茶》，《全唐诗》卷六六一。
③ 叶清臣：《述煮茶泉品》。
④ 《武林旧事》卷六《诸色酒名》。
⑤ 黄庭坚：《薄薄酒》之二，《全宋诗》卷一〇〇三。
⑥ 白居易：《宿蓝桥对月》，《全唐诗》卷四三一。
⑦ 《后山丛谈》卷二。
⑧ 《苕溪渔隐丛话》后集卷三一《山谷上》。

病，因复止酒。”[1] 又在另一首诗中说：“我病二十年，大斗久不覆。”[2]可见基本禁酒乃是事实。黄庭坚发愿后也未明说以茶代酒，而是在其诗文中反复表明他的具体行动是：“颇怀修故事，文会陈果茗”[3]，“好事应无携酒榼，相过聊欲煮茶瓶”[4]，“颇与幽子逢，煮茗当倾酒”[5]，且经常劝别人饮茶不饮酒：“肥如瓠壶鼻如雷，幸君饮此勿饮酒。”[6] 或者就因此遂为富弼戏称为“分宁一茶客”[7]。李白斗酒诗百篇，黄庭坚饮酒时诗作固多，但只饮茶后所作更多，“搜搅胸中万卷，还倾动、三峡词源”[8]。

第三节　茶与养生

关于茶与健康的关系问题，自唐以来就有不同的看法。陈藏器《本草拾遗》曰：“诸药为各病之药，茶为万病之药。”认为茶可治万病。钱易《南部新书》中说：“东部进一僧，年一百三十岁，宣皇问服何药至此，僧对曰：‘臣少也贱，素不知药，性本好茶，至处唯茶是求，或出亦日遇百余碗，如常日亦不下四、五十碗。’因赐茶五十斤，令居保寿寺，名饮茶所曰茶寮。”认为茶可养生，延年长寿。而毋煚《代茶余叙略》曰：“释滞消壅，一日之利暂佳；瘠气侵精，终身之累斯大。获益则归功茶力，贻患则不为茶灾。岂非福近易知，祸远难见。”[9] 则认为茶的好处是眼前的易见的，而坏处却是长期的潜在的和累积性的。显然毋煚认为茶的坏处要比它的好处大得多。

入宋以后，人们对茶的看法趋向一分为二，比较客观。认为茶有有利的一方面，也有有害的另一方面，应该恰当使用茶饮，以扬长避短，发挥茶的好的作用。如苏轼的“漱茶说”：

---

① 《全宋词》第一册，第395页。
② 《次苏子瞻和李太白浔阳紫极宫戊秋诗韵追怀太白子瞻》，《全宋诗》卷九九五。
③ 《和答子瞻和子由常父忆馆中故事》，《全宋诗》卷九九四。
④ 《公益尝茶》，《全宋诗》卷一〇二〇。
⑤ 《次韵伯氏长芦寺下》，《全宋诗》卷一〇〇六。
⑥ 《以龙团及半挺赠无咎并诗用前韵为戏》，《全宋诗》卷九八〇。
⑦ 《宋稗类钞》卷六《诋毁》第12条。
⑧ 《满庭芳》，《全宋词》第一册，第386页。
⑨ 见《全唐文》卷三七三。

除烦去腻，世不可阙茶，然闇中损人殆不少。昔人云，自茗饮盛后，人多患气，不复病黄，虽损益相半，而消阳助阴，益不偿损也。吾有一法，常自珍之。每食已，辄以浓茶漱口，烦腻既去，而脾胃不知。凡肉之在齿间者，得茶浸漱之，乃消缩不觉脱去，不烦挑刺也，而齿便漱濯，缘此渐坚密，蠹病自已。然率皆用中下茶，其上者自不常有，间数日一啜，亦不为害也，此大是有理，而人罕知者，故详述云。[①]

茶叶对一些疾病有疗效，陆羽在《茶经》中记录了《唐本草》《枕中方》《孺子方》等书中的对茶效及有关药方的记载，即茶“主瘘、疮，利小便，去痰渴热，令人少睡”，还可治“小儿无故惊蹶”[②]。宋人还认识到茶叶可“除烦去腻”以及这之外的药效，“曾鲁公七十余，苦痢疾，乡人陈应之用水梅花腊茶服之，遂愈”。[③]

黄庭坚《寄新茶与南禅师》：“筠焙熟香茶，能医病眼花”[④]，说茶可治眼病，这一观念一直延续至今。

从唐代起，人们就认为茶有消解肉食的作用。入宋林洪则认识到了茶的消积化食的作用：“茶即药也，煎服则去滞而化食。”[⑤]

邢凯记茶可解曲鳝瘴，“夔门有曲鳝瘴，以茱萸煎茶，饮之良愈，谓之‘辣茶’”[⑥]。

而如果喝茶喝得太多以致腹胀难受的话，可以用醋解，所谓“吃茶多腹胀，以醋解之”[⑦]。

平时，人们还会一起讨论茶的养生作用。陆游《记乙丑十月一日夜梦（之一）》：“店门邂逅绨袍客，共反茶瓯说养生。”[⑧]

---

① 见《苏轼文集》卷七三。《侯鲭录》卷四有相同记载。

② 《茶经》卷下《七之事》。

③ 《孙公（升）谈圃》卷中。

④ 《全宋诗》卷一〇二〇。

⑤ 《山家清供》卷下《茶供》。

⑥ 邢凯：《坦斋通编》。

⑦ 旧题苏轼撰《物类相感志·蔬菜》。

⑧ 《剑南诗稿》卷六四。

第四节　其他

一　饮茶为人生一大乐事

宋代，很多人都将饮茶作为人生的一件乐事，《武林旧事》卷十《张约斋赏心乐事》中就有“三月季春经寮斋斗新茶”“十一月仲冬绘幅楼削雪煎茗”。《梦粱录》卷六记临安季冬之月十二月，“如天降瑞雪，湖山雪景，瑶林琼树，翠峰似玉，画亦不如。……诗人才子，遇此景则以腊雪煎茶，吟诗咏曲，更唱迭和”。苏轼曾作《记梦回文二首》，其序曰：“十二月二十五日大雪始晴，梦人以雪水煎小团茶，使美人歌以饮予。梦中为作回文诗，觉而记其一句云：乱点余花吐碧衫，意用飞燕故事也。乃续之为二绝句云。”诗曰：

酡颜玉盌捧纤纤，乱点余花吐碧衫。
歌咽水云疑静院，梦惊松雪落空岩。

空花落尽酒倾缸，日上山融雪涨江。
红焙浅瓯新火活，龙团小碾斗晴窗。

此二首回文诗可谓是茶诗中的佳作。从中亦可见冬十二月以雪水煎茶确实是宋代文人们的一大乐事，它如此激发了诗人们的创作灵感和诗情才华。

黄庭坚以为人生快事之一是在食既饱后喝好茶听人读好文章：“以康山谷帘泉烹曾坑斗品，少焉卧北窗下，使人诵东坡《赤壁前后赋》，亦足少快。”① 苏轼则在“贫病长苦饥时”希望：“不用撑肠拄腹文字五千卷，但愿一瓯常及日足睡高时。”②

中国茶文化中的乐生精神在宋代就得到充分的表现。

二　以茶助学

宋代著名女词人李清照与丈夫赵明诚志趣相投，一起搜集古书，考古

① 《侯鲭录》卷八。

② 《试院煎茶》，《全宋诗》卷七九一。

校勘，品诗论画。

> 每获一书，即同共校勘，整集签题。得书画彝鼎，亦摩玩舒卷，指摘疵病，夜尽一烛为率。故能纸札精致，字画完整，冠诸收书家。余性偶强记，每饭罢，坐归来堂烹茶，指堆积书史，言某事在某书某卷第几页第几行，以中否角胜负，为饮茶先后。中，即举杯大笑，至茶倾覆怀中，反不得饮而起。甘心老是乡矣。故虽处忧患困穷，而志不屈。①

以茶为角，品茗助学，茶香书香，闲情雅趣，跃然纸上。

三　其他

宋人还有一些与茶有关的谚语，表明了宋人对茶的认识与观念。

邢凯《坦斋通编》记唐李义山《杂纂》列举杀风景之事，其中有“对花点茶”。邢凯认为“对花点茶，尚庶几背山起楼，之外诚可笑矣，若山僧献好茶而取消风散调之……亦煞风景之类也。”除却借而讽刺王安石在蔡襄请吃好茶却投入消风散还谓大好茶味之事外，它表明了宋人在花前饮茶问题上从唐人立场上的变化。花前饮茶煞风景，是因为担心花香冲击茶香，宋人则不以之为问题，而到了明代，花前饮茶则成为雅上加雅的雅事。

苏轼还记录了茶在饮用之外的一些用途，如用“陈茶末烧烟，蝇速去”；而茶水湿污衣裳历来都是饮茶人会遇到的问题之一，苏轼记其处理办法是，“茶褐衣段发白茶点者，以乌梅煎浓汤，用笔涂发处，立还原色”②。

---

① 《金石录后序》，见《李清照集》卷三，人民文学出版社 1979 年校注本。

② 《物类相感志》之《杂著》与《衣服》。

第四编　茶与宋代文化

广义的文化是一个至为宽泛的概念，包罗万象，涵盖人类社会生活的各个方面。而本编所要探讨的与茶有关的宋代文化是狭义的文化，是宋人所创作的专门茶著述、茶诗词等专门领域的文化。

第十章　宋代茶书

茶有专门的著述，自唐陆羽始。其所著《茶经》是中国乃至世界上的第一部专门茶书，从此在中国浩瀚的文献宝库中，又多了一个专门的领域。

《茶经》初稿约完成于唐肃宗上元元年（760）。世界上第一部茶书在这时出现，绝非偶然。唐玄宗开元年间（713—741），饮茶之俗已从南方走向北方，人们饮茶“穷日尽夜，殆成风俗”①。至少至开元、天宝之际（742—756），茶已经是皇宫里常见的消费品。《梅妃传》中记有唐玄宗与梅妃斗茶的事情②。天宝二年（743）韦坚凿广运潭，聚江淮运船，陈列诸郡珍奇贡物。其中豫章郡船陈列的，即是“名瓷酒器、茶釜、茶铛、茶碗”等，当时，百官聚睹，观者山积③。更为重要的是，唐代中期，茶已成为皇室颁赐赐物中的一项重要物品，成为“上达于天子……下被于幽人”，“赐名臣，留上客”，“出恒品，先众珍，君门九重，圣寿万春”的高贵物品④。

茶成为社会广泛使用的消费品后，也成为利之所在，唐政府开始征收茶税。诗人们则将茶大量引入诗文中，人们对茶事茶艺的关心增强了。正是在这样的背景之下，陆羽与其所作的《茶经》应时而生。

《茶经》开一代风气之先以后，各种茶书相继而出。据不完全统计，唐代（包括五代）的茶书共有十二种，其中全文传世的有四种，文已佚但仍可从他书中约略辑出的有三种，另有五种则仅存目而无文。

入宋以后，“天下产茶州军七十郡”，产茶区域广，产量大，更兼全

---

① 《封氏闻见记》卷六《饮茶》。

② 涵芬楼：《说郛》卷三八。

③ 《旧唐书》卷一〇五《韦坚传》。

④ 顾况：《茶赋》，见《全唐文》卷五二八。

社会上自帝王下至庶民都饮茶，茶饮消费极为普遍，官焙贡茶规制空前绝后，茶饮借此向着艺术化方向发展。为了加强对贸易额巨大的茶叶买卖进行管理，宋朝主要实行茶叶专卖制度，即以榷茶为主，间有通商。与此相应的是，宋代有关贡茶、茶法、茶艺的各种专门著述相继出现，呈现为中国茶叶著述史上的一个高峰。

第一节　宋代的茶书

宋代茶书的著述时间，几乎与两宋相始终。自北宋初年开始直至南宋中后期，一直都陆续有茶书出现。宋代流传至今及可考的茶书约有 30 种，数量远远超过唐代（12 种）、清代（12 种），略少于明代（50 余种）。

1. 陶谷《茗荈录》

陶谷（903—970），历仕后晋、后汉、后周至宋，“强记嗜学、博通经史，诸子佛老，咸所总览，多蓄法书名画、善隶书。为人隽辨宏博，然奔竞务进”。[①]《茗荈录》是他于北宋开宝三年（970）死前写成的《清异录》一书中的一部分，明代喻政取其作为一种茶书，题曰《茗荈录》，印入其所编《茶书》，后代仍之。

《茗荈录》共十八条[②]，内容都是与茶有关的故事，对于较少记载茶事的宋代初年来说是不可多得的材料。《茗荈录》分别记录了一些名茶之名，艺茶及饮茶之事，茶的别称、戏称和茶百戏、漏影春等茶艺技术，这些都表明了在北宋之初，茶事茶艺及有关茶的观念在社会各阶层都已较为流行。

其第一条“龙坡山子茶”说：“开宝中，窦仪以新茶饮予，味极美。奁面标云龙坡山子茶。龙坡是顾渚之别境。”表明唐代名茶顾渚茶在宋初仍是为人们所关注和喜好的名茶。

不过本条所记时间开宝与人物窦仪有自相矛盾之处。因为若言以窦仪，当是乾德（963—967）中，因为窦仪卒于乾德四年（966—967）冬，而开宝元年即已是 968 年，则开宝中误；而若言以开宝，则窦仪误。开宝

---

① 《宋史》卷二六九《陶谷传》。

② 《清异录·茗荈门》原共十九条，其第一条为“十六汤”，系抄录唐苏廙《十六汤品》而成，已被喻政分别出来单独成为一书。

共九年（968—976），而陶谷卒于开宝三年，一般元年不能称“中”，至少当开宝二年，更可能是三年。所以或者是陶谷当年有错记，或者流传中抄写讹误。

2. 叶清臣《述煮茶泉品》①

叶清臣（1000—1049）“好学善属文”，天圣二年（1024）第进士，在两浙转运副使及知永兴军任上，多有惠民之政。《述煮茶泉品》写于宝元元年（1038）任两浙转运副使之后，这是宋代唯一一篇专论饮茶用水的文章。但叶清臣并未提出他自己认为的宜茶之水，而只是述论唐代张又新《煎茶水记》中所列刘伯刍品第天下水为七等及陆羽品天下水为二十等的旧文，并认为即使是再好的茶叶，如果用水不好，点试出来的茶汤效果必然会很差：“泉不香，水不甘，爨之扬之，若淤若滓。”表明在北宋初期人们关于宜茶水论尚沿袭唐人品次天下宜茶诸水的旧习，但对茶与水的关系已经有了较为明确的认识。

3. 蔡襄《茶录》

蔡襄（1012—1067），天圣八年（1030）进士。既是福建人，又曾任福建转运使，造茶进贡，因而习知茶事。因为“陆羽《茶经》不第建安之品，丁谓《茶图》独论采造之本，至于烹试，曾未有闻”②，遂于皇祐三年（1051）十一月，写成《茶录》二篇。这是宋代现存最早的完整的茶论专著，对宋代茶艺的发展及此后宋代茶书的写作都有深远的影响。

《茶录》分为上下两篇，上篇论茶，分色、香、味、藏茶、炙茶、碾茶、罗茶、候汤、熁盏、点茶十条，下篇论茶器具，分茶焙、茶笼、砧椎、茶铃、茶碾、茶罗、茶盏、茶匙、汤瓶九条。正如蔡襄在《茶录》自序中所说，主要是写建安茶的烹试方法的。此书写成后，于当时就流传甚广，影响很大。就像首造小龙小凤茶，开了建安北苑贡茶日益精细的先河一样，蔡襄所写的《茶录》也成了此后宋代众多茶书描摹的范本。

---

① 关于篇名，宛委山堂《说郛》及《古今图书集成》都作《述煮茶小品》，宋《秘书省续编到四库缺书目》、涵芬楼《说郛》及《四库全书》则题为《述煮茶泉品》。按：叶氏文中自有“凡泉品二十，列于右幅”语，另篇末还有小注云：“泉品二十见张又新《水经》”，可知此文乃叶氏述引“泉品二十”之文，当题《述煮茶泉品》为妥。

② 见《茶录·前序》。

4. 赵佶《大观茶论》

徽宗赵佶（1082—1135）是古今中外唯一一位写过茶事专著的皇帝。他治国无能却多才多艺又醉心茶艺，曾多次为臣下点茶，对于茶艺有着丰富的实践经验。于大观年间（1107—1110）写成《大观茶论》，分为地产、天时、采摘、蒸压、制造、鉴辨、白茶、罗碾、盏、筅、瓶、杓、水、点、味、香、色、藏焙、品名、外焙二十篇，较为详尽地介绍了宋代的茶叶制作和点茶法。

应当说，蔡襄《茶录》为宋代艺术化的点茶技艺奠定了基础，而赵佶的《大观茶论》则是对点茶法从茶叶生产制作到点试的每一步技艺所作的集大成式的总结，宋代再也没有一部内容相似的茶书出乎其上。

5. 宋子安《东溪试茶录》①

宋子安，事迹无考。他因为丁谓、蔡襄两家茶书记载建安茶事尚有未尽，所以写作此书。书中有“近蔡公作《茶录》亦云”语，案《茶录》于皇祐中写成时并未刊行，后稿被窃，为人购得刊行，然多舛谬，蔡襄遂校定书写，于治平元年（1064）勒石刊行。宋子安大约是在治平元年前后看到《茶录》，则其书必然也作于治平前后。

全书首序论②，次分八目，对于建安诸焙沿革及其所属各个茶园的位置和特点，诸种茶叶的区别、性状和产地，采摘茶叶的时间和方法，以及若用法不当就会产生什么样的茶病等方面，作了切实详细的叙述。

6. 黄儒《品茶要录》

黄儒，字道辅，建安人，熙宁六年（1073）中进士。博学能文，不幸早亡，独此书传于世③。

全书前后各有论一篇，中分十目，详细讨论采制茶叶中可能出现的诸种弊病。

蔡襄《茶录》之后，北苑茶随着它的点试方法为人们接受而广为流传。北苑茶的制作方法也因之而为人们所注目，此前丁谓所作《茶图》

---

① 衢本晁公武：《郡斋读书志》作“朱子安”，而宋刻《百川学海》、《宋史》艺文志、熊蕃《宣和北苑贡茶录》皆作“宋子安”。《宋史》艺文志“东溪试茶录”无“试”字。

② 《郡斋读书志》说：“其序谓七闽至国朝，草木之异则产腊茶荔子，人物之秀则产状头宰相，皆前代所未有，以时而显，可谓美矣。然其草厚味，不宜多食；其人物多知，难于独任。亦地气之异云。”案《百川》《说郛》等刊本《东溪试茶录》序都没有这一段话，或许当日另有序文而后脱落亦未可知。

③ 见苏轼《书黄道辅〈品茶要录〉后》，《苏轼文集》卷六六。

不传，但此后宋子安所作《东溪试茶录》、黄儒所作《品茶要录》却能够流布开来。北苑茶叶生产与制作著述的相继而出且大多得以流传，使后人得以了解北苑茶的生产详细情况及可能会出现的问题。

7. 熊蕃《宣和北苑贡茶录》

熊蕃字叔茂，福建建阳县人，工于诗歌。亲见宣和间北苑贡茶之盛，遂于1124—1125年写成《宣和北苑贡茶录》，详细记述了建安贡茶的历史沿革和贡茶品类。其子熊克曾于绍兴二十一年（1158）摄事北苑，因见其父书中只列各种贡茶的名称，没有形制，乃于淳熙九年（1182）增补此书，绘图附入，共有38幅图，并附载各种茶铐的大小尺寸，此外又将其父所作御苑采茶歌十首，也附在篇末。

8. 赵汝砺《北苑别录》

《北苑别录》乃赵汝砺为补熊蕃《宣和北苑贡茶录》而作，写于淳熙十三年（1186）。《四库全书》《读画斋丛书》等将《北苑别录》附于《宣和北苑贡茶录》后。

四库提要言："宋熊蕃有《北苑贡茶录》一卷，所述皆建安茶园采焙入贡法式。淳熙中，其子校书郎克始镂诸木，为图三十有八，附以采茶诗十章。福建转运使主管帐司赵汝砺复作《别录》一卷，以补其未备。"综合二书，则两宋北苑贡茶的历史沿革，以及生产贡茶的茶园地址，茶叶的采制方法，贡茶的名称、形制、纲次及贡数，全都详细叙述到了。使后人对北苑贡茶的历史与规制，可了解一个大概的脉络。

9. 唐庚《斗茶记》

唐庚（1071—1121），绍圣进士，写于政和二年（1112）的《斗茶记》记录了他与二三友人斗茶"而第其品"的经历，这种评第茶叶品次的斗茶，是宋代三种斗茶形式中的一种，与斗色斗浮的腊茶斗茶法大异其趣，为后人记录保存了宋代丰富多彩的多种斗茶形式。

10. 沈括《本朝茶法》

茶自唐代始收税，但茶课在社会政治、经济、军事生活方面的重要性，唐代却远远比不上宋代。宋代因时势与军事变化的需要而屡更茶法，统而观之较为纷繁复杂。宋代三司为计财之地，沈括（1032—1096）曾主持三司工作，通晓茶法变更与茶课岁入之数，遂于晚年所著《梦溪笔谈》"官政"之下详记"本朝茶法"与"国朝榷货务"二条，记录了至其执掌三司之前的茶法变更与茶赋岁入。明人喻政编《茶书》时，将此二条析出，单列为一种茶书，取“本朝茶法”条首四字为题，首次将茶叶经济与政府有关政策、法规引入茶书专门著述之中。

11. 审安老人《茶具图赞》①

审安老人于咸淳五年（1269）写成《茶具图赞》，选择宋代较为典型的十二种茶艺用具，假以职官名氏，各为图赞。其重心在于阐述各种茶具宜于茶艺的方面，并将这些方面各以一些恰到好处的职官名称予以概述，从而叙述和描绘它们与当时现行文化中的相关方面，重点在于揭示茶文化尤其是茶具文化与现行文化的内在联系，而不是重在阐述宜于茶艺的器物。

以下诸书均已失传。

12. 丁谓《北苑茶录》三卷②

丁谓至道间任福建路转运使③，“监督州吏，创造规模，精致严谨。录其园焙之数，图绘器具，及叙采制入贡方式”。④

13. 周绛《补茶经》

江苏溧阳人周绛⑤于景德中任建安知州⑥，著《补茶经》，“以陆羽《茶经》不第建安之品，故补之。又一本有陈龟注，丁谓以为茶佳不假水之助，绛则载诸名水云”。⑦

14. 刘异《北苑拾遗》⑧

此书作于庆历初，刘异在吴兴“采新闻，附于丁谓《茶录》之末。

① 《铁琴铜剑楼藏书目录》云：“茶具图赞一卷，旧钞本，不著撰人。目录后一行题咸淳己巳五月夏至后五日审安老人书。以茶具十二各为图赞，假以职官名氏。明胡文焕刻入格致丛书者，乃明茅一相所作，别一书也。”又《八千卷楼书目》云：“茶具图赞一卷，明茅一相撰，茶书本。”似乎《茶具图赞》有两种，一为宋人审安老人所写，一为明人茅一相所撰。此后各书目皆署为茅一相所作，实为不详察之误也。茅一相只为茶具图赞作了一篇“茶具引”及“茶具十二先生姓名字号”，审安老人所作则是选了十二种宋代较具代表性的茶具，各为图赞。明人朱存理为此书所作后序：“锡具姓而系名，宠以爵，加以号，季宋之弥文”，明确地说明了这是宋人所作的游戏文字。再者如图赞中所选兔毫盏、茶筅、木盏托及一系列的碾罗茶用具，都是明代茶艺几乎不再使用的用具，所以此书几无可能是明人所作。

② 书名《郡斋读书志》和《文献通考》作《建安茶录》，卷数据《杨文公谈苑》。

③ 诸书目及熊蕃所引都作谓咸平中漕闽，误，详具前第二章注。

④ 《郡斋读书志》卷一二。

⑤ 《康熙溧阳县志》卷三《古迹附书目》中云：“《补茶经》，邑人周绛著。”

⑥ 熊蕃：《宣和北苑贡茶录》中说“景德中，建守周绛为《补茶经》”，陈振孙《直斋书录解题》卷一四说是“知建州周绛撰，当大中祥符间”。案熊蕃谙熟建安茶事，当以其说为较妥。

⑦ 《郡斋读书志》卷一二。

⑧ 《直斋书录解题》“异”作“升”。

其书言涤磨调品之器甚备，以补谓之遗也”。[①] 全书今已佚，熊克增补《宣和北苑贡茶录》中引录了其中关于“白茶”的一段文字。

15. 沈立《茶法易览》[②]

沈立字立之，历阳（今安徽和县）人，举进士。曾任两浙转运使，见“茶禁害民，山场、榷场多在部内，岁抵罪者辄数万，而官仅得钱四万”[③]，因而于嘉祐中“集茶法利害为十卷，陈通商之利”，三司使张方平上其议，嘉祐四年二月，下诏改行通商法，如沈立所请[④]。

16. 沈括《茶论》

《梦溪笔谈》卷二四《杂志》提到：“予山居有《茶论》。”清陆廷灿《续茶经》卷下《茶之略》著录。今不见。

17. 吕惠卿《建安茶用记》[⑤]

吕惠卿字吉甫，晋江（今福建晋江县）人。该书无疑是关于建茶的著作，但具体内容不详。

18. 王端礼《茶谱》

王端礼字懋甫，江西吉水人。元祐戊辰（1088）进士，官至富川令，年四十致仕。一生著述甚丰。本书内容不详，见江西《吉水县志》著录。

19. 罗大经《建茶论》

罗大经字景纶，南宋庐陵人，尝登第，并曾任官岭南。

本书见于陆廷灿《续茶经》卷下《茶之略》著录，万国鼎亦将其列为古代茶书之一种，今不见。未知是否即罗大经所著《鹤林玉露》甲编卷三之《建茶》条。

20. 蔡宗颜《茶山节对》

21. 蔡宗颜《茶谱遗事》

两书皆见《秘书省续编到四库阙书目》著录，《直斋书录解题》卷十四《茶山节对》解题仅云：“摄衢州长史蔡宗颜撰”，余皆不详。

---

① 《郡斋读书志》卷一二。

② 《宋史》沈立本传说他所著茶法书名为《茶法要览》，《宋史·艺文志》农家类作沈立《茶法易览》十卷，宋《绍兴续编到四库阙书目》小说类、《通志·艺文略》食货类都有《茶法易览》十卷，不著撰人名。今取《茶法易览》为名。

③ 《宋史》卷三三三《沈立传》。

④ 《宋史》卷一八四《食货志下》。

⑤ 《宋史》艺文志作《建安茶用记》，《郡斋读书志》与《文献通考》皆作《建安茶记》。

22. 曾伉《茶苑总录》[①]

兴化军判官曾伉录《茶经》诸书，而益以诗歌二卷[②]，而成此书。

23. 章炳文《壑源茶录》

《宋史》艺文志农家类著录。章炳文，陕西京兆人。余无考。

24. 桑庄《茹芝续谱》

是书《续茶经》卷下《茶之出》、万国鼎《茶书总目提要》都作“桑庄茹芝《续谱》”，而《续茶经》卷下《茶之略》又作“桑庄茹芝《续茶谱》”。二书均有误。

按《嘉定赤城志》卷三六《风土门·土产·茶》有曰：“桑庄茹芝续谱云：天台茶有三品……”同书卷三四《人物门》“侨寓”条有：“桑庄：高邮人，字公肃，官至知柳州，绍兴初，寓天台，曾文清公几志其墓，有《茹芝广谱》三百卷藏于家。”则可知作者名为桑庄，而书名为《茹芝续谱》，而且很可能即是《茹芝广谱》的一个组成部分。全书今已佚，《嘉定赤城志》引用部分记录了浙江天台一带所产的茶叶。

25. 范逵《龙焙美成茶录》

范逵，北苑茶官。本书见熊克《宣和北苑贡茶录》增补之文，《续茶经》卷下《茶之略》亦著录。

26. 刘异《北苑煎茶法》

见《通志》艺文略食货类，未著作者姓名。《续茶经》卷下《茶之略》著录为刘异撰。

27. 《北苑修贡录》

周烨《清波杂志》卷四《密云龙》记其亲党许仲启（名开）淳熙间官麻沙（镇名，属建阳县），得《北苑修贡录》，序以刊行。不知为何人所作。

28. 《茶法总例》

见《通志》艺文略刑法类，未著作者姓名。

29. 《茶苑杂录》

见《宋史》艺文志农家类，并有注曰：“不知作者。”

---

① 《文献通考》作《北苑总录》，此据《秘书省续编到四库阙书目》。

② 《文献通考》卷二一八引“陈氏曰”有此语，当指陈振孙《直斋书录解题》，但今《直斋书录解题》辑本无此条。

30. 《茶杂文》

《郡斋读书志》卷十二称其为“集古今诗文及茶者”。

从陶谷《茗荈录》到审安老人《茶具图赞》，宋代完整传世的茶书共有十一部，另周绛《补茶经》、丁谓《北苑茶录》、刘异《北苑拾遗》、范逵《龙焙美成茶录》、桑庄《茹芝续谱》五种尚可有所辑佚，其余十四种茶书今皆不见。

第二节　宋代茶书研究

一　作者

宋代有二十六部茶书可知作者，共计二十四位作者（沈括有两部茶书，计一人；刘异有两部，计一人；蔡宗颜有两部，计一人；熊蕃书有熊克增补，计二人），宋子安、刘异、章炳文、审安老人四人事迹无考，除去徽宗赵佶外，其余十九位作者大多中过进士，担任过从宰执、计相到知州、转运使、主帐司、茶官之类的官职，也就是说宋代茶书的作者大部分都是身为官吏的文人士大夫，他们这样的身份特点对宋代茶书的风格有着决定性的影响。

1. 绝大部分茶书作者或热衷或精研于茶艺茶事

宋代第一部茶书《茗荈录》的作者陶谷非但较热衷茶事，在书中记载了很多有关茶的趣闻雅事，而且他本人在茶事活动中也很风雅。陶谷曾买得党进太尉家故妓，某夜天大雪，他便命其“取雪水烹团茶”。聚雪烹茗一直是中国茶文化史中的雅事之一，陶谷想必甚觉风雅，便顺口问党家妓道：“党太尉家应不识此。”党家妓对曰：“彼粗人，安有此景，但能销金暖帐下浅斟低唱，饮羊羔美酒耳。”① 此事后来成为茶事中的一则典故，元陈德和散曲《落梅风·雪中十事》中即有一事为“陶谷烹茶”。虞集则写有《陶谷烹雪》诗：“烹雪风流只自娱，高情何足语家姝。果知简静为真乐，列屋闲居亦不须。”② 亦曾为人入画，如宋元之际的钱选画有《陶学士雪夜煮茶图》。

---

① 见皇都风月主人编《绿窗新话》卷下引《湘江近事》“党家妓不识雪景”。《湘江近事》不详撰人，其书已佚。

② 《道园遗稿》卷五。

撰写《茶录》为宋代茶艺奠定基础的蔡襄本人也可谓是宋代茶艺的第一人，他是福建人，又曾漕闽亲总贡茶之事，精于茶艺，鉴别茶叶的能力为他人所不及。彭乘记录了蔡襄善于鉴别茶叶的两则轶事。一是关于建安能仁院茶“石岩白”的，已见前文“佛教与宋代名茶”项引。二是：“一日福唐蔡叶丞秘教召公啜小团。坐久，复有一客至，公啜而味之曰：‘非独小团，必有大团杂之。’丞惊呼，童曰：‘本碾造二人茶，继有一客至，造不及，乃以大团兼之。’丞神服公之明审。”[①] 到了晚年，蔡襄的身体不好，不能饮茶，但他对茶艺依然念兹在兹，难于割舍，“衰病万缘皆绝虑，甘香一事未忘情”[②]，经常亲手点试，捧在手中把玩欣赏。

唐庚素好饮茶，其茶事亦为人选入画题，如南宋刘松年所画《唐子西拾薪煮茗图》[③]。

2. 很多作者都曾从事茶事

丁谓至道间任福建转运使，亲自过问督造贡茶；周绛于景德年间任建州知州；蔡襄于庆历间漕闽，创制小龙团；熊蕃于宣和末年在北苑“亲见时事”，熊克则于绍兴戊寅岁“摄事北苑”；赵汝砺在淳熙丙午任福建路转运司主管帐司；沈括于熙宁八年（1075）权三司使，主管茶税、茶法诸事；叶清臣也曾权三司使；沈立则在任两浙转运使期间，亲见“茶禁害民”，故关心茶法事宜；范逵是北苑官焙的茶官；曾伉曾在福建兴化任判官；罗大经曾任官岭南，等等。或曾亲自在福建、在北苑官焙任职，专司贡茶具体事务，或曾任与茶事有关的官职，因而他们所写的茶书，几乎都是与其执掌密切相关的事务如贡茶、茶法等，都是从自己亲身经验的实践和体会出发的，因而这些茶书给人留下的记载也就比较可靠。

3. 部分作者是福建或北苑茶乡之人

蔡襄、宋子安、黄儒、吕惠卿、熊蕃、熊克等都是福建人，他们都为自己家乡的茶业茶事著书立说。

---

① 《墨客挥犀》卷五、卷八。

② 《和孙之翰寄新茶》，《蔡襄集》卷六。

③ 厉鹗：《南宋院画录》著录。

二　选题

1. 北苑贡茶

宋代茶书的选题，半数以上都集中于北苑贡茶官焙所在的建安。

宋代总共三十部茶书中，有关北苑贡茶的就有十六部，占了其中的一半多，它们是：丁谓《北苑茶录》、蔡襄《茶录》、宋子安《东溪试茶录》、黄儒《品茶要录》、赵佶《大观茶论》、熊蕃《宣和北苑贡茶录》、赵汝砺《北苑别录》、周绛《补茶经》、刘异《北苑拾遗》、吕惠卿《建安茶用记》、曾伉《茶苑总录》、佚名《北苑煎茶法》、章炳文《壑源茶录》、罗大经《建茶论》、范逵《龙焙美成茶录》、佚名《北苑修贡录》。

除了蔡襄《茶录》、赵佶《大观茶论》、吕惠卿《建安茶用记》、佚名《北苑煎茶法》记录或探讨了建安北苑贡茶的煎点之法外，其余十余部茶书都主要叙述建安茶叶的生产与制作，间或议论茶叶生产制作的工艺与技术对茶汤最后点试效果的影响。如此众多的茶书专门叙述一个地方的茶叶生产制作与点试技艺，这在中外茶文化史上都是绝无仅有。

宋代，全国的经济重心发生了位移，不唯全国地区间的经济结构因此发生了很大的变化与调整，作为个例的茶叶生产与经济，也发生了相应的变化，原来出产名茶蒙顶茶的四川茶区不再重要（在宋代实行严厉茶禁的大部分时间里，四川境内茶叶都不禁榷），新的名茶和著名产茶区都集中在了东南一带。

> 陆羽旧茶经，一意重蒙顶。比来唯建溪，团片敌汤饼。
> 顾渚与阳羡，又复下越茗。近来江国人，鹰爪夸双井。
> 凡今天下品，非此不览省。蜀荈久无味，声名谩驰骋。[①]

“比来唯建溪”，人们关注的目光都集中在了建溪北苑茶身上，梅尧臣的诗句形象地记录了这一变化与当时的现实。

正如陶谷在《清异录》中所记，顾渚、阳羡茶、闽茶，在宋初皆是名茶。但由于宋太宗在太平兴国二年规模龙凤，将北苑变成了官焙御茶园专贡皇室所需用的茶叶，之后，唐以来一直往中央贡奉的顾渚、阳羡茶就

---

① 梅尧臣：《得雷太简自制蒙顶茶》，《全宋诗》卷二五八。

停贡了。丁谓与蔡襄先后漕闽，刻意制作精细的贡茶，再由于部分贡茶进入赐茶行列更扩大了北苑茶的影响，到北宋中期蔡襄写《茶录》后，北苑茶便誉满缙绅。随着北苑贡茶在政治生活中地位的日益重要，执掌北苑贡茶的官员们在贡茶规制上所下的功夫越来越多，二者之间相互促进，使得宋代建安北苑贡茶规制空前繁荣。

与宋代北苑官焙贡茶空前绝后的规制相对称的，是宋代茶书中半数以上的著作集中于北苑所在的建安茶之上。从现存各有关建安及北苑茶的著述来看，各书皆自有心得，言之有物，不拘前贤，自成体例。

2. 茶法

茶法也是宋代茶书较为集中的选题之一，宋代有关茶法的茶书共有三部：沈括《本朝茶法》、沈立《茶法易览》、佚名《茶法总例》，茶法著作较多也正是反映了宋代政治生活实践中茶法纷繁多变的现状。

3. 茶艺

蔡襄《茶录》、赵佶《大观茶论》中有一半左右的篇幅记录或探讨了建安北苑贡茶的煎点之法，刘异《北苑煎茶法》、吕惠卿《建安茶用记》从篇名看当是主要讲北苑茶煎点技艺的，《品茶要录》通篇讨论茶叶生产制作工艺与技术对茶汤最后点试效果的影响，其余一些关于建安茶叶生产与制作的茶书如《东溪试茶录》《北苑别录》等书中的部分章节，对此也有所议论。表明宋人对茶饮点试技艺的重视。

三　重心

茶艺一般包括五方面的要素：茶叶，用水，器具，技艺，人物。统计宋代茶书，论水者一，论器者一，论艺者四，记茶者十八，叙茶法者三，其他三。宋代茶书对茶叶这一重心的关注极为突出。

由于宋代北苑贡茶茶叶新品、极品相继而出，茶叶本身成为整个茶艺茶事活动中人们最为关注的部分。在宋人的茶书中，茶具、用水等方面虽然也很受重视，但都是从是否适宜茶叶与技法立论，其自身的物性与艺术性并未得到太多关注。

不同时代不同文化背景的茶艺文化所关注的重心各不相同，唐代茶艺关注人、茶、系列茶具；明代茶艺注重人、茶、茶壶；日本茶道则重人、茶具和礼法；而从宋代茶书来看，宋代茶艺极注重茶叶。与对北苑名茶的极度重视相比，其他如对建窑茶盏等茶具的看重就并不显得太重要，只有

《茶录》《大观茶论》《茶具图赞》三部书提及，并且宋皇室对建窑兔毫盏的看重并没能贯彻两宋始终，到南宋中后期，宫廷及帝王赐茶皆已不再用建盏，而用汤瓒："御前赐茶，不用建盏，用大汤瓒"①，"禁中大庆贺，则用大镀金瓒，以五色韵果簇饤龙凤，谓之'绣茶'，不过悦目"②。说明此时人们从审美角度看已经觉得建盏视觉效果不好，因而在重大活动的茶事中不再运用，这也大大削弱了建盏的重要性。

四　宋代茶书的其他一些特色

宋代茶书在中国历代茶叶著作中极具特色，除上述作者、选题与重心之外，概括而言还有以下几点。

1. 北宋多于南宋

从写作茶书的具体数量来说，北宋茶书明显多于南宋。两宋三十部茶书，可确定写成于北宋的就有十八部，成书于南宋的只有四部，另有八部不能确定究竟成于何时。北宋初年北苑官焙贡茶的出现，为宋代茶艺及茶书著述展现了一个崭新的领域，新的专门著述纷纷涌现，为北苑茶在文人士大夫阶层及整个社会中的传播与普及起到了推动的作用。

而到了南宋以后，情况就有了根本性的不同。首先，经过北宋一百多年十多部茶书的宣扬，北苑茶已经深入人心，并且为全社会的人们所熟知，而在北苑茶之外，进入南宋以后，人们一直尚未发现一个需要孜孜刻刻尽心宣扬的新的茶书选题；其次，两宋之交的战乱，使得人们的社会心理发生了较大的变化，南宋时代的人们在较多时间里都生活在战争及期待战争的压力之中，人们更多地趋向以饮酒的方式来试图缓解和消除这种压力在多数人心理上形成的焦虑感，并且很难再以轻轻松松的"游于艺"的心境来从事茶艺活动，茶艺也因而慢慢地从高贵的艺术殿堂降落，渐渐平凡化，成为一种日常生活中的无酒精饮料。

2. 出现汇编性补遗性茶著述

宋代汇编与补遗性茶叶著述也在所不少，如周绛《补茶经》、桑庄《茹芝续谱》、刘异《北苑拾遗》等，除前二者尚能有所辑佚以外，皆已不传。另外，以曾伉十二卷《茶苑总录》为首的汇编性著述亦有三部以

---

① 《演繁露》卷一一《铜叶盏》。
② 《武林旧事》卷二《进茶》。

上之多，至今也皆不传。

3. 兼及茶与社会文化整体的关联

陶谷在“甘草癖”“苦口师”等条目中论茶与其他多种文化现象之间的关联性，叶清臣讲茶艺用水论及“物类之得宜”，黄儒论茶因时而出，审安老人论器物与器物及相互间效用的关系，都比较注重茶与社会文化整体之间的各种关联。

第三节　宋代茶书与中国茶文化史

一　宋代茶书在中国茶文化史中的地位

总的来说，正是宋代茶书的特点，使之在中国茶文化史乃至整个文化史中占据了颇为重要的一席之地。

其一，宋代茶书为中国茶文化史保存了极具特色的末茶茶艺。宋代的点茶、分茶技艺，在唐代煮茶法基础上发展而来，却又完全不同于唐代煮茶法，可以说是达到了末茶茶艺的巅峰。明代以后，末茶茶艺消亡，叶茶茶艺日趋简单化、生活化，宋代茶书成为末茶茶艺的绝唱。

其二，众多身为官吏的文人士大夫参与写作茶书，而且所写内容大多有关皇室及政府关注的贡茶与茶艺，无形间将茶文化的地位大大提升，茶艺成为为全社会所接受的技艺。当年，茶圣陆羽在为御史大夫李季卿展示茶艺时，“衣野服，挈具而入，季卿不为礼，羽愧之，更著《毁茶论》”[①]，这样的情况在宋代及以后再也没有出现过。

其三，宋代有关北苑贡茶的茶书，详细记录了北苑贡茶的品名、生产加工的具体过程及研磨、烘焙的具体技术、时数的要求、每纲贡茶的具体数量等，这在极不注重计量的中国古代非常难能可贵，为人们了解宋代北苑贡茶提供了详尽的资料。但可惜由于其他朝代类似这方面资料的缺乏，宋代贡茶材料与其他时代的比较却也无从展开。

其四，宋代茶书注重茶与社会文化整体的关联，表明宋人不将茶文化只局限在茶叶自身的范围之内，而是将茶作为折射现有文化传统的一种载体，这与中国文化传统中的文人心态相一致。

其五，宋代茶书绝大多数皆为著作者的首创，且自成体例，不沿袭唐

---

① 《新唐书》卷一九六《陆羽传》。

人茶著，也不因循时人所作，这与明代及其后的茶书作品大多为抄袭前人及时人茶书的情况迥然不同，从一个小小的侧面表明中国文化在宋时仍有自身的生命力。

二　宋代茶书对中国茶文化史的影响

1. 宋代重茶叶的观念一直延续

宋代在茶艺中最重茶叶的观念一直传延至今，因为重视茶叶的本身是对茶叶消费质量的看重，与中国人的乐生精神高度一致。虽然明清时代重水、重茶具的观念都曾得到极度发展，但都未能取代茶叶在茶饮茶艺活动中的中心位置。

2. 茶法类著作从此开始进入中国茶文化领域

唐代开始榷茶，中央政权与周边少数民族的茶马贸易也自唐始，但唐代的茶书对此都没有作任何记载，只有封演在笔记中记道："往年回鹘入朝，大驱名马，市茶而归，亦足怪焉"①，为人们保存了这一珍贵的历史材料。

宋代茶利收入在宋政府财政收入中占很大比重，茶作为储备物资在入中粮草、茶马贸易等军需供应中起着重大作用。三司使是宋代的"计相"，沈括在任职三司期间对为吸引商人入刍粮塞下而实行"三说法""四说法"等有关榷茶制度的历史沿革作过认真的考察，晚年他将这些与茶法有关的内容写入《梦溪笔谈》卷十二《官政》第220、221条，后人又将这两条内容单独提出，取第221条首四字"本朝茶法"作名，将其作为单独成篇的茶书看待，是最早进入茶文化领域的茶法类著作。

此后，北宋时沈立又编纂了《茶法易览》，另有作者不详的《茶法总例》等茶法专著，惜其皆不传。而徽宗政和二年（1112）颁行的作与水磨茶有关的四十一条茶法②，当是迄今为止我国现存最早的一部完整的茶法，但由于它是具体施行的法律条文，未有人将其编次成书，因而《宋史·艺文志》等书目俱不见记载。故而本书也未将其收列为茶书著作。

官茶贮边易马是明代茶法的重点，"国家重马政，故严茶法"。"唐宋

---

① 《封氏闻见记》卷六《饮茶》。另外，《新唐书·陆羽传》也记曰："其后尚茶成风，时回纥入朝，始驱马市茶。"

② 见《宋会要》食货三〇之三九—四四。

以来行以茶易马法，用制羌戎，而明制尤密”，[①] 明初太祖洪武中置茶马司专主其事[②]，茶马贸易在实际政治生活中的地位相对变得重要。明人继承了宋人将茶法写入茶书的传统，将其写入茶书，因而明代茶书中有关茶马的也为数不少。

宋人所开的茶法入茶书的风气，既开拓了茶文化的领域，也为中国经济、法律、边贸等方面的研究，保存了大量的可靠材料。

3. 补遗性汇编茶书出现

曾伉《茶苑总录》与佚名《茶杂文》皆为汇编性茶著述，周绛《补茶经》、桑庄《茹芝续谱》与刘异《北苑拾遗》等皆为补遗性茶书，它们是这两种茶书在中国茶文化史中的最早出现。

虽然上述几部茶书在此后皆已不传，但汇编性茶书的出现却为明以后的茶书著述开了一个坏头。明人有为数不少的茶书是由集缀唐宋茶书某些相关片断而成，没有什么价值却因坊肆书贾刻印流传，零乱而且错误百出，在中国茶文化史中制造了一批文化垃圾。

三　宋代茶书的缺失

宋代极具特色的茶艺文化之所以未能在中国茶文化史中世代延续下来，除了在第一编中所论及的主导茶器具、茶叶形态等方面的原因之外，宋代茶书的缺失这一方面原因也值得探究。

1. 忽视建安之外的产茶地

集中记述建安北苑茶，既是宋代茶书的最大特色，同时亦是它的缺失。因为宋代产茶区甚广，名茶甚众，“草茶盛于两浙，两浙之品，日铸为第一，自景祐以后，洪州双井白芽渐盛……其品远出日铸上，遂为草茶第一”[③]，但人们只能在宋人诗文中看到这些，茶书中则只字无记，因为“今日第茶者，取郝源为止，至如日注、实峰、闵坑、双港、乌龙、雁荡、顾渚、双井、鸦山、岳麓、天柱之产，虽雀舌枪旗号品中胜绝，殆不得与郝源方驾而驰也”。[④] 另外，南宋中后期，“近日士大夫，多重安国

① 《明史》卷八〇《食货志》。
② 《明史》卷七五《职官志・茶马司》。
③ 欧阳修：《归田录》卷一。
④ 刘弇：《龙云集》卷二八《策问中》第一八《茶》。

茶，以此遗朝贵，而铐茶不为重矣”。[1] 也就是说茶叶形态与鉴赏品味的变化早在南宋中后期就开始了，但由于茶书缺载，人们无法得到较为清晰的脉络。

就目前所知，宋代茶书中只有桑庄的《茹芝续谱》对北苑之外的茶叶有所记录，但它很快便已失传。人们不能从宋代茶书中看到宋代繁盛的茶文化全貌，这不能不说是一个很大的遗憾。

2. 宗教与茶文化的关系完全缺载

正如上一编所述，宋代宗教与茶叶的关系甚为密切，从茶叶的生产到茶艺的传习，宗教僧徒都甚有力焉，但宋代茶书于此几乎没有言及。

这是因为宗教僧徒们主要将茶看成他们与神及与文人士大夫交往的手段与媒介，或者只是将茶视为禅林清规的一部分。而对于中日佛教文化交流中茶文化的传播，宋代的茶书更是了无只字，一片空白，使得有关这一问题的中方资料几告阙如。

3. 不重视人在茶文化中的主体作用

虽然宋代茶书绝大多数作者身份地位并不低，并且因之而提高了茶艺的文化地位，但是宋代茶书的作者们只是将茶艺视作文人们的雅事之一，如徽宗在《大观茶论·序》中所言：“缙绅之士，韦布之流……盛以雅尚相推，从事茗饮……竞为闲暇修索之玩。”除唐庚《斗茶记》言及“二三君子”品茗斗茶外，几乎所有茶书中都只见茶叶、器具，而不见人。这是因为在当时整个社会观念中，人们对文人士大夫的一些会掩盖“修齐治平”理想的爱好与技艺，大都持否定态度，对文人士大夫醉心茶艺多有批评，如费衮说“人不可偏有所好，往往为所嗜好掩其他长”时，就是举陆羽为例[2]。陈东跋蔡襄《茶录》亦云：“惜君谟不移此笔书《旅獒》一篇以进。”[3] 宋代茶书未能突破社会观念中的这些范围，只敢说茶论艺，不重视茶事活动中人的主体作用，而缺乏主体的茶艺肯定无法传续。

---

① 《耆旧续闻》卷八。

② 《梁溪漫志》卷一〇《陆鸿渐为茶所累》。

③ 同上，卷八《陈少阳遗文》。

第十一章　茶与宋代诗词

中国历来有重视文学的传统，从文人角度来看代有才俊，各领风骚，从文体而言，各代各有自臻完善的文学形式。众所周知词是宋代文学的最高成就，但宋诗并未因此而暗淡无光，并没有“词胜而诗亡”，宋诗的成就实不亚于宋词。

“诗言志”，从孔子删削《诗经》以后，诗就负担起了“明王教化”“识国兴衰”的重大任务①。在理学蓬勃发展的宋代，人们“以议论为诗”“以文为诗”，经邦治国、道德伦理的理想常常充溢诗之间。词则是可以配乐演唱的歌词，是文人士大夫们燕游娱乐“满座迷魂酒半醺”时②，“聊资四座之欢”的闲情之作③。事实上，诗与词的分别也不是绝对的，诗中固多寄情之什，词中亦不乏言志之作。

由于茶叶兼具物质与精神的双重属性，既可以寄情，又可以托以言志。苏轼诗句“要知玉雪心肠好，不是膏油首面新”④，就是既写茶，又以茶喻人。因而茶主题在宋诗与宋词中频频出现。

第一节　茶成为两宋诗词中的一种重要意象

由于茶饮、茶艺活动的普泛化，使文人士大夫们经常接触到茶叶、茶事，从而为文人们的诗词创作提供了一个新的题材领域。

中国文学中一个极为重要的传统是用典，既往的历史、文学、人物，新的为人众所注目的事物，都可能成为后出文学作品中新的典故。所以，

---

① 邵雍：《观诗吟》，见《全宋诗》卷三七五。

② 欧阳修：《减字木兰花》，见《全宋词》第一册，第124页。

③ 李子正：《减兰十梅·序》，见《全宋词》第二册，第996页。

④ 《次韵曹辅寄壑源试焙新芽》，《全宋诗》卷八一五。

虽然宋人的茶书多所创获，从体例到内容都呈一代新风，但在诗词文学创作中涉及茶的内容时，却往往触目皆是汉唐掌故或汉赋作品中的人与事。茶事典的大量运用，使茶成为宋人诗词中新的母题，宋人自己的茶事活动则成为元明以后诗文创作的新事典，茶事典故在诗词文学中的运用，在更广泛的领域里传承了茶文化。

宋代茶诗词继承了用前朝人、事、物典的文学传统，所使用的与茶有关的意象，大都集中在汉唐两代。

一　陆羽与《茶经》

陆羽在唐中期写成《茶经》，对当时业已成习的饮茶风气起到了推动的作用，不仅对于茶饮茶艺文化的推广有至关重要的影响，而且对茶叶经济的促进作用也不可小觑。甚至当时坊肆中的规利者，“多为瓷偶人，号陆鸿渐，买数十茶器得一鸿渐。市人沽茗不利，辄灌注之”。[①] 以介乎祈神与求巫的方法祈禳陆羽以求沽茗得利。

入宋以后，陆羽在茶肆沽利中的作用不再有什么记载，而是完全成为文人士大夫心目中茶事与茶文化的代表形象。

宋人茶书中，常举陆羽，以其《茶经》不著北苑茶为恨为憾，但宋人茶诗中却看到了陆羽对一种全新的茶文化的发端作用，“自从陆羽生人间，人间相学事春茶”[②]。甚至直接将陆羽与茶并举称茶：“好抛此日陶潜米，学煮当年陆羽茶。”[③]

最为著者，是南宋陆游，他因与陆羽同姓，便经常在所写茶诗中自比陆羽，以显自己的恬淡志趣。陆羽在江东称竟陵子，居越后号桑苎翁[④]，陆游茶诗中便常常以此二别号尤其是后者自比，甚至将关心茶事视作“桑苎家风”。如《八十三吟》：“桑苎家风君勿笑，他年犹得作茶神”，如《过武连县北柳池安国院煮泉试日铸、顾渚茶》：“我是江南桑苎家，汲泉闲品故园茶”，《幽居即事》第五：“安得如吾宗，坐致顾渚园”，《戏书燕儿》：“水品茶经常在手，前生疑是竟陵翁”[⑤]，甚至疑惑自己是

---

① 李肇：《唐国史补》卷中《陆羽得姓氏》。

② 梅尧臣：《次韵和永叔尝新茶杂言》，《全宋诗》卷二五九。

③ 王禹偁：《惠山寺留题》，《全宋诗》卷六三。

④ 《唐国史补》卷中《陆羽得姓氏》。

⑤ 分见《剑南诗稿》卷七〇、卷三、卷七一。

否前生就是陆羽。其他许多人亦常以桑苎指陆羽，如李昴英《满江红》：“却坐间著得，煮茶桑苎”，[①] 张炎《风入松·酌惠山泉》：“当时桑苎今何在。”[②]

此外，陆羽所著茶文化之开山又是集大成之作《茶经》，在宋人茶诗词中亦常被视为茶事活动及茶文化的指归。如林逋写建茶：“人间绝品人难识，闲对茶经忆古人”[③]，辛弃疾《六么令·用陆羽氏事，送玉山令陆隆德》：“送君归后，细写茶经煮香雪。”[④] 而苏轼在看了南屏谦师的点茶之后，作诗赞曰：“东坡有意续茶经，会使老谦名不朽”[⑤]，在饮用虎跑泉水点试的茶汤之后，欲“更续茶经校奇品，山瓢留待羽仙尝”。[⑥] 杨万里《澹庵座上观显上人分茶》则谦逊地认为胡铨当去调理国事，分茶之类的茶文化活动则交给他自己：“汉鼎难调要公理，策勋茗碗非公事。不如回施与寒儒，归续茶经传衲子。”[⑦] 陆游亦有诗谓：“续得茶经新绝笔，补成僧史可藏山。”[⑧] 读写《茶经》成为茶事文化活动的代名词，而续写《茶经》则成了文人们在参与茶事文化活动时心目中的一个理想。虽然宋人并无实现续写《茶经》理想者，但这却刚好可以使之成为一种持续的理想。

二　玉川子卢仝

卢仝号玉川子，是晚唐的著名诗人。虽然几乎所有的诗话都评价卢仝的诗风怪异，“所作特异，自成一家，语尚奇谲，读者难解，识者易知。后来仿效比拟，遂为一格宗师”。[⑨] 但其所写的茶诗名篇《走笔谢孟谏议寄新茶》却为《苕溪渔隐丛话》认为是“出自胸臆，造语稳贴，得诗人句法”[⑩]，表明此篇与其他诗作迥然而异。而卢仝却因此诗成为宋人茶诗

---

① 《全宋词》第四册，第2872页。
② 《全宋词》第五册，第3514页。
③ 《监郡吴殿丞惠以笔墨建茶各吟一绝以谢之·茶》，《全宋诗》卷一〇八。
④ 《全宋词》第三册，第1877页。
⑤ 《送南屏谦师》，《全宋诗》卷八一四。
⑥ 苏轼：《虎跑泉》，《全宋诗》卷八三一。
⑦ 《诚斋集》卷二。
⑧ 《亲旧或见嘲终岁杜门戏作解嘲》，《剑南诗稿》卷三七。
⑨ 文辛房：《唐才子传》卷五。
⑩ 《苕溪渔隐丛话》后集卷一一。

词中最多论及的意象之一，尤其此诗中的七碗茶部分，更因其俨然有饮茶而得道升仙的意境，而成为宋人茶诗词中诸多意象的原型：

一碗喉吻润，
两碗破孤闷，
三碗搜枯肠，
唯有文字五千卷。
四碗发轻汗，
平生不平事，
尽向毛孔散。
五碗肌骨清，
六碗通仙灵，
七碗吃不得也，
唯觉两腋习习清风生。
蓬莱山，在何处？
玉川子乘此清风欲归去。①

1. 以卢仝、玉川、七碗、清风两腋、风腋指代茶饮

胡铨《醉落魄》："酒欲醒时，兴在卢仝碗"②，以卢仝碗指茶饮，以茶醒酒；陆游《昼卧闻碾茶》："玉川七碗何须尔，铜碾声中睡已无"③，以玉川七碗连举指茶饮，饮茶解睡，诗人尚未喝到茶饮，听到碾茶的响声就睡意全消；吴潜《谒金门·和韵赋茶》："七碗徐徐撑腹了，卢家诗兴渺"④，以七碗指茶饮，饮茶之后就像卢仝一样诗兴大发。

苏轼《送南屏谦师》："天台乳花世不见，玉川风腋今安有"⑤，梅尧臣《和次韵再拜》："不愿清风生两腋，但愿对竹兼对花"⑥，谢逸《武陵春·茶》词："捧碗纤纤春笋瘦，乳雾泛冰瓷。两腋清风拂袖飞，归去酒

① 《全唐诗》卷三八八。
② 《全宋词》第二册，第 1244 页。
③ 《剑南诗稿》卷一一。
④ 《全宋词》第四册，第 2770 页。
⑤ 《全宋诗》卷八一四。
⑥ 《全宋诗》卷二五九。

醒时"[①]，张抡《诉衷情》词："三昧手，不须夸。满瓯花。睡魔何处，两腋清风，兴满烟霞"[②]，则都是以"唯觉两腋习习清风生"为茶饮的意象原型。

而陈人杰《沁园春》词："两腋清风茶一杯"[③] 更是以"两腋清风"与茶连举，并称指茶。

2. 以清风两腋、风腋指飘然欲仙

王之望《满庭芳·赐茶》词："归途稳，清飙两腋，不用泛灵槎"[④]，直用卢仝诗中"乘此清风欲归去"意境，说饮茶后风生两腋可直飞蓬莱仙山，而不必泛槎于海苦苦搜寻。

另有程大昌《浣溪沙》词："乞君风腋作飞仙"[⑤]，葛长庚《水调歌头·咏茶》："两腋清风起，我欲上蓬莱"[⑥]，等等。

3. 其他

苏轼《游诸佛舍一日饮酽茶七盏戏书勤师壁》诗曰："何烦魏帝一丸药，且尽卢仝七碗茶"[⑦]，后句套用卢仝七碗茶诗意。

魏了翁《水调歌头》："又恐玉川子，茗碗送飞翰"[⑧]，则用卢仝写此诗的典故。

此外，"饮罢风生两腋"之类的词句与意象，在宋代饮茶诗词中则极为常见。再如袁去华《金蕉叶》词中："试一饮，风生两腋，更烦襟顿失"[⑨]，词意皆与此等同。

三　张又新《煎茶水记》

张又新《煎茶水记》中称："元和九年春，予初成名，与同年生期于荐福寺……会适有楚僧至，置囊有数编书。余偶抽一通览焉……卷末又一题云《煮茶记》"，而此《煮茶记》记录了陆羽与李季卿会饮扬子驿，品

---

① 《全宋词》第二册，第 648 页。
② 《全宋词》第三册，第 1420 页。
③ 《全宋词》第五册，第 3084 页。
④ 《全宋词》第二册，第 1339 页。
⑤ 《全宋词》第三册，第 1524 页。
⑥ 《全宋词》第四册，第 2566 页。
⑦ 《全宋诗》卷九七三。
⑧ 《全宋词》第四册，第 2366 页。
⑨ 《全宋词》第三册，第 1502 页。

鉴南零水后又品第天下二十种宜茶之水事。宋人将此皆入诗典："古寺僧囊见水经，未贪饮菊学长生。櫂船且向南零汲，欲试高人识鉴精。"①

四 一些与茶对举的意象

茶作为宋代诗词中新的母题，意境却又不独限于茶，一些与茶相对相关的人、物、事，亦常被对举用为茶的相关意象，这其中举用最多的是酒人、酒事，它们在茶饮初兴时就常被用来与茶事对比，其中较频繁者，是楚之屈原、汉景帝文园令司马相如、魏晋竹林七贤之一刘伶等，与茶对举的相关物品主要有鸡苏等。

1. 酒人、酒事

屈原因政治抱负不得伸，被流放后愤而作《离骚》，郁郁自沉汨罗江，自沉前在江边行吟，与渔父问答，称"众人皆醉而我独醒"②，此事被宋人茶诗词举用。如王令《谢张仲和惠宝云茶》，称茶能"还招楚客独醒魂"③，范仲淹《和章岷从事斗茶歌》："屈原试与招魂魄"等④。

司马相如成为宋代茶诗词中的新意象，其原因至少有三个方面：一是陆羽《茶经·七之事》中举司马相如《凡将篇》中"荈诧"为中国记载茶茗之事最早的文字之一；二是女才子卓文君私奔司马相如后，为生活所迫曾当垆卖酒，成为后世文苑传颂的香艳典故，相如与饮酒之间便有了一种不言而喻的关系，而古人又认为茶能醒酒、解酒，因而宋人茶诗词中便有将相如、醉酒、饮茶三种意象联用者；三是《史记·司马相如传》中说司马相如患有消渴病："相如口吃而善著书，常有消渴疾"，即现在所谓糖尿病，患此病者多喝水有益，而宋人认为多喝茶可以消抑此疾。当然，第一方面原因的作用是潜藏的，后两方面原因作用较为显著与直接，故宋人茶诗词中有关司马相如的意象，大都采用后两方面的典故。

如黄庭坚《满庭芳》词下阕："相如，方病酒，银瓶蟹眼，波怒涛翻。为扶起，罇前醉玉颓山。饮罢风生两腋，醒魂到、明月轮边。归来晚，文君未寝，相对小窗前。"⑤ 便是联用相如、醉酒、饮茶三种相关

---

① 张扩：《汲泉》，《全宋诗》卷一三九九。

② 《史记·屈原贾生列传》。

③ 《全宋诗》卷七〇六。

④ 《全宋诗》卷一六五。

⑤ 《全宋词》第一册，第401页。

意象。

而王令《谢张仲和惠宝云茶》："与疗文园消渴病"[1]，则是举茶可疗司马相如消渴病之典。

刘伶性嗜酒，曾著《酒德颂》一篇，经常纵酒大醉，是中国酒人酒事的典型代表，当然为宋人在诗词中作为茶的对比物使用，如范仲淹《和章岷从事斗茶歌》："刘伶却得闻雷霆"[2]，就是说茶可醒酒，连刘伶这样的酩酊大醉也可解得。

2. 况物

自然界中的物质多有物性相近似者，古人在诗词中因此多用比拟手法，宋人茶诗词亦然，常将茶叶清凉的特性比作鸡苏，而茶叶先苦后甘回味无穷的特性则以橄榄作比，如有云："生凉好唤鸡苏佛，回味宜称橄榄仙"[3]，又黄庭坚《赠晁无咎诗》："鸡苏胡麻留渴羌，不应乱我官焙香"[4]，则是以贬折鸡苏胡麻的笔法，反衬茶之高雅品性。

3. 其他

宋代茶诗词中与茶对举的意象还有一些历史典故，如梅尧臣《刘成伯遗建州小片的乳茶十枚，因以为答》："桓公不知味，空问楚人茅"[5]，用的便是春秋时齐桓公伐楚，其兴师问罪的理由是楚王"尔贡包茅不入，王祭不共，无以缩酒"的典故[6]。梅尧臣认为，因为齐桓公不知道有如此好味道的建州茶，才会白白地向楚人讨要包茅，如果他知道建州茶好，情况就不会这样了。

第二节　诗词中的宋代茶艺

茶叶为宋代诗词创作提供了丰富的题材，为诗词提供了许多新的意象，反过来说，大量的记叙、描述性的茶诗词也为宋代茶艺与文化作了艺术化的记录与保存工作，其中有一些甚至是其他文献中所没有的，由此更

① 《全宋诗》卷七〇六。
② 《全宋诗》卷一六五。
③ 《清异录·茗荈门·鸡苏佛》。
④ 《苕溪渔隐丛话后集》卷三一《山谷上》。
⑤ 《全宋诗》卷二四三。
⑥ 《左传》僖公四年。

显现出宋代茶诗词的价值。

一　茶叶的生产制造[①]

1. 种茶

宋代并无农书讲到茶叶的种植，茶书中也只有赵汝砺《北苑别录·开畬》讲到茶园每年的护理问题，对于种茶则略无涉及，而宋人诗词中偶尔提及的种茶之况，可以提供一些信息。如韦骧《钱塘集》卷七《茶岭》："种茶当岭上，日近地先春。"说茶要种在高山之上，以便接近太阳以先期春暖萌发。

2. 采茶

宋代上品茶叶的制造中对采茶工序的要求较高，北苑贡茶尤为如此。因而有多人作有北苑采茶诗，如蔡襄《北苑十咏》之四《采茶》："春衫逐红旗，散入青林下。阴崖喜先至，新苗渐盈把。竞携筠笼归，更带山云写。"[②] 记叙了北苑山上采茶的场面。而熊蕃更是写有《御苑采茶歌》十首：

雪腴贡使手亲调，旋放春天采玉条。伐鼓危亭惊晓梦，啸呼齐上苑东桥。

采采东方尚未明，玉芽同获见心诚。时歌一曲青山里，便是春风陌上声。

共抽灵草报天恩，贡令分明使指尊。逻卒日循云堑绕，山灵亦守御园门。

纷纶争径蹂新苔，回首龙园晓色开。一尉鸣钲三令趣，急持烟笼下山来。

红日新升气转和，翠篮相逐下层坡。茶官正要龙芽润，不管新来带露多。

翠虬新范绛纱笼，看罢人生玉节风。叶气云蒸千嶂绿，欢声雷震

---

① 本书第一稿，曾在此节"种茶""采茶""拣茶"诸条下转引陶德臣博士《宋代政和茶歌简析》文中所引宋太史滋兰的《种茶曲》《采茶曲》《拣茶曲》，后为李根蟠先生专信指教所引错误，非是宋时人所作。陶博士专门撰文检讨致谢，笔者则致谢李先生赐教，并言当此后有机会修订时订正并再致谢。

② 《全宋诗》卷三八六。

万山红。

凤山日日滃非烟，剩得三春雨露天。棠坼浅红酣一笑，柳垂淡绿困三眠。

龙焙夕薰凝紫雾，凤池晓濯带苍烟。水芽只是宣和有，一洗枪旗二百年。

修贡年年采万株，只今胜雪与初殊。宣和殿里春风好，喜动天颜是玉腴。

外台庆历有仙官，龙凤才闻制小团。争得似金模寸璧，春风第一荐宸餐。①

详细地记叙了北苑采茶的过程，及采茶不许见日，芽叶要求带露的一些具体要求。

北苑御焙之外的茶园采茶要求就没有北苑那么高了，郑樵《采茶行》记叙的便是一般的采茶情形：

春山晓露洗新碧，宿鸟倦飞啼石壁。手携桃杖歌行役，鸟道纡回惬所适。

千树朦胧半含白，峰峦高低如几席。我生偃蹇耽幽僻，拨草驱烟频蹑屐。

采采前山慎所择，紫芽嫩绿敢轻掷。龙团佳制自往昔，我今未酌神先怿。

安得龟蒙地百尺，前种武夷后郑宅。逢春吸露枝润泽，大招二陆栖魂魄。②

对于一般农家而言，采茶采桑则是其农事的连续："白头老媪簪红花，黑头女娘三髻丫。背上儿眠上山去，采桑已闲当采茶。"③

3. 造茶

原料茶叶的品质最终影响成品茶饼的质地，故而不论北苑官焙还是民

① 见《宣和北苑贡茶录》。

② 郑樵：《夹漈遗稿》卷一。

③ 范成大：《□州竹枝歌九首（之五）》，《石湖诗集》卷一六。

间茶园，在造茶过程中都非常重视拣茶这一道工序。普通茶园的拣茶只要求拣去妨害茶色味的茶梗及一些杂色茶叶，而北苑的拣茶到北宋后期则还包括对原料茶叶的筛选，即要剔取茶心一缕的水芽。

拣好茶叶后便是造茶，蔡襄《北苑十咏》之五《造茶》记录了造茶工序的诸过程："屑玉寸阴间，抟金新范里。规呈月正圆，势动龙初起。焙出香色全，争夸火候足。"① "屑玉"即是研茶，研好后入棬模压制成形，成形后出棬模烘焙，焙火适足则茶饼香色俱全。

4. 包装

梅尧臣《答建州沈屯田寄新茶》："春芽研白膏，夜火焙紫饼。价与黄金齐，包开青箬整。"② 讲到用青箬包装茶叶。

二　茶汤点试过程

宋人点试茶饮的过程从碎茶碾茶开始，然后罗茶，烧水，点茶，分茶。张扩有多首诗记叙这一过程。如：

《碾茶》："何意苍龙解碎身，岂知幻相等微尘。莫言椎钝如幽冀，碎璧相如竟负秦"③，记录碾茶铿金碎玉的过程。

《罗茶》："新剪鹅溪样如月，中有琼糜落飞屑。何年解后紫霞仙，肘后亲传餐玉诀"④，记录罗茶用四川鹅溪的织绢，与蔡襄《茶录·茶罗》认为茶罗用"蜀东川鹅溪画绢之密者"为佳同。

《均茶》："密云惊散阿香雷，坐客分尝雪一杯。可是陈平长割肉，全胜管仲自分财"⑤，写茶汤点好之后均分给坐客的情况。

三　茶具

宋代茶书中分别记录了一些茶具的名目与质地，但并未将宋人所用的茶具名目与质地记录完全，而茶诗词中有些篇什则可补宋代茶书之阙。

唐人碎茶用臼，宋人茶书中碾茶皆说用碾、磨，不见言茶臼。但在实际中，茶臼并没有像苏轼所说的那样，在茶磨大兴后，被"破槽折杵向

---

① 《全宋诗》卷三九六。
② 《全宋诗》卷二六〇。
③ 《全宋诗》卷一三三九。
④ 同上。
⑤ 同上。

墙角”①，因为有秦观的《茶臼》诗可补此阙：

幽人耽茗饮，刳木事捣撞。巧制合臼形，雅音侔柷椌。
灵室困亭午，松然明鼎窗。呼奴碎圆月，搔首闻铮鏦。
茶仙赖君得，睡魔资尔降。所宜玉兔捣，不必力士扛。
愿偕黄金碾，自比白玉缸。彼美制作妙，俗物难与双。②

茶盂在宋人茶书中亦未曾言及，宋人茶诗词中不仅记录了宋人对茶盂的使用，而且宋人所使用的茶盂质地也颇丰富。如彭汝砺《赠君俞茶盂》：

人心一何巧，得泥自山隅。运泥置盘中，百转成双盂。
粹质淹雪霜，清辉夺璠玙。精明绝隐匿，洁白无瑕污。③

记的是陶瓷茶盂。而黄庭坚《答许觉之惠桂花椰子茶盂二首》：“硕果贯林梢，可以代悬匏”，“硕果不食寒林梢，剖而器之如悬匏。故人相见各贫病，且可烹茶当酒肴”④，记的则是用椰子壳作茶盂，其韵甚雅。明代朱权尝以椰壳作茶匙⑤，从此诗中我们则可知道，宋人已经开始有用椰壳作茶具者。

关于调茶的用具，宋人茶书中前有蔡襄言茶匙，后有徽宗论茶筅，都不曾言及茶匕，吴则礼所作《同李汉臣赋陈道人茶匕》则让我们看到宋人调茶用具的多样性。

宣和日试龙焙香，独以胜韵媚君王。
平生底处虀盐眼，饱食斓斑翰林碗。
腐儒惯烧折脚铛，两耳要听苍蝇声。
苦遭汤饼作魔事，坐睡只教渠唤醒。

---

① 《次韵黄夷仲茶磨》，《全宋诗》卷八三〇。
② 《全宋诗》卷一〇六四。
③ 《全宋诗》卷八九六。
④ 《全宋诗》卷九九八。
⑤ 见朱权《茶谱·茶匙》。

岂知公子不论价，千金争买都堂胯。
心知二叟操钤锤，种种幻出真瑰奇。
何当为吾调云腴，豆饭藜（羡）［羹］与扫除。
个中风味太高彻，问取老师三昧舌。①

陆羽《茶经》四之器中有取茶用的则，从法门寺出土的唐代茶具来看，则就是一种柄稍长的勺子。《茶经》中搅拌茶汤是用长竹筴，而蔡襄《茶录》中的点茶用具茶匙，也较明确的是长柄勺子，而匕本身就是长柄浅斗的取食用具，从形制上来看它们是同一种类物件。此诗表明至少到诗中所写的宣和年间，在徽宗写《茶论》称用茶筅之后，茶匕仍是点茶艺人所喜用的点茶用具。

煮茶用具宋人茶书只记录了茶瓶，其他用具则不曾记，茶诗词亦可补其阙。从中我们可见宋人煮水用具其实极为多样，在茶瓶之外，尚有茶铛、茶铫等。如吕南公《茶铛》诗："宾榻萧萧午户开，松枝火尽半寒灰。主人欲就仙游梦，休愿煎茶醒睡来"②，诗中所用茶铛，并非如后人所用以炒茶的锅，而是煮水用的锅。如张伯玉《后庵试茶》："小灶松火燃，深铛雪花沸"③，更是明确说明茶铛乃是煮水用的锅。而苏轼《次韵周穜惠石铫》：

铜腥铁涩不宜泉，受此苍然深且宽。蟹眼翻波汤已作，龙头拒火柄犹寒。

姜新盐少茶初熟，水渍云蒸藓未干。自古函牛多折足，要知无脚是轻安。④

与李彭《萧子植寄建茗石铫石脂潘衡墨且求近日诗作四绝句》："良工刻削类方城，煮茗细看秋浪惊。未许儿曹轻度量，岂容奴辈笑彭亨"⑤，都是记的煮水用的石铫。

---

① 《全宋诗》卷一二六七。
② 《全宋诗》卷一〇三八。
③ 《全宋诗》卷三八三。
④ 《全宋诗》卷八〇七。
⑤ 《全宋诗》卷一三九〇。

烧火用的茶具，茶诗词在宋代茶书所说茶炉之外还记有茶灶等，如梅尧臣《茶灶》："山寺碧溪头，幽人绿岩畔。夜火竹声乾，春瓯茗花乱。兹无雅兼趣，薪桂烦燃爨"①，就是记录的茶灶。

茶合在宋人笔记中有记，茶书中则没有。而宋人茶诗词中也有记，苏颂《宣甫随行有端石茶匣甚佳道中为仆夫所损某见之谓微瑕无伤寻蒙送示有二绝句依韵拜答》诗中记录了宋人的石制茶合，说明宋人的盛茶用具茶盒，不仅有木制，也有用石制者。

> 物重赍轻岂易持，何时登顿损瑰奇。曾为什袭缇巾宝，一见寒姿不忍遗。
>
> 镌砻圭角制尤精，岂为微瑕用便轻。且赏岩珍终耿介，休思人事有亏成。②

其他一些茶具，宋人茶书中虽然有记，但只说某些质地为好，从茶诗词中我们可以看到它们还有更多质地材料所制者。如文彦博《彭门贤守器之度支（赵鼎）记余生日过形善祝并惠黄石茶瓯怀素千字文一轴辄成拙诗仰答来意》诗③，说明茶碗除用陶瓷制外，尚有用石制者。而邵雍《代书谢王胜之学士寄莱石茶酒器》诗④，及王益柔《莱石茶酒器寄邵先生作诗代书》诗：

> 宝刀切石如春泥，雕劖成器青玻璃。吾尝阅视得而有，惜不自用长提携。
>
> 前时过君铜驼陌，门巷深僻无轮蹄。呼儿烹茶酌白酒，陶器自称藿与藜。⑤

除了表明茶具有用石制者外，还表明茶具与酒具在宋代是通用的，这就可以解释为什么茶瓶有时又会被称为酒注。

---

① 《全宋诗》卷二三二。

② 《全宋诗》卷五二四。

③ 《全宋诗》卷二七三。

④ 《全宋诗》卷三六七。

⑤ 《全宋诗》卷四〇八。

再如贮茶用的茶瓶，宋人茶书中无记，其他笔记小说中记有用铜、锡、竹器者，而黄庭坚《以椰子茶瓶寄德孺二首》：

> 炎丘椰木实，入用随茗碗。譬如楛矢砮，但贵从来远。
> 往时万里物，今在篱落间。知公一拂试，想我瘴雾颜。[①]

说明另有以椰子壳制藏茶瓶者。

至于其他一些重要的茶具，宋人都有多首茶诗词记叙之。如关于茶筅，则有韩驹《谢人寄茶筅子》诗："立玉干云百尺高，晚年何事困铅刀。看君眉宇真龙种，犹解横身战雪涛。"[②] 刘过《好事近·咏茶筅》词"谁斫碧琅玕，影撼半庭风月。尚有岁寒心在，留得数茎华发。龙孙戏弄碧波涛，随手清风发。滚到良花深处，起一窝香雪"[③] 等多首茶诗词吟咏之。

而记碾茶用的茶磨的诗词则更多，如梅尧臣写有《茶磨二首》，其一："楚匠斫山骨，折檀为转脐。乾坤人力内，日月蚁行迷。吐雪夸春茗，堆云忆旧溪。北归唯此急，药臼不须挤。"其二："盆是荷花磨是莲，谁砻麻石洞中天。欲将雀舌成云末，三尺蛮童一臂旋。"[④] 苏轼则写有《次韵黄仲夷茶磨》：

> 前人初用茗饮时，煮之无问叶与骨。浸穷厥味臼始用，复计其初碾方出。
> 计尽功极至于磨，信哉智者能创物。破槽折杵向墙角，亦其遭遇有伸屈。
> 岁久讲求知处所，佳者出自衡山窟。巴蜀石工强镌凿，理疏性软良可咄。
> 予家江阳远莫致，尘土何人为披拂。[⑤]

---

① 《全宋诗》卷九九八。
② 《全宋诗》卷一四四一。
③ 《全宋词》第三册，第2151页。
④ 《全宋诗》卷二五六。
⑤ 《全宋诗》卷八三〇。

王庭珪写有《谢彭仲宽惠小茶磨并仙茅二首》："踏梯割得紫云归，琢就双轮半尺围。晴日午窗新睡起，掌中轻转雪花飞"[①]，等等。

另有碾茶用的茶硙，亦不入茶书。黄庭坚竭力推荐其家乡茶双井茶用茶硙，屡在诗文中大加倡导推广，"我家江南摘灵腴，落硙霏霏雪不如"[②]，"山芽落硙风雪回，曾为尚书破睡来"[③]，到了南宋，茶硙就在陆游等人的诗文中经常出现。

第三节　茶诗词中的宋代文化生活

琴棋书画，为中国古代文人四艺，与茶结合之后，更显清丽风雅。苏舜钦《苏学士集》卷十《答韩持国书》中曾经描绘了一幅宋代文人生活的画面："静院明窗之下，罗列图史。琴樽以自愉。踰月不迹公门，有兴则泛小舟出盘阊，吟啸览古于江山之间。渚茶野酿，足以销忧。"明以后，士大夫以儒雅相尚，若评书、品画、瀹茗、焚香、弹琴、选石等事无一不精。

在"君臣以文墨相高，将相以收藏自诩"的两宋，不仅在观念上较为重视文化，实际的文化生活也极为丰富多彩。后人曾有以"琴棋书画诗酒花"与"柴米油盐酱醋茶"相对，来指代描述文化生活与日常生活。然而正如在前文中已经说过的那样，由于茶本身兼具物质与文化特性，故而作为物质消费形式的茶饮，在"琴棋书画诗酒花"的诸种文化生活中，成为一种同样具有文化性的伴衬。这些方面的文化生活在宋代茶诗词中都有反映，同时，茶也都为它们平添了几分雅韵。本节将主要论述茶诗词中的琴、棋、酒、花、书、画，以及它们与茶文化之间的相关性。

一　茶与酒

宋人一般在酒后饮茶，如李清照《鹧鸪天》："酒阑更喜团茶苦。"[④]

其一是茶能解酒，"遣兴成诗，烹茶解酒"[⑤]，其二是酒后饮茶可以增加聚会的时间，将欢乐的时光留住并延长。

---

① 《全宋诗》卷一四七一。

② 《双井茶送子瞻》，《全宋诗》卷九八四。

③ 《戏为双井解嘲》，《全宋诗》卷一〇一三。

④ 《全宋词》第二册，第929页。

⑤ 葛长庚：《酹江月·春日》，《全宋词》第四册，第2584页。

歌舞阑珊退晚妆。主人情重更留汤。冠帽斜攲辞醉去，邀定，玉人纤手自磨香。

又得尊前聊笑语。如许。短歌宜舞小红裳。宝马促归朱户闭，人睡，夜来应恨月侵床。①

而有时人们将既饮酒又喝茶看作一种悠闲自得生活的象征："懒散家风，清虚活计，与君说破。淡酒三杯，浓茶一碗，静处乾坤大。"②

唐人已经明确认识到酒与茶的区别，"驱愁知酒力，破睡见茶功"③。宋人也同样看到了酒与茶的这些区别。但在一般人的生活中，人们对酒的喜好程度总是超过了茶，故当时有常言道："薄薄酒，胜茶汤，丑丑妇，胜空房"④，诗人在酒诗中也常会写出类似的诗句。然而"爱酒不嫌茶"⑤，在喜好茶饮者的诗词中，人们还是能看到对茶与酒功用的客观认识。北宋末年谢幼槃收到别人送的茶后，回赠以酒，特写《次韵季智伯寄茶报酒三解》三首诗以说明，其二曰："二生相逢妾换马，我今真成酒易茶。腐肠销膏亦可戒，与子服雾餐朝霞。"⑥

宋人常在不同的情境下分别饮酒饮茶。陆游《吴歌》："困睫凭茶醒，衰颜赖酒酡"，《戏书日用事》："寒添沽酒兴，困喜硙茶声"⑦。

二　茶与花

虽然唐人有花下饮茶"煞风景"之说⑧，但宋人已不再这么认为。宋代人们以花下饮茶为更雅之事。如邹浩《梅下饮茶》："不置一杯酒，惟煎两碗茶。须知高意别，用此对梅花。"⑨ 邵雍《和王平甫教授赏花处惠

---

① 黄庭坚：《定风波·客有两新鬟善歌者，请作送汤曲，因戏前二物》，《全宋词》第一册，第403页。

② 葛长庚：《永遇乐》，《全宋词》第四册，第2574页。

③ 白居易：《赠东邻王十三》，《全唐诗》卷四四八。

④ 苏轼：《薄薄酒·引》，《全宋诗》卷七九七。

⑤ 白居易：《萧庶子相过》，《全唐诗》卷四五〇。

⑥ 《全宋诗》卷一三七七。

⑦ 《剑南诗稿》卷七三、卷七九。

⑧ 《坦斋通编》记唐李义山《杂纂》谓煞风景之事有"对花点茶"。今本《杂纂》无此。

⑨ 《全宋诗》卷一二四四。

茶韵》："太学先生善识花，得花精处却因茶。万香红里烹余后，分送天津第一家。"①

三　茶与琴

宋人饮茶听琴，欣赏古画，甚为清雅，如梅尧臣《依韵和邵不疑以雨止烹茶观画听琴之会》："弹琴阅古画，煮茗仍有期"②；陆游《岁晚怀古人》："客抱琴来聊瀹茗，吏封印去又哦诗"，《雨晴》："茶映盏毫新乳上，琴横荐石细泉鸣"，《书况》："琴谱从僧借，茶经与客论"，《初夏闲居（六)》："小楼有月听吹笛，深院无风看硙茶"③；洪适《过妙缘寺听怀上人琴》："煮茗对清话，弄琴知好音。"④

四　茶与棋

在茶馆中茶与棋之间的关系与赌博有关，自北宋时起，不少茶馆中就开设有双陆赌局或棋局。茶诗词中的茶与棋，就没有这么落俗了。它一般都是文人士大夫们雅集相聚时，烹茶品茗、弈棋娱乐、吟咏唱和的雅事之一。黄庭坚《雨中花·送彭文思使君》词有句曰："谁共茗邀棋敌?"⑤品茶弈棋；吴则礼《晚过元老》："煮茗月才上，观棋兴未央"，品茗观棋，兴味盎然。再如李光就因聚会烹茗弈棋写有《二月九日北园小集，烹茗弈棋，抵暮，坐客及予皆沾醉，无志一时之胜者，今晨枕上偶成鄙句，写呈逢时使君并坐客》诗，《十月二十二日纵步至教谕谢君所居，爱其幽胜，而庭植道源诸友见寻，烹茗弈棋小酌而归，因成二绝句》诗等⑥。又如陆游《晚晴至索笑亭》："堂空响棋子，盏小聚茶香"，《秋怀》："活火闲煎茗，残枰静拾棋"，《六言》之四："客至旋开新茗，僧归未拾残棋"，《山行过僧庵不入》："茶炉烟起知高兴，棋子声疏识苦心"。⑦

而茶与棋之间发生的趣事，是茶成了弈棋的彩头，却不是茶肆中弈棋

---

① 《全宋诗》卷三六八。

② 《全宋诗》卷二五七。

③ 《剑南诗稿》卷一八、卷二四、卷七三、卷八〇。

④ 《盘洲文集》卷二。

⑤ 《全宋词》第一册，第387页。

⑥ 《全宋诗》卷一四二五、卷一四二七。

⑦ 《剑南诗稿》卷一二、卷六八、卷八一、卷八二。

博钱。杨亿曾与人下棋落败，输给对方纸笔砚三物，临了笔却送不出，只好作诗先送其他二物《因与西厅参政侍郎奕棋，予输纸笔砚三物，以诗见征，属宣毫适尽，但送蜀牋端砚，继以此章》，但又不好就此将笔赖账赖掉，于是以上好的建茶相代，《又以建茶代宣笔别书一绝》："青管演纶都已竭，文楸争道恨非高。辄将花苑先春茗，聊代山中堕月毫。"[①] 北宋末年赵鼎臣一组诗中所记茶与棋的故事亦很有趣。时人方元修（字时敏）将茶送给李祁（字萧远），并写诗表达自己决定止茶不再饮用。元修的弟弟元若（字允迪）认为不可以停止用茶，和了一首诗，并送二饼茶给其兄。赵鼎臣听说此事后认为方元修既然已经止茶，就不应该再接受元若的茶，元若的茶应该给他赵鼎臣这样的人，于是又和了一首方元修的止茶诗《方时敏以茶饷李萧远因作诗止茶，其弟元若允迪闻之，谓茶不可止，和其诗，复以茶二饼寄其兄，三子皆余所善也，时敏既止茶，不当复受允迪之饷，而萧远巍然亦不得以独飨也，故次其韵以请二子》，记叙此事，问元若讨要茶叶。元若并未送茶给赵鼎臣，赵于是又写诗一首《既和时敏止茶诗矣，而允迪所饷犹未及请，再次韵求之》，再去讨要。结果是元若回赠了赵鼎臣一首诗，茶却不送来，而是约他下棋，以胜负决定赵能否得到茶叶，赵又赋诗一首《允迪和诗，吝茶弗出，而约以棋取之，再次韵》[②] 以记其事。

五　茶与画

饮茶观画，饮茶试墨书法，都是为宋代文人们所称道的清雅情趣，如前引梅尧臣诗句："弹琴阅古画，煮茗仍有期"，琴、茶、画三者兼而有之；苏轼《龟山辨才师》："尝茶看画亦不恶，问法求师了无碍"；张耒"看画烹茶每醉饱，还家闭门空寂历"[③]，都是饮茶观画；而陆游《闲中》："活眼砚凹宜墨色，长毫瓯小聚香茗"[④]，则是品茗试墨写书法。

而对于附庸风雅者的附会，文人们则是很不屑的。一次，某达官邀请程颢等到他家品茗观画，程颢很是鄙薄其人，声称"吾平生不啜茶，亦

---

① 杨亿：《武夷新集》卷四。

② 诸诗皆见《全宋诗》卷一三〇九。

③ 见《全宋诗》卷八〇七、《柯山集》卷一〇。

④ 《剑南诗稿》卷三〇。

不识画"，拒绝了他的邀请。①

琴棋书茶并为文人雅事，有能其一二者已为不易，皆而能者殊为难得，故向子諲在其《浣溪沙》题注中谓此词因"赵总怜以扇头来乞词，戏有此赠"而作，特别强调"赵能著棋、写字、分茶、弹琴"。

> 艳赵倾燕花里仙。乌丝阑写永和年。有时闲弄醒心弦。
> 茗碗分云微醉后，纹楸斜倚髻鬟偏。风流模样总堪怜。②

上阕的后二句分写写字、弹琴，下阕的首二句分写分茶、著棋，风流雅韵尽在其中。

---

① 《事文类聚》前集卷四〇。
② 《全宋词》第二册，第975页。

第十二章　茶与宋代书法绘画

唐代茶文化将后世大多数茶文化内容都开发了出来，包括援茶入书法、绘画。著名书僧怀素的《苦笋帖》："苦笋及茗异常佳，乃可径来，怀素上"，是现存最早的佛门手札茶书法作品。［参见图75］而相传为阎立本所绘的《萧翼赚兰亭图》则是传今最早的与茶有关的绘画作品。［参见图76］画面中、右部，辨才和尚刚招呼萧翼坐下。画面的左下角画有二人以一应茶具烹茶。其中之老者，手执茶筴，正欲搅和炉上茶镀中的茶汤；少者正俯身从盘案上拿起一副浅色碗深色盏托的茶碗盏，准备分茶。盘案中还有一副碗盏，和一只小贮茶罐。表现了主人以茶招待客人的茶事状况。此外，唐代现存与茶有关的画作中，尚有《明皇和乐图》《宫乐图》、周昉《调琴啜茗图》《烹茶仕女图》等。

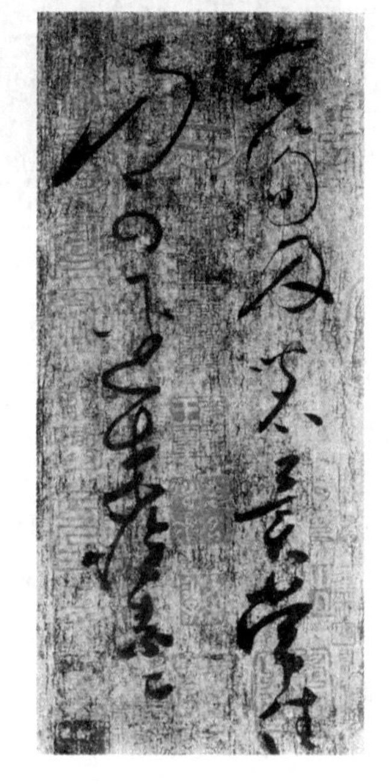

图75　僧怀素《苦笋帖》
（长25.1厘米，宽12厘米，绢本。现藏上海博物馆）

不过，关于《萧翼赚兰亭图》《明皇和乐图》等画作所绘成的年代，学者尚有唐、宋两代不同的看法[①]。笔者以为以画面茶事所用茶具等因素来判断，这两幅画作于宋代的可能性要远远大于唐代。最后的结论仍需进一步研究加以鉴别。

---

① 见于良子《谈艺》之《扑朔迷离的〈萧翼赚兰亭图〉》篇，浙江摄影出版社1995年版。

图 76　[传] 阎立本《萧翼赚兰亭图》(局部)

(纵 27.4 厘米，横 64.7 厘米，绢本，设色，无印款，画背面有宋代绍兴进士沈揆、清代金农款印，与明代成化进士沈翰的题跋)

宋代是我国绘画艺术又一个鼎盛发展的时期，与其山水画卓越成就相对的是大量的社会风俗画。儒家传统的入世精神逐渐成为画家的指导思想，一些面向现实的题材如田家、商旅、市肆及社会风俗种种，都在绘画中得到了表现。而茶作为浸润在社会生活诸多层面中的一种物品，也自然而然地为宋代的许多画绘入丹青。同时，宋代的文人书家们，也留下了大量的茶书法作品。

第一节　茶与宋代绘画

一　与茶有关的绘画作品

宋代绘画题材，除宗教外，既重山林意趣，又重现实生活，茶饮正是二者可兼而有之的题材。徽宗赵佶画有《文会图》，画面即是众多文人在园林之中雅集，品茶、饮酒，兼而有之。[参见图 77]

图77　赵佶《文会图》（局部）（现藏台湾故宫博物院）

宋代以茶为专门题材的绘画作品从宋初就开始出现，如作者不详的《魏处士诗意图》。魏处士即魏野，字仲先，陕州人，真宗时隐居不出，为诗清苦，有名于时，宗召之不赴，令图其所居以进①。魏野有诗句曰“洗砚鱼吞墨，烹茶鹤避烟”，《魏处士诗意图》所绘即此诗意境。自两宋之交起，以茶为题材的画作非常之多，如徽宗时入画院、建炎间任画院待诏的李唐绘有《月团初碾瀹花瓷》，高宗作题。此画所绘为秦观诗意图，诗曰：“月团初碾瀹花瓷，啜罢呼儿课楚词。风定小轩无落叶，青虫相对吐秋丝。”② 史显祖《斗茶图》《陆羽品泉图》③，吴炳有《茗茶图》④，另外还有蔡肇《烹茶图》⑤，乔仲山《火龙烹茶图》《卢仝煎茶图》⑥ 等。

只可惜以上这些画除在一些画录中还有著录外，现已不能见到其画面，现在尚能见到的宋代茶绘画作品主要是南宋刘松年所作。

---

① 《宋史》卷四五七《隐逸上·魏野传》。

② 厉鹗：《南宋院画录》卷三著录。

③ 《南宋院画录》卷八、清卞永《式古堂画考》卷三〇皆著录。

④ 《南宋院画录》卷五著录。

⑤ 《式古堂书画汇考》卷二著录。

⑥ 张丑：《清河书画舫》卷一著录。

"刘松年，钱塘人，居清波门（一名暗门）外，俗呼'暗门刘'"①，是南宋孝宗、光宗、宁宗三朝的宫廷画家，尤善人物画，后人将他与李唐、马致远、夏圭合称为"南宋四家"。刘松年是南宋著名画家，在中国绘画史上占有重要地位。一生画有多幅茶图，现今可知的有《卢仝烹茶图》《撵茶图》《茗园赌市图》《斗茶图》《唐子西拾薪煮茗图》② 等，现在人们还能看到的有《卢仝烹茶图》《撵茶图》《茗园赌市图》《斗茶图》四幅，以下分述之。

关于刘松年所画《卢仝烹茶图》的画面，清厉锷《南宋院画录》转引《铁网珊瑚》中所记都穆题跋云："玉川子嗜茶，见其所赋茶歌。松年图此，所谓破屋数间，一婢赤脚，举扇向火，竹炉之汤未熟，而长须之奴复负大瓢出汲。玉川子方倚案而坐，侧耳松风，以俟七碗入口，可谓妙于画者矣。"此图为绢本设色，画山石瘦削，有松槐生石罅，枝干杈奇拥（臃）肿，下覆茅屋，卢仝赤脚拥书坐，婢治茶具，长须奴肩壶汲泉，款：刘松年，蝇头小楷，署在松节。后幅有唐寅等人的题跋。[参见图 78]

图 78 刘松年《卢仝烹茶图》（一）（现藏台湾故宫博物院）

① 《南宋院画录》卷四。

② 见《南宋院画录》。

而另有署名刘松年所作《卢仝烹茶图》的画面却非此等境象。“未见破屋，只是秀竹湖石。举扇向火之人为须者而非婢，且是著屐。玉川子卢仝本人，则是站立持盏受茶而非倚案而坐。因此很显然《南宋院画录》与台湾茶事图册所载之图同名而不同轴，但并不能确定孰是刘松年之作。”①

按：南宋张炎《踏莎行·卢仝啜茶手卷》：

> 清气崖深，斜阳木末。松风泉水声相答。光浮碗面啜先春，何须美酒吴姬压。　　头上乌巾，鬓边白发。数间破屋从芜没。山中有此玉川人，相思一夜梅花发。②

所记图景与厉鹗《南宋院画录》所叙完全相吻合，如“数间破屋从芜没”对“所谓破屋数间”，“松风泉水声相答”对“侧耳松风”，所以从此词中或可断定，《南宋院画录》所记之图乃是刘松年之作，则所谓“台湾茶事图册”即《茶艺》中著录的题为刘松年所作的《卢仝烹茶图》则大可商榷。［参见图 79］

图 79　刘松年《卢仝烹茶图》（二）

---

① 曹工化：《刘松年茶事三图记》，见《西湖茶思录》。

② 《全宋词》第五册，第 3503 页。

另据《清波杂志》卷八《茶图记》：

> 先人三弟，季字德绍，与烨同庚同月，烨先十三日。……中年后文笔加进。尝题《玉川碾茶图》绝句云："独抱遗经舌本乾，笑呼赤脚碾龙团。但知两腋清风起，未识捧瓯春笋寒。"

前两句用韩愈《寄卢仝》："一奴长须不裹头，一婢赤脚老无齿"，"春秋三传束高阁，独抱遗经终究始"诗句[①]。"但知两腋清风起"用卢仝《走笔谢孟谏议寄新茶》："七碗吃不得也，惟觉两腋习习清风生。"最后一句亦与厉鹗所记有异。刘永翔注《清波杂志》此条以谓："味德绍'捧瓯春笋'之句，意所图必为少婢。画师媚俗，喜以秀色餐人，固不惜厚诬古人也。"画面与前两举又有异，或者当日以《卢仝烹茶图》为题者不止刘松年一图。

而其《撵茶图》则可让人们看到宋代文人小型雅集品茗观书作画的生活场景以及宋代点茶的器具与程式。《撵茶图》画面左部，有二人正专心忙于茶事。一人坐在矮几上，手执茶碾转柄正在碾茶。另一人站在一张方桌边，左手持一茶碗，右手执汤瓶正往茶碗中注汤。方桌上还放置有多种茶具一叠盏托，平堆着一摞茶碗，两只贮木茶盒，一只盛水水盆，盆里还有一只水杓，一只竹茶筅，和一叠其他器具。桌前侧下部的横档上挂着一方茶巾。桌前地下的小方几上有一只正在烧水的茶炉，炉上是一只带盖的茶镬。执瓶注汤人的右后侧，还有一只巨大的贮茶瓮（《茶艺》中认为为贮清水以备用的贮水瓮）。较全面地描绘了宋代的点茶茶艺从碾茶到注汤点茶的点饮过程以及所用的大部分茶具。[参见图80]

《茗园赌市图》从画面上看是卖茶沽茗者之间在斗茶竞卖。画中有四个提茶瓶的男子在斗茶，一位手持茶碗似乎刚刚喝完正在品味，一位正在举碗喝，一位左手持茶瓶、右手拿茶碗正在往碗中注茶汤，一位则是在喝完茶后抬起右手的衣袖擦嘴。四人的右边，一个男子站在茶担边，左手搭在茶担上，右手罩在嘴角上正在吆喝卖茶，茶担一头贴着"上等江茶"的招贴。画面的左右两边各有一个手拿茶瓶、茶碗茶具的男女，一边在往前走，一边同时又在回头看着四位斗茶的人在斗茶。[参见图62]

---

① 《昌黎先生集》卷五。

图 80　刘松年《撵茶图》（现藏台湾故宫博物院）

画面中提茶瓶的卖茶人身上都带着雨伞或雨笠，挑茶担人的茶担上也有一个防雨的雨篷，说明这些卖茶者主要是在露天的大街小巷、瓦市勾栏中卖茶的。整幅画面表现了宋代茶肆生活的一个侧面，反映的是市民阶层的卖茶、饮茶生活。

刘松年还绘有另外两幅反映卖茶者之间相互斗茶的《斗茶图》。其中一幅的画面上，四位身背雨具、提茶瓶、挑茶担的卖茶者在市郊相遇而斗茶，图卷左上有明代杭州人俞和所书卢仝七碗茶诗，显系后来补书。［参见图 81］一幅为台湾故宫博物院所藏《斗茶图》。［参见图 82］

刘松年的茶事画作，或借前朝衣冠或摹写时人的茶事生活，反映了宋代不同社会层次中人们不同饮茶方式的生活风情，故而他的茶事作品屡被后世画家所仿效。如宋元之际钱选的《品茶图》（由于明代顾炳在其《顾氏画谱》中摹绘此图，并标题为阎立本《斗茶图》，现有不少论者将其视为阎氏所作。但阎氏系初唐人，画中的长流水注、用茶筅刷调茶等器物都是唐末至五代时才有的，所以其不可能为阎氏所作）、元代赵孟頫的《斗茶图》，均是选取其《茗园赌市图》的局部加以改动而成。［参见图 83、图 84、图 85］

图 81 刘松年《斗茶图》（一）局部（现藏北京中国农业博物馆）

图 82 刘松年《斗茶图》（二）（现藏台北故宫博物院）

图 83　钱选《品茶图》

图 84　顾炳摹绘《斗茶图》

图 85　赵孟頫《斗茶图》

此外，钱选还作有《卢仝煮茶图》[①]（又称《玉川烹茶图》）、《陶学士雪夜煮茶图》等茶事画作。

钱选是南宋时的乡贡进士，入元后隐居不仕，放游于山水之间，“不管六朝兴废事，一樽且向画图开”[②]。《卢仝煮茶图》是钱选所作多幅以隐逸为题材的画品中的一幅。画面中间席地而坐者即是卢仝，他头戴纱帽，身袭长袍，神态悠闲。画中另有两位侍者，一位身着朱衣，手执纨扇，蹲于地上在给茶炉扇风，似是唐人所说的老婢；另一侍者旁立，神态恭谨，似乎是不裹头之“长须奴”。[参见图86]

图86　钱选《卢仝烹茶图》及局部

宋人茶事绘画作品值得一提的还有审安老人的《茶具图赞》。《茶具图赞》有赞，已入茶书之列。但它又有图，用简洁的线条，描绘出宋代主要茶具的图谱。所以将它列入茶事画作，是因为北宋早就有了茶具图画，虽然已经没有图画传世，但却有文同的《谢许判官惠茶图茶诗》传达消息。

成图画茶器，满幅写茶诗。会说工全妙，深谙句特奇。

---

① 《石渠宝笈二编·重华宫藏》著录。

② 钱选：《题山水卷》第二首，见《元诗选》二集。

尽将为远赠，留与作闲资。便觉新来癖，浑如陆季疵。[①]

从诗中可以得知早在北宋前期人们就已开始画茶具图赏玩，应该说茶具图谱并不是审安老人的首创，审安老人的创造，在于赞。

宋代还有一些与茶事有关的非专题性画作，如佚名的《人物图》，表现的是典型的宋代文人书斋生活：烧香、点茶、挂画、插花[②]；而苏汉臣的《长春百子图·荷庭试书》中，书桌上放着茶壶和茶杯，一童子手执茶杯正在赏茶，则可能是现存最早记录茶壶的画作。[参见图87、图88]

图87 （宋）佚名《人物图》

① 《全宋诗》卷四三八。

② “有一些研究者认为本图是王羲之的画像。该看法不无道理，但证据略显不足，因为这也可能是某位慕古的宋人的画像。”参见马仪《从“握卷写”到“伏纸写”——图像所见中国古人的书写姿势及其变迁》，载《形象史学研究（2013）》，人民出版社2014年版。

图 88　苏汉臣《长春百子图·荷庭试书》

二　文物中与茶有关的绘画作品

考古发掘出土的宋代文物中，亦有多幅与茶有关的绘画作品。它们或反映了宋代茶具、点艺过程，或反映了当时社会日常生活的饮茶习俗。

1. 洛阳宋墓进茶图

洛阳宋墓墓主约葬于崇宁二年（1103）前后。此墓于 1992 年发现于洛阳邙山，墓室北壁绘二侍女，东侧一人头梳高髻，簪绿色花饰和耳饰，双手托一带瓶托的茶汤瓶（也称注子），西侧一侍女头包髻，簪绿色花饰和耳饰，双手捧托盘，盘内置两盏（带盏托），向墓主人进茶。[①]　［参见图 25］

2. 宋人宴乐图（即河南白沙宋墓主人夫妇图）

河南白沙宋哲宗元符元年墓，前室两壁半浮雕壁画。主人夫妇对坐，中间桌上摆设着注子及茶盏，注子盖为兽形，盏与盏托均以莲瓣为饰，后有四人捧果盘侍候。［参见图 59］

① 参见宋涛等《洛阳邙山宋代壁画墓》，《文物》1992 年第 12 期。

3. 洛宁乐重进画像石棺进茶图

石棺成于政和七年（1117），1992 年 2 月在河南洛宁县大宋村北坡出土，上有单线阴刻画像多幅。石棺的前挡中间为乐重进观赏散乐图，其左面为进茶图，进茶图画面左侧的屏风前，中有一桌，桌后左右各立一侍女，左侍女梳鬟髻，一手拿茶托，一手端茶盏，右侍女戴冠子，双手端盘。桌上放二高足杯，一台盏，一果盘。桌前右面一侍女弯腰而立，双手扶碾轮在茶碾中碾茶。[参见图 60]

4. 河南宜阳宋墓石棺饮茶图

1995 年 12 月出土，河南宜阳县莲庄乡坡窑村宋墓画像石棺上单线阴刻图，画面共有六人，墓主人夫妇隔桌对坐，两人手中均持茶碗，桌正中放带瓶托的茶瓶一，对称放果盘四、盏托二。二人身后各左右站立两侍女，其中男主人身后右边的侍女双手端一托盘，盘中放着两只果盘。[参见图 61]

5. 宣化辽张文藻墓茶图

1993 年发掘的河北张家口市宣化区下八里村七号辽墓前室东壁上，有一长 170 厘米、宽 145 厘米的壁画。在画面的右侧四个人物中间依次从下往上有灰色茶碾，下有束腰长形碾座；朱漆盘，盘中放着曲柄锯子一、棕帚茶刷一、方形茶饼一；茶炉一，炉下有莲台形炉座，炉上煨有一煮茶瓶，炉前地上有一柄烧火用的扇子。画面中间的朱色方桌上，摆放着白瓷碗六，花式口碗二，长圆盘一，白瓷食碟四，白瓷托子一，汤瓶一，果盒一落，白色茶瓶一，桌下又有一朱色小方桌，上放白瓷茶瓶二。[1]［参见图 89］

除了碾茶进所用的束形棕帚茶刷与《茶具图赞》中的茶刷不同外，其余与宋代中原地区所用茶具完全相同，表明辽代社会上层的饮茶习俗与宋地相同。

宋代文物尤其是墓棺壁画上的茶事作品，主要反映的是墓主人生时在人间的生活享乐情景，应该说是对宋代饮茶生活最贴切的反映，除了它本身所具有的一定的艺术价值外，也具有相当的资料价值。

---

① 参见郑绍宗《河北宣化辽墓壁画茶道图的研究》，《农业考古》1994 年第 2 期。

图 89　宣化辽张文藻墓进茶图
（《宣化辽张文藻壁画墓发掘简报》，《文物》1996 年第 9 期）

第二节　茶与宋代书法

陆游《初归杂咏》之五：“下岩石润挥毫后，正焙茶香落硙时。”之七：“茶甘半日如新啜，墨妙移时不再磨。”《入梅》：“墨试小螺看斗砚，茶分细乳玩毫杯。”表明品茗挥毫是宋代文人的雅兴，宋代文人们也留下了众多的与茶有关的书法作品。

一　蔡襄的茶书法

宋代书法在中国书法史上成绩卓著，蔡襄身为北宋四大家之一，同时也是北宋最著名、最重要的茶人，正是他的茶事活动以及与之相伴的茶著、茶诗文书法，开启了宋代茶文化兴盛繁荣之门。蔡襄一生写有很多件茶书法作品，这些作品都与他的茶事、茶文化活动密切关联。

《北苑十咏》是蔡襄茶诗书法的得力作品，为明人宋钰刻入其《古香斋宝藏蔡帖》卷二[①]。蔡襄任福建路转运使时，每年开采春茶时即入山，直到修贡之事完毕方离山，行书自书诗《北苑十咏》记录了他监理贡茶之事的全部过程，内容涉及宋代贡茶的生产过程、点试以及修贡制度，是研究了解宋代北苑贡茶的重要参考资料。其中关于“试茶”的步骤，都是其他资料中所不曾提及的。［参见图 90］

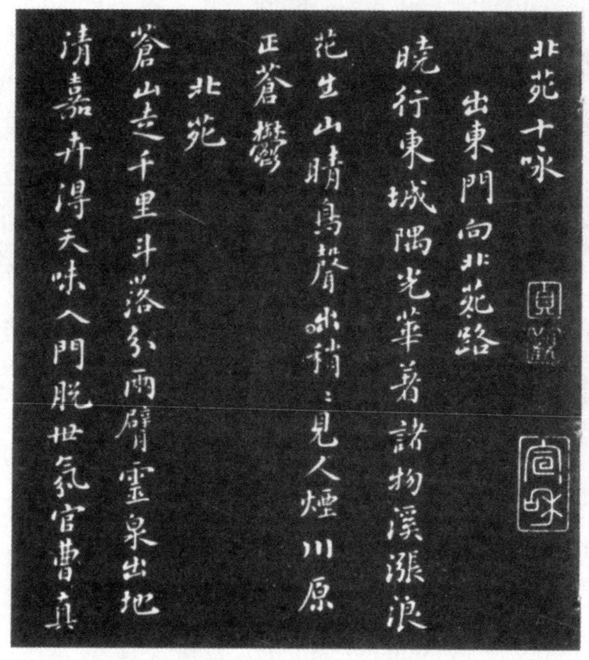

图 90　蔡襄《北苑十咏》（局部）

苏轼评价蔡襄的书法曰：“欧阳文忠公论蔡襄书独步当世，此为至言。君谟行书第一，小楷第二，草书第三。就其所长而求其所短，大字为少疎也。天资既高，又辅以笃学，其独步当世，宜哉。”认为蔡襄行书第一，行书《北苑十咏》庶可当其誉。

《茶录》是蔡襄的小楷茶书法作品，它的内容使之成为宋代最重要的

---

①　水赍佑：《蔡襄书法史料集》按语：“此帖《续修四库全书提要》中‘燕喜堂帖四卷’条曰：‘其北苑十咏及苏题皆伪也。’”见上海书画出版社 1983 年版，第 129 页。

茶书，而它精妙的书法则横生出许多的故事。[参见图 91]

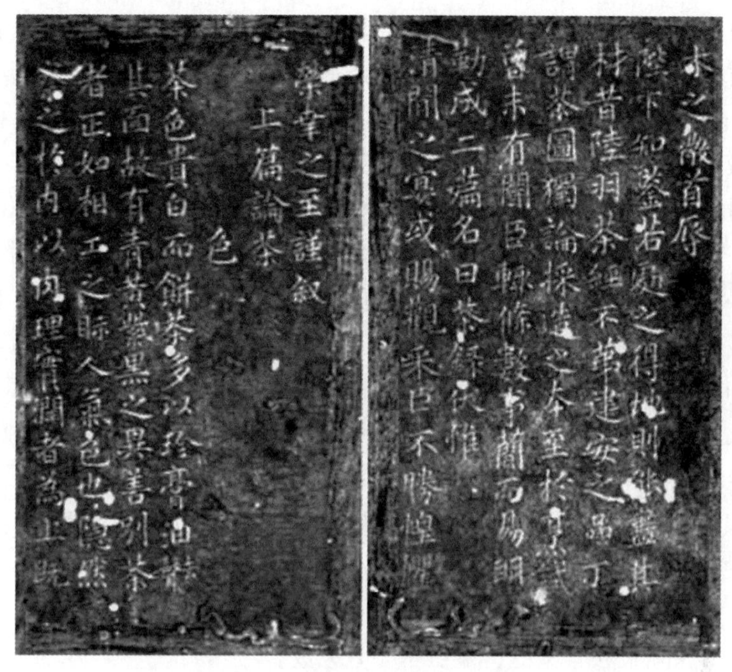

图 91　蔡襄《茶录》(局部)
(《中国美术全集》蔡襄手定勒石之拓本。现藏上海图书馆)

蔡襄一生至少三次以上写过《茶录》，一是稿本，二是进呈给宋仁宗的清本，三是根据稿本刊印本的再写本，而再写本又刻石流传，所以后人至少可以见到四种写本与拓本。进呈仁宗皇帝本藏于皇宫内府，宋徽宗宣和时所编《宣和书谱》评述内府所藏的名家法帖，其卷六有对《茶录》的评述。最初的稿本蔡襄一直珍藏，随宦迹所至一直携带随行，结果在知福州的任上，“为掌书记窃去藏稿”，后来，“知怀安县樊纪购得之，遂以刊勒，行于好事者。然多舛谬”。这是坊刻本。蔡襄因为“追念先帝顾遇之恩，揽本流涕，辄加正定，书之于石，以永其传”。这是宋拓本的源石本。另外还有一种绢本，曾为南宋刘克庄收藏，今已不传。

张彦生《善本碑帖录》著录宋拓本《茶录》：“宋蔡襄书《茶录》帖并序……小楷。在沪见孙伯渊藏本，后有吴荣光跋，宋拓本，摹勒甚精，拓墨稍淡。此拓本现或藏上海博物馆。”按此拓本现藏上海图书馆。《石渠宝笈》中著录有写本：“宋蔡襄《茶录》一卷。素笺乌丝阑本，楷书，分上下篇，前后俱有自序，款识云：治平元年三司使给事中臣蔡襄谨记。引首有李东阳篆书‘君谟茶录’四大字……后附文徵明隶书《龙茶录考》，有文彭、文震孟二跋。”这或许就是内府藏本。明宋钰刻入《古香室宝藏蔡帖》中的《茶录》所据当是宣和内府藏本。

时人对蔡襄《茶录》的书法艺术就作出了中肯的评价，如欧阳修《跋〈茶录〉》一文曰：“善为书者以真楷为难，而真楷又以小字为难。……君谟小字新出而传者二《集古录目序》横逸飘发，而《茶录》劲实端严，为体虽殊，而各极其妙，盖学之至者，意之所到，必造其精。予非知书者，以按君谟之论者，故亦粗识其一二焉。”

北京故宫博物院现藏有一卷《楷书蔡襄茶录》，纸本，没有题款，尚不能定为宋代作品，可能是元人之抄本。

宋以后，人们对《茶录》的品评颇多，如方时举在《观蔡忠惠墨迹诗》中对蔡襄推崇备至。

宋朝书法谁第一，端明蔡公妙无敌。
百年遗迹落人间，片纸犹为人爱惜。
公书方整八法俱，荔谱茶录绝代无。
当时石刻今已少，况复笔迹真璠玙。
此书飘逸尤绝品，风度不殊僧智永。

此外明代董其昌《画禅室随笔》、陈继儒《妮古录》、孙承泽《庚子销夏记》，清代蒋士铨《忠雅堂文集》等作品中，对《茶录》的书法艺术都有中肯的评价。

在《茶录》之外，蔡襄还有多件诗、书、尺牍等与茶有关的书法作品。

《即惠山煮茶》是蔡襄自书茶诗作品，今存其手书墨迹《自书诗卷》中，亦是蔡襄行书佳作。内容写作者在惠山以惠山泉煮茶：“山泉何以珍，适与真茶遇。在物两称绝，于予独得趣。鲜香筯下云，甘滑杯中露。尝能煎俗骨，岂特湔尘虑。昼静清风生，飘萧入庭树，中含古人意，来者庶真悟。”这是现存可见最早的惠山泉煮茶书法，于泉于书，亦可谓“在

物两称绝”。［参见图 92］

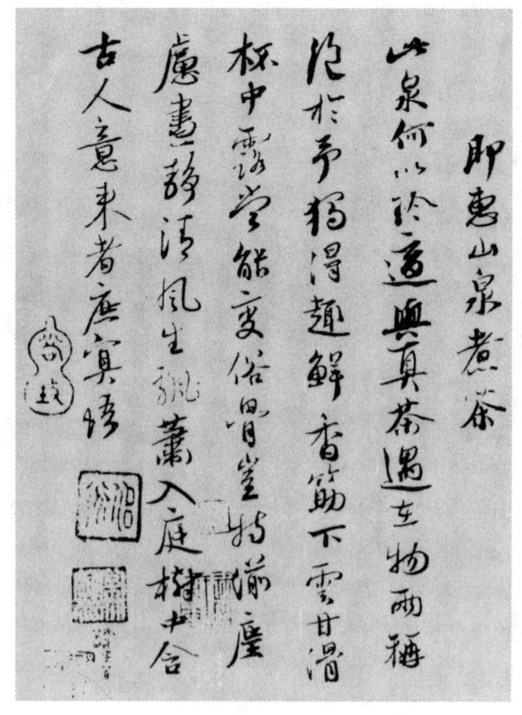

图 92　蔡襄《即惠山煮茶》

（北京故宫博物院藏蔡襄《自书诗卷》。全卷纵 28.2 厘米，横 221.1 厘米，素笔本，乌丝阑）

《精茶帖》又称《暑热帖》或《致公谨尺牍》，是蔡襄的一通手札，《三希堂法帖》刻录，真迹现存北京故宫博物院。其文曰：“襄启：暑热不及通谒，所苦想已平复。日夕风日酷烦，无处可避。人生缰锁如此，可叹可叹。精茶数片，不一一。襄上。”这是蔡襄给职位高于自己的友人写的便札，因为暑热酷烦，蔡襄不能亲去谒见友人，故而写札致意，因无处可避暑热酷烦而感叹“人生缰锁如此!”那么何计可消暑呢？“精茶数片!”大茶人蔡襄给友人寄上精茶数片以解暑热，一片心意尽在其中，其余不再详叙。此帖亦是蔡襄行书佳作。［参见图 93］

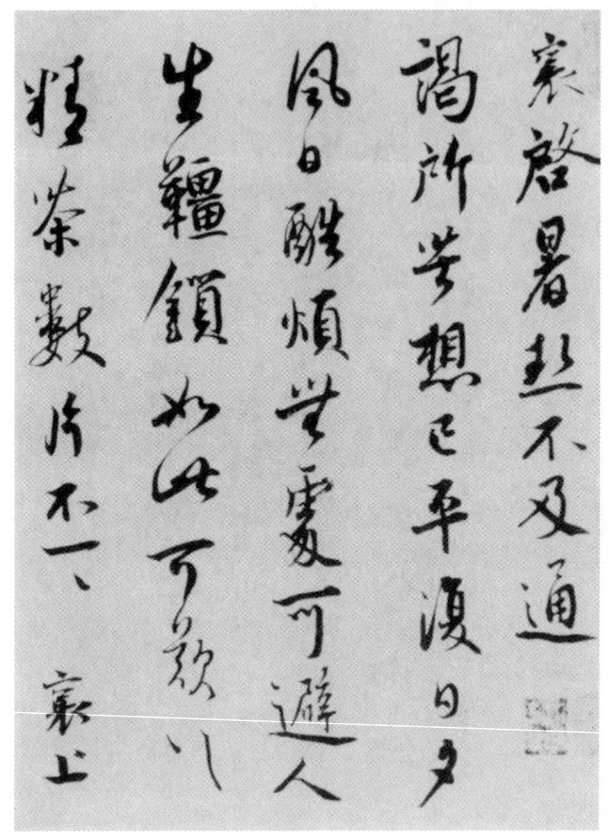

襄啓：暑熱不及通
謁，所苦想已平復。日夕
風日酷煩，無處可避。人
生韁鎖如此，可歎可歎。
精茶數片，不一一。
襄上

图93　蔡襄《精茶帖》（现藏北京故宫博物院）

《思咏帖》是蔡襄于皇祐三年（1051）自福建赴汴京途中经杭州遇诸友人，逗留两月，临行前给友人冯京的道别信。纵29.7厘米，横39.7厘米。现藏台北故宫博物院。此帖文字较多。在叙聚欢别情之间之余，两次讲到茶：“襄得足下书，极思咏之怀。在杭留两月，今方得出关。历赏剧醉，不可胜计，亦一春之盛事也。知官下与郡侯情意相通，此固可乐。唐侯言：王白今岁为游闰所胜，大可怪也。初夏时景清和，愿君自寿为佳。襄顿首通理当世足下。大饼极珍物，青瓯微粗。临行匆匆致意，不周悉。”［参见图94］

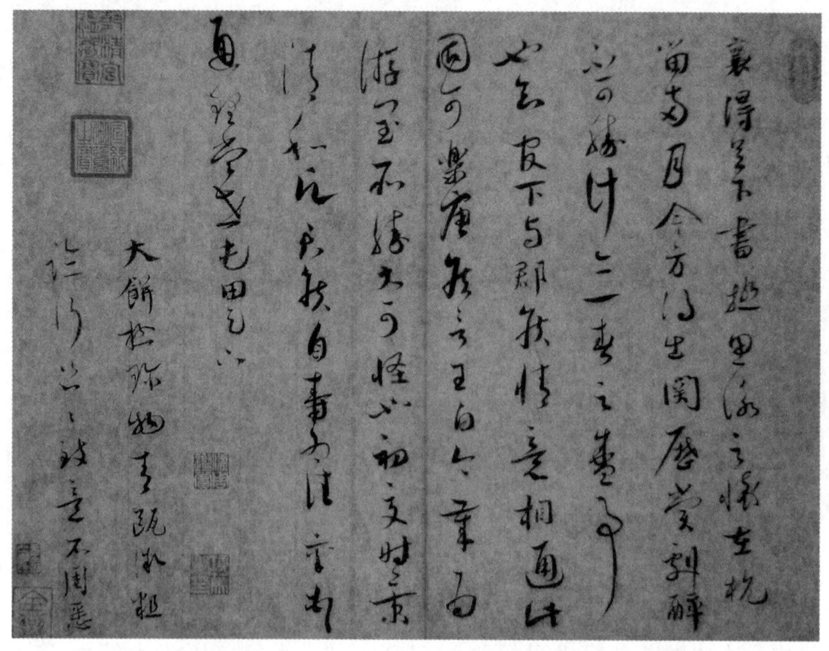

图94　蔡襄《思咏帖》（现藏台北故宫博物院）

帖中两次言及茶事。第一件茶事是转告冯京刚从福建路转运使唐询那里得到的茶消息——王家白茶今年斗茶时被游闰家的白茶胜过，蔡襄觉得非常奇怪。蔡襄与王家白茶的渊源甚深，十五年后王家白茶枯树生枝缀叶，所产叶只制得一枚小小的茶饼，主人不远四千里送到汴京来请蔡襄品尝，蔡襄大为感动，为之作《茶记》以记其事。

第二件茶事是临行送给冯京茶饼和茶具，并说明“大饼极珍物”。大饼应是八片一斤的大龙茶或大凤茶，虽然蔡襄在之前的福建转运使任上刚刚创添创制了二十八片一斤的小龙团茶，但大龙、大凤、小龙这几款茶当时的生产、上贡量都很小，所以说是“极珍物”。而茶具“青瓯微粗”，蔡襄推重的是适于汤色乳白的深釉色“兔毫盏”，而青瓷自唐五代以来一直为人所重，亦为茶人所重，故稍言“微粗”。让人们看到在本年底之前蔡襄写成《茶录》进呈仁宗皇帝，在其中推重兔毫盏之前，青瓷仍为人们珍重的局面。

对于蔡襄的茶与书法，时人的宝重之情，亦早已见诸吟咏，如梅尧臣《得福州蔡君谟密学书并茶》：

薛老大字留山峰，百尺倒挂非人踪。其下长乐太守书，矫然变怪神渊龙。

薛老谁何果有意，千古乃与奇笔逢。太守姓出东汉邕，名齐晋魏王与钟。

尺题寄我怜衰翁，刮青茗笼藤缠封。纸中七十有一字，丹砂铁颗攒芙蓉。

光照陋室恐飞去，锁以漆箧缄重重。茶开片铐展叶白，亭午一啜驱昏慵。

颜生枕肱饮瓢水，韩子饭齑居辟雍。虽穷且老不媿惜，远荷好事纾情悰。①

蔡襄的书法与茶之间，还另有一段佳话。欧阳修请蔡襄为其《集古录》目序书写刻石，所书清劲，为世所珍。欧阳修“以鼠须栗尾笔、铜录笔格、大小龙茶、惠山泉等物为润笔，君谟大笑，以为太清而不俗”。一个月后，有人送给欧阳修一种更好的茶叶“清泉香饼”，蔡襄听说后颇感遗憾，以为“香饼来迟，使我润笔独无此一种佳物”。

二　苏轼及其他文人的茶书法

绝代文豪苏轼（1037—1101），于思想、于政事、于文章、于艺术，一生均成绩卓然，写有多篇与茶有关的诗文，其中尚有多件与茶有关的书法作品墨宝传世。

《道源帖》又称《啜茶帖》，是苏轼于北宋神宗元丰三年（1080）写给刘采刘道源的一则手札，《墨缘汇观》《三希堂法帖》皆有著录，现藏于北京故宫博物院。文分四行：“道源无事，只今可能枉顾啜茶否？有少事须至面白。孟坚必已好安也。轼上。恕草草。”书法用墨丰润而笔力彻达，笔画转折舒展如意，直如苏轼自己所说：“意之所到，则笔力曲折无不尽意。”［参见图95］

① 《全宋诗》卷二五八。

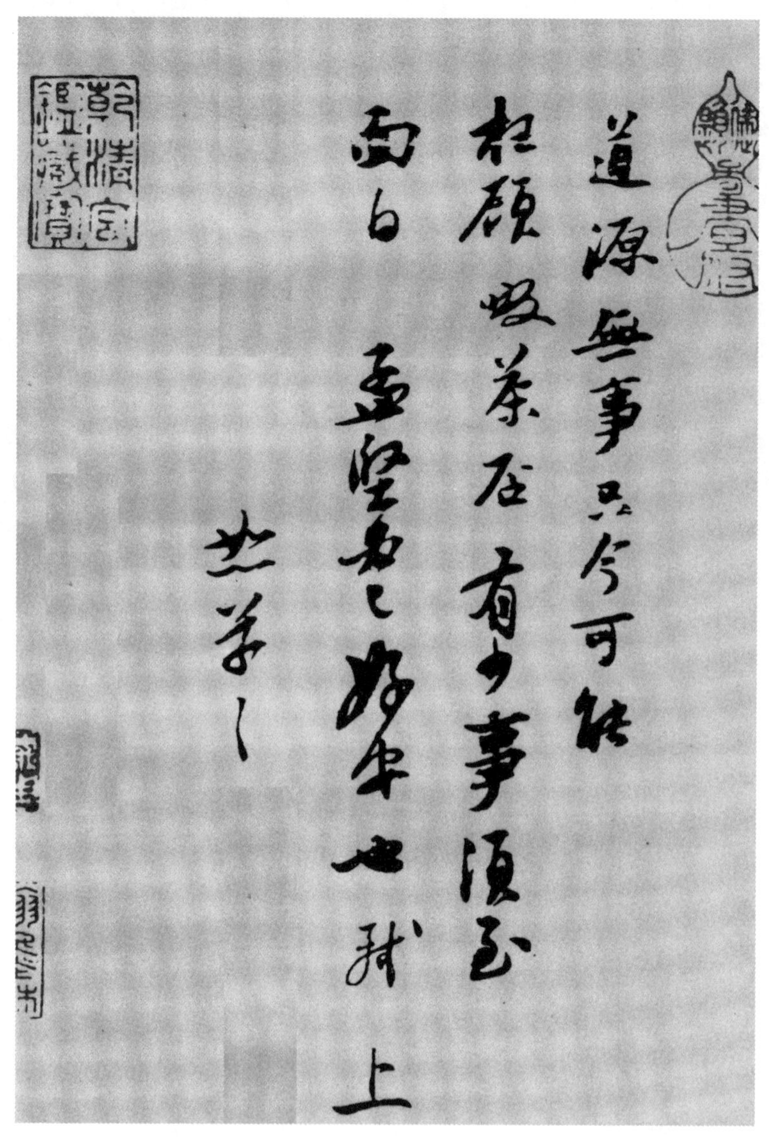
道源無事只今可能
枉顧啜茶否有少事須至
面白　孟堅必已好安也　軾上
恕草草

图 95　苏轼《道源帖》
（纵 23.4 厘米，横 18.1 厘米，纸本。现藏北京故宫博物院）

宋代茶风大炽，茶成为文人乃至整个社会诸阶层人们之间交往的凭借与由头，以茶为主因的聚会称为茶会，苏轼此帖就是以一起喝茶为名目，约人相见谈事的。这种便条式的手札，因为苏轼的书法得以流传下来，使现今的人们仍能看到宋代茶约简札的书仪。

《新岁展庆帖》又称《季常帖》，是苏轼写给陈慥陈季常的一则书札，《墨缘汇观》《石渠宝笈续编》著录，《快雪堂法书》《三希堂法帖》摹刻。现藏北京故宫博物院。这是一封长信，寒暄之余，与季常约定见面时日事宜，接着一件大事，商借陈季常的建州木茶臼子，占了本信的不小篇幅，也是人们将此帖视为茶书法的根据。其相关文曰："轼启：新岁未获展庆，祝颂无穷……此中有一铸铜匠，欲借所收建州木茶臼子并椎，试令依样照看。兼适有闽中人便，或令看过，因往彼买一副也。乞暂付去人，专爱护，便纳上。余寒更乞保重，冗中恕不谨。轼再拜，季常先生丈阁下。正月二日。"大年初二就派人持信到陈季常处借他的建州木茶臼子，目的有二，一是给身边的铸铜匠看一下，想要让铜匠依样做一件铜质的；二是正好有人要去福建，让这人看过茶臼样式，在那儿顺便买一副木制的带回来。从此帖可知建州所产的木茶臼是当时的名产，以及苏轼对这种建州木茶臼的看重与喜爱。［参见图96］（苏过有一通手札则是送茶借用人家的木匠的）

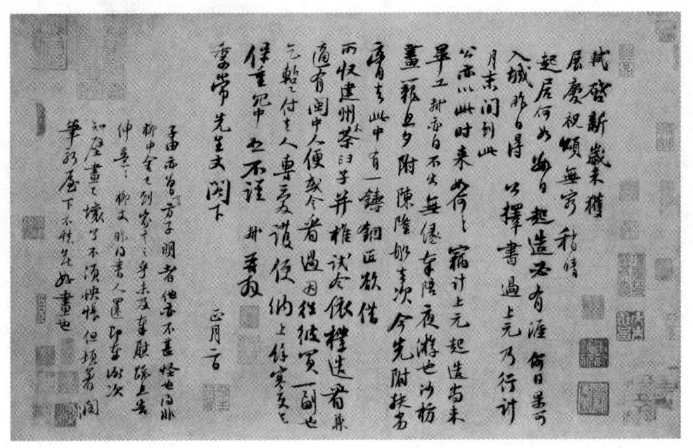
轼启。新岁未获展庆，祝颂无穷。稍晴，起居何如？数日起造必有涯，何日果可入城。昨日得公择书，过上元乃行，计月末间到此，公亦以此时来，如何？如何？窃计上元起造，尚未毕工。轼亦自不出，无缘奉陪夜游也。沙枋画笼，旦夕附陈隆船去次，今先附扶劣膏令去。此中有一铸铜匠，欲借所收建州木茶臼子并椎，试令依样造。兼适有闽中人便，或令看过，因往彼买一副也。乞暂付去人，专爱护，便纳上。余寒，更乞保重。冗中恕不谨。轼再拜。季常先生文阁下。正月二日。

子由亦曾言，方子明者，他亦不甚怪也。得非柳中舍已到家言之乎？未及奉慰疏，且告伸意伸意。柳丈昨得书，人还，即奉谢次。知壁画已坏了，不须怏怅。但顿着润笔，新屋下不愁无好画也。

图96　苏轼《新岁展庆帖》

（纵34.4厘米，横48.96厘米，纸本。现藏北京故宫博物院）

《一夜帖》又称《致季常尺牍》，是苏轼写给陈慥的另一封信札。纸本，纵45.2厘米，横27.6厘米，现藏台北故宫博物院。信札内容如下："一夜寻黄居寀龙不获，方悟半月前是曹光州借去摹搨。更须一两月方取得。恐王君疑是翻悔，且告子细说与。才取得，即去也。却寄团茶一饼与之，旌其好事也。轼白季常。廿三日。”内容很有趣，王君通过陈季常向苏轼借阅黄居寀的画，苏轼在家里翻箱倒柜找了一夜也没有找出来，最后终于想起已经被别人借去了，而且还得较长时间才能还回来，怕王君以为是自己不想借与，因而写这封信请陈慥代为仔细向他解释缘由，并承诺一旦收回就立即借给王君。同时为了鼓励爱学习的王君，苏轼还随信寄送一饼团茶给他，殊显长者大家风范。短短一札，将宋代文人书画茶的文人生活尽纳其中。从中更可窥见宋人摹习书画的方式，以及文人间的交往。此帖书法行笔流畅，转折圆熟，用墨浓润，筋骨劲健，是苏轼书法的佳作。［参见图 97］

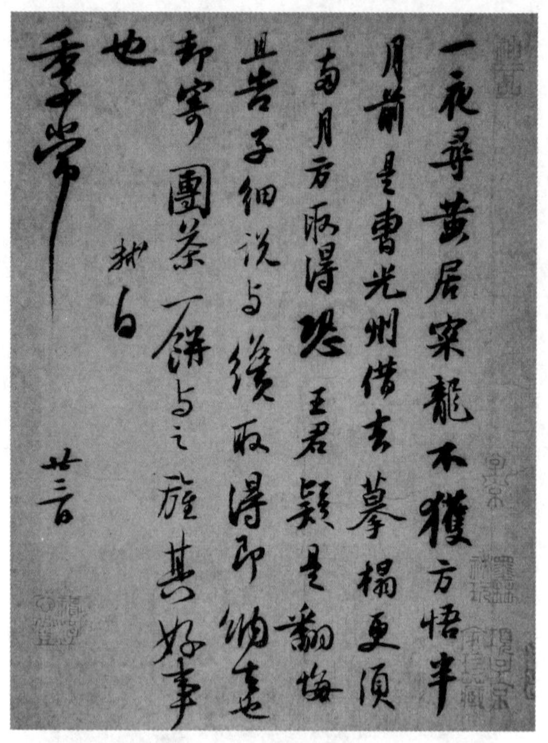
一夜尋黄居寀龍不獲方悟半
月前是曹光州借去摹搨更須
一两月方取得恐王君疑是翻悔
且告子細説与纔取得即納去
却寄團茶一餅与之旌其好事
也　軾白
季常
廿三

图 97　苏轼《一夜帖》（现藏台北故宫博物院）

黄庭坚（1045—1105）是宋代著名文人，是“苏门四学士”之一，在书法上也卓有成就，与苏轼齐名并称“苏黄”，是书法“宋四家”之一，“擅行、草书，楷法亦自成一家”。生平既嗜酒又喜茶，年轻时曾被宰相富弼称为“分宁一茶客”。一生写有众多的茶诗茶词，只可惜留存下来的与茶有关的书法作品并不多，但却很有价值。

行书《茶宴》写于元祐四年（1089）正月初九，文曰：“元祐四年正月初九茶宴。臣黄庭坚奉敕，敬书于绩熙殿中。”字形结体中宫紧敛而四面长笔回展，以画竹法作书，笔画丰腴劲健，意态自然。茶宴始于唐代，文人雅集与帝王燕宴皆有。宋代茶宴更多，此处黄庭坚形之于书法，《茶宴》是目前可见的最早的“茶宴”书迹。（不过，书史专家水赉佑先生认为绩熙殿之绩应为缉，判此书法为伪帖。今两存其说）[参见图98]

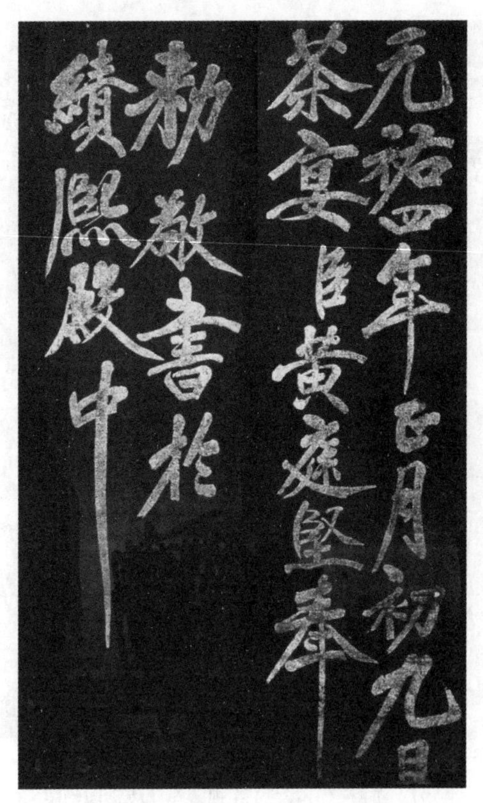

图98　黄庭坚手书《茶宴》

《奉同公择（六舅）尚书咏茶碾煎啜三首》是黄庭坚自书诗刻石拓

本，分别写了宋代末茶点饮的三个主要程序：碾茶、煮水、点饮。这幅作品写于黄庭坚的晚年，是他从被贬之地放还的第二年，建中靖国元年（1101）八月十五日。行书，结字以纵取势，点画淳朴爽利，率意有趣。其除了书法的欣赏价值外，还可资校订之用，因此诗诗名及句中数字，与传印有异①。［参见图 99］

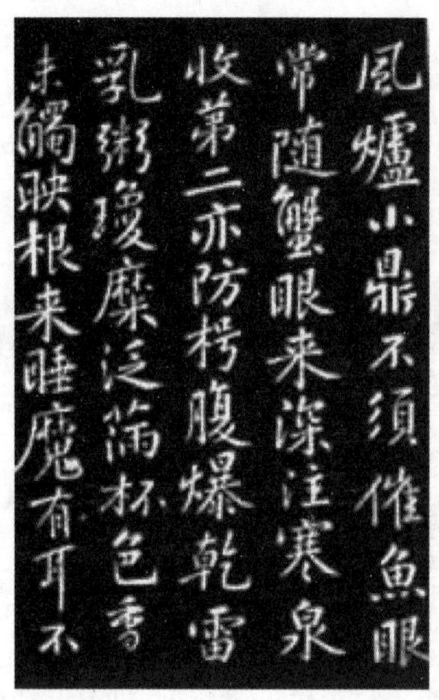

图 99　黄庭坚《奉同公择尚书咏茶碾煎啜三首》

米芾（1051—1107），字元章，号襄阳漫士、海岳外史、鹿门居士等。曾任画学博士，官至礼部员外郎，人称“米南宫”。嗜好古玩、书画、奇石，人称“米癫”，山水画自成风格，其用笔之法人称“米点”。自篆自刻印章，诗、书、画、印四全。米芾的书法极富特色，在米黄苏蔡“宋四家”中居首。米芾本人对自己的书法成就也颇自负，对当时的书坛大家都有评价：“蔡京不得笔，蔡卞得笔而乏逸韵，蔡襄勒字，沈辽排字，黄庭坚描字，苏轼画字”，而他自己的书法特点是“刷字”。米芾好古玩、奇石，常邀朋友同好一起欣赏把玩，届时常备名茶清泉，“客至烹

① 参见《谈艺》之《“山谷”茗香》篇。

饮，出诸奇相与把玩，啸咏终日”。米芾现存与茶有关的书法，多与文人聚会时的燕饮有关。

《苕溪诗卷》是宋代书法中不可多得的精品，全卷纵 30.3 厘米，横 189.5 厘米，现藏北京故宫博物院。其中“点尽壑源茶”部分，描绘米芾与友人们在苕溪诗书酒茶的快乐生涯。从诗及注文中可知，米芾客居苕溪半年多，经历了春夏秋三个季节，与朋友们经常聚会欢宴，大家多喝酒，而米芾因为体病不能饮酒，每次饮宴时，都只能以茶代酒，好在朋友们多有诗词书画古玩奇石等方面的共同爱好，大家都没有什么异议。米芾饮茶的品位很高，点饮的是当时的贡茶产地——福建建安壑源所产的好茶。［参见图 100］

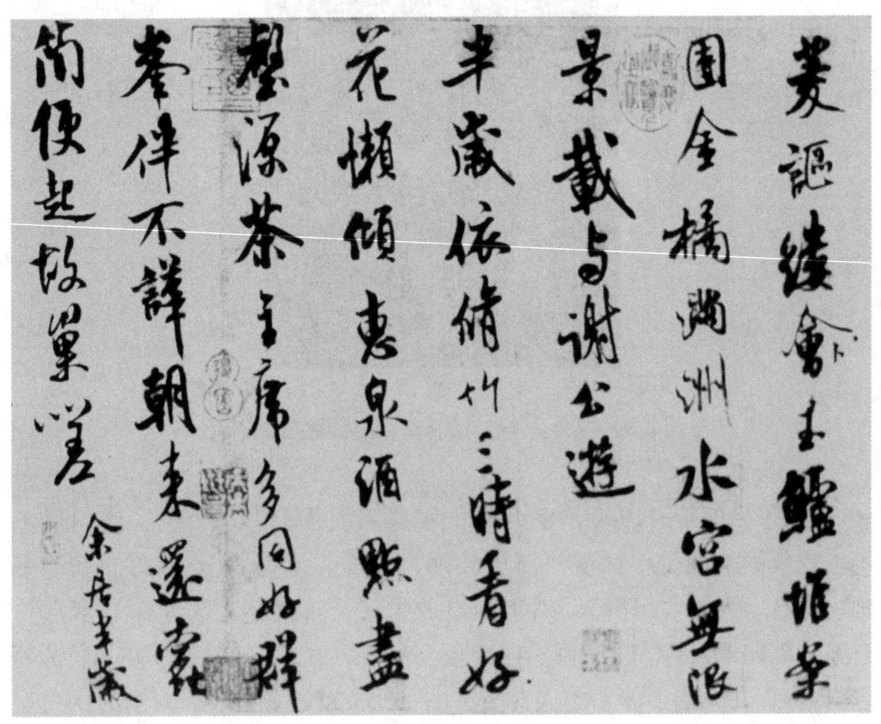

图 100　米芾《苕溪诗·饮尽壑源茶》手迹（局部）
（全卷纵 30.3 厘米，横 189.5 厘米，纸本，现藏北京故宫博物院）

《道林帖》是米芾的一首自书诗帖，诗曰：“楼阁明丹垩，杉松振老髯。僧迎方拥帚，茶细旋探檐。”宛如一色彩明丽的楼阁山水人物画。内容写寺僧在忽然有客至时备茶待客。诗中用“探檐”一词的取茶之意表示备茶待客。宋代饼茶有多种贮藏方式，蔡襄《茶录》记录了其中的一种：“茶不入焙者，宜密封裹，以蒻笼盛之，置高处，不近湿气。”米芾的《道林帖》用诗文印证了这一贮茶方式。[参见图 101]

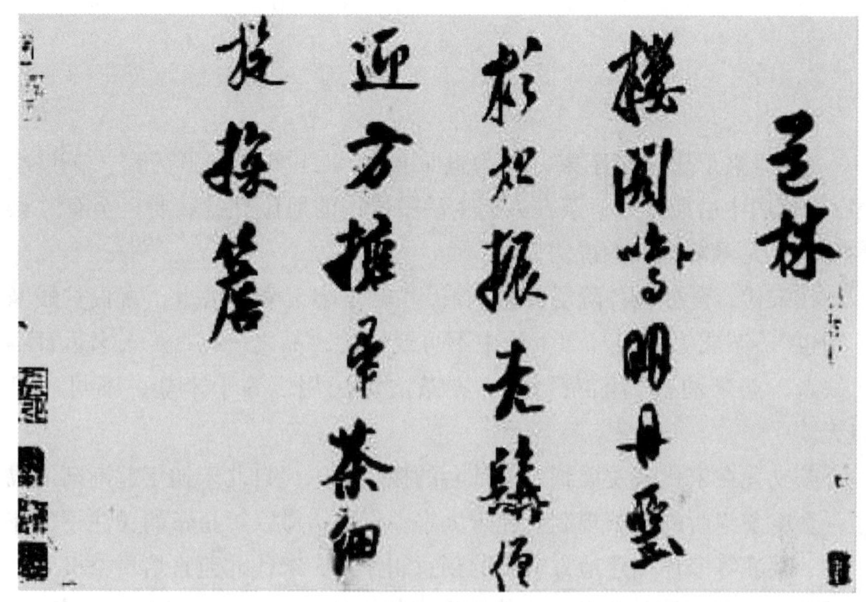

图 101　米芾《道林帖》

米芾的书法，笔画劲健又富于生气，结构灵动意趣盎然，这些特点在他的现今可见的几幅与茶有关的作品中表现得淋漓尽致。

简短的结论

茶，“兴于唐，盛于宋，始为世重矣”。（王象晋《群芳谱·茶谱小序》）从唐中后期开始，茶在人们生活中所占的地位日益重要，至有“茶为食物，无异米盐”的说法。

在宋代，全社会各阶层普遍饮茶，“君子小人靡不嗜也，富贵贫贱靡不用也”。茶成为人们日常生活中不可或缺的物品之一：“盖人家每日不可缺者，柴米油盐酱醋茶”，“夫茶之为民用，等于米盐，不可一日以无。”

茶文化在宋代就发展到农耕社会的极致。宋代自北宋初年起渐渐形成了一套空前绝后的贡茶规制，在宋太宗、仁宗、徽宗等皇帝的关注下，在丁谓、蔡襄等多任福建地方官员的刻意制作下，宋代北苑官焙贡茶极度精致而奢华。在上品茶的观念、茶叶生产加工从采摘鲜叶、拣择已采茶叶、洗涤茶叶、蒸茶、榨茶、研茶、造茶（制饼）到焙茶的每个生产工序和环节，都极尽精益求精之能事，为宋代茶饮的艺术化追求提供了优良宽厚的基础。

宋代茶艺，在茶叶生产制作方式变化与社会精神价值取向变化的共同作用下，相对唐代而言，在茶叶生产的具体过程、成品茶叶样式、点茶技艺、茶艺器具、鉴赏标准等方面都产生了较大的变化，都远比唐代精细，使宋代成了中国茶文化史中风格极为鲜明的一个历史时期，在中国茶文化史中起着承上启下的重要作用。

宋代末茶点饮技艺，从器、水、火的选择到最终的茶汤效果，都很注重感官体验和艺术审美，在茶文化发展的历史进程中有着独步天下的特点。宋代上品茶点成后的茶汤之色尚白，而所选茶碗为建窑盏等黑、褐深釉色茶碗，深重釉色的碗壁，映衬着白色的茶汤，这种强烈反差对比的审美情趣在中国古代是不多见的，独具时代特色。

茶在宋代政治生活中相当活跃，茶因贡茶、赐茶活动影响了宋代政治生活的方方面面。宋代贡茶“规模龙凤”以帝王专用图案在茶叶这一细小的物品上确立了皇权的不可逾越，而以不同品名贡茶分赐不同级别的皇亲国戚文武百官，也在细微不易觉察处维护着中古社会官僚体制的等级制度。除却建州专事贡茶的北苑官焙之外，宋朝诸路产茶州军也大率每年向中央政府贡茶，作为土贡方物的经常性项目，虽然茶只是小小的一项，但由于它在社会及日常生活中日益不可缺少，它对社会政治生活的映射力日益加强。以贡茶为主的赐茶，则极大地提升了茶的社会和文化地位。宋代政府仪礼中也纳入了很多茶礼，因为礼在中国古代历史文化中具有较强的折射功能，宋代的茶礼也从某些特定的角度反映了宋代政治生活的一些特性。而政府行政部门办公时间烧水饮茶之风气，也开始于宋代。

在社会生活领域，在茶成为宋代全社会普遍接受的饮料的前提下，它与社会生活的诸多方面都发生了很多的关联，出现不少与茶相关的社会现象、习俗或观念。如客来敬茶的习俗在宋时明确形成，茶因其种子直播不易移植的特性而用于婚姻礼仪诸步骤程序，重视茶与养生的关系，清楚理性地辨别茶与酒的不同特性，等等。宋儒讲格物致知，从不同的事物中领悟人生与社会的大道理，他们也从茶叶茶饮中省悟到不少的人生哲理。茶的清俭之性为众多文人作比君子之性，他们常以茶励志修身，以茶明志讽政。同时他们对茶性的认识也从微小处折射出他们对人生与社会的根本态度。茶馆茶肆遍布各地，成为社会中一个专门的服务性行业，不仅成为人们休闲娱乐的消费场所，也为戏曲、说话、专业人力市场、信息传播等提供了重要的公共空间。因为茶在宋代社会的普遍使用，宋代甚至出现了以“茶酒司”为首的排办大宗筵席的社会化服务行业。种种观念与习俗不仅为宋代形成空前繁荣的茶文化提供了广泛的社会基础，它们自身也成为宋代茶文化多姿多彩的现象之一，同时它们一起极大地丰富了宋代民众的日常生活与社会生活。

也是因为茶的普遍使用，茶不仅为宋代宗教僧道徒们日常饮用，也成为他们修炼、传道所借助的物品之一，更是宋代禅僧与文人士大夫交往的媒介之一。宋代点茶法及其某些器具、程式、理念被入宋学禅的日本僧人传回日本，与日本文化相结合而发展，形成如今成独具日本特色的茶道文化。

由于茶在社会日常生活中日益重要，宋代的茶叶经济也迅速发展，茶税收入是宋政府财计的重要组成部分。为最大限度地获取与茶相关的利益，政府为管理茶叶经济设置了多种茶政机构，制定了很多茶法，并随着政治、经济、军事形势的变化而经常修订变更茶法，对宋代社会生活产生了连带影响。茶马贸易是宋代的重要边贸，同时也是宋朝获取战马的主要途径。

在文化领域，宋代茶书专门著作也呈现了中国茶叶著述史上的一个新高潮，据不完全统计，宋代可考的茶书共有三十部，远远超过唐五代时期的十四部。它们较详细地记录了宋代代表性茶饮茶艺方式，以及一些与之相关的社会文化现象。

由于茶饮、茶艺活动的普泛化，使文人士大夫们经常接触到茶叶、茶事，从而为文人们的诗词创作提供了一个新的题材领域。茶叶为宋代诗词创作提供了丰富的题材，为诗词提供了许多新的意象。同时，大量记叙、描述性的茶诗词也为宋代茶艺与文化作了艺术化的记录与保存工作，其中有一些甚至是其他文献中所没有的，由此更显现出宋代茶诗词的价值。

琴棋书画，为中国古代文人四艺，与茶结合之后，更显清丽风雅。后人曾有以“琴棋书画诗酒花”与“柴米油盐酱醋茶”相对，来指代描述文化生活与日常生活。然而由于茶本身兼具物质与文化特性，故而作为物质消费形式的茶饮，在“琴棋书画诗酒花”的诸种文化生活中，成为一种同样具有文化性的伴衬，诸般文人的风雅情趣生活都与茶联系在了一起，茶成为文人士大夫闲适生活中的赏心乐事之一。

总之，茶丰富了人们的日常生活，影响着宋代及其以后中国社会生活的诸多方面。茶也从而成为我们认知中国古代社会历史文化的一个具体而微的独特领域。

图目录

续表

图 25	洛阳邙山宋墓进茶图
图 26	北宋影青刻花注子注碗
图 27	辽代白釉莲花托注壶
图 28	南宋莲盖银注子托碗
图 29	宋代庖厨砖雕（线描）
图 30	刘松年《撵茶图》（局部）
图 31	宋代羚羊角茶荷
图 32	宋代茶筅
图 33	大德寺《罗汉图》（局部）
图 34	日本战国时期茶筅残件
图 35	南宋建窑兔毫盏
图 36	宋代广元窑兔毫盏
图 37	宋代定窑花瓣口盏托
图 38	宋代耀州窑雕花盏托
图 39	宋代湖田窑影青花口盏托
图 40	宋代木质茶托
图 41	南宋银茶托
图 42	南宋漆木盏托
图 43	宋代茶巾
图 44	唐代双狮纹菱弧形圈足银盒
图 45	唐代青瓷茶盒
图 46	唐代鎏金银质取茶则
图 47	唐代鎏金银质茶碾
图 48	唐代鎏金银质罗合
图 49	北宋定窑刻花渣斗
图 50	唐代鎏金银质茶匙
图 51	建盏“进琖”款
图 52	建盏“供御”款
图 53	曜变天目碗
图 54	北宋庆历八年柯适建安北苑石刻
图 55	大龙茶棬模
图 56	小凤茶棬模

续表

续表

图 89	宣化辽张文藻墓进茶图
图 90	蔡襄《北苑十咏》（局部）
图 91	蔡襄《茶录》（局部）
图 92	蔡襄《即惠山煮茶》
图 93	蔡襄《精茶帖》
图 94	蔡襄《思咏帖》
图 95	苏轼《道源帖》
图 96	苏轼《新岁展庆帖》
图 97	苏轼《一夜帖》
图 98	黄庭坚手书《茶宴》
图 99	黄庭坚《奉同公择尚书咏茶碾煎啜三首》
图 100	米芾《苕溪诗 · 饮尽壑源茶》手迹（局部）
图 101	米芾《道林帖》

参考文献

一　古籍文献

《诗经》，中华书局 1980 年影印《十三经注疏》本。
《周礼》，中华书局 1980 年影印《十三经注疏》本。
《礼记》，中华书局 1980 年影印《十三经注疏》本。
《尔雅》，中华书局 1980 年影印《十三经注疏》本。
《左传》，中华书局 1980 年影印《十三经注疏》本。
《孟子》，中华书局 1980 年影印《十三经注疏》本。
《列子》，中华书局 1980 年影印《十三经注疏》本。
（汉）司马迁：《史记》，中华书局 1959 年点校本。
（汉）班固：《汉书》，中华书局 1962 年点校本。
（梁）萧子显：《南齐书》，中华书局 1972 年点校本。
（后晋）刘昫等：《旧唐书》，中华书局 1975 年点校本。
（宋）欧阳修等：《新唐书》，中华书局 1975 年点校本。
（宋）薛居正等：《旧五代史》，中华书局 1976 年点校本。
（宋）马令：《南唐书》，文渊阁《四库全书》本。
（元）脱脱等：《宋史》，中华书局 1977 年点校本。
（元）脱脱：《辽史》，中华书局 1974 年点校本。
（清）张廷玉：《明史》，中华书局 1974 年点校本。
（宋）司马光：《资治通鉴》，中华书局 1983 年点校本。
（宋）王钦若等：《册府元龟》，中华书局 1982 年影印本。
（三国魏）张揖：《广雅》，文渊阁《四库全书》本。
（晋）常璩：《华阳国志》，文渊阁《四库全书》本。

（南朝宋）刘义庆：《世说新语》，中华书局 1984 年校笺本。
（北魏）杨衒之：《洛阳迦蓝记》，文渊阁《四库全书》本。
（宋）钱易：《南部新书》，文渊阁《四库全书》本。
（宋）李昉等：《太平广记》，中华书局 1961 年点校本。
（宋）李昉等：《太平御览》，中华书局 1960 年影印本。
《全唐文》，中华书局 1983 年影印本。
《全唐诗》，中华书局 1960 年排印本。
（宋）普济：《五灯会元》，中华书局 1984 年版。
（宋）释道元：《景德传灯录》，顾宏义《景德传灯录译注》，上海书店 2010 年版。
（宋）李焘：《续资治通鉴长编》，上海古籍出版社 1986 年影印本。
（宋）李心传：《建炎以来系年要录》，中华书局 1956 年点校本。
（清）徐松等辑：《宋会要辑稿》，中华书局 1957 年影印本。
（宋）李心传：《建炎以来朝野杂记》，中华书局点校本。
（唐）李肇：《唐国史补》，浙江古籍出版社 1986 年版。
（元）文辛房：《唐才子传》，江苏古籍出版社 1987 年版。
（唐）冯贽：《记事珠》，宛委山堂《说郛三种》本。
（唐）樊绰：《蛮书》，文渊阁《四库全书》本。
（唐）杨晔：《膳夫经手录》，碧琳郎馆丛书本。
（唐）封演：《封氏闻见记》，文渊阁《四库全书》本。
（唐）陆羽：《茶经》，文渊阁《四库全书》本。
（唐）曹邺：《梅妃传》，涵芬楼《说郛三种》本。
（唐）张又新：《煎茶水记》，文渊阁《四库全书》本。
（唐）李匡乂：《资暇集》，文渊阁《四库全书》本。
（唐）李义山：《杂纂》，《丛书集成》初编。
（宋）王存等：《元丰九域志》，中华书局 1984 年点校本。
（宋）梁克家：《淳熙三山志》，《宋元方志丛刊》。
（宋）范成大：《吴郡志》，宋元方志丛刊。
（宋）谈钥：《嘉泰吴兴志》，宋元方志丛刊。
（宋）赵不悔、罗愿：《新安志》，宋元方志丛刊。
（宋）沈作宾：《嘉泰会稽志》，宋元方志丛刊。

（宋）陈公亮：《淳熙严州图经》，宋元方志丛刊。
（宋）齐硕等：《嘉定赤城志》，宋元方志丛刊。
（宋）孙应时：《琴川志》，宋元方志丛刊。
（宋）潜说友：《咸淳临安志》，宋元方志丛刊。
（宋）范致明：《岳阳风土记》，文渊阁《四库全书》本。
（元）马端临：《文献通考》，中华书局 1986 年影印本。
（宋）郑樵：《通志》，中华书局 1980 年版。
（宋）陆游：《入蜀记》，《陆放翁全集》，中国书店 1986 年版。
（宋）孟元老：《东京梦华录》，中华书局 1982 年校注本。
（宋）灌园耐得翁：《都城纪胜》，浙江人民出版社 1983 年版《南宋古迹考》，所附。
（宋）胡仔：《苕溪渔隐丛话》，人民文学出版社 1962 年版。
（宋）陈振孙：《直斋书录解题》，上海古籍出版社 1987 年版。
（宋）晁公武：《郡斋读书志》，《中国历代书目丛刊》第一辑。
《秘书省续编到四库阙书目》，《中国历代书目丛刊》第一辑。
（宋）唐慎微：《重修证和经史证类备用本草》，《四部丛刊》初编。
（清）陈棨荣：《闽中金石略》，《石刻史料新编》第一辑。
《全宋诗》，北京大学出版社 1991 年版。
唐圭璋编：《全宋词》，中华书局 1965 年版。
（宋）陶谷：《清异录》，说郛三种·涵芬楼本。
（宋）蔡襄：《茶录》，文渊阁《四库全书》本。
（宋）赵佶：《大观茶论》，说郛三种·涵芬楼本。
（宋）宋子安：《东溪试茶录》，文渊阁《四库全书》本。
（宋）黄儒：《品茶要录》，文渊阁《四库全书》本。
（宋）叶清臣：《述煮茶泉品》，说郛三种·宛委山堂本。
（宋）唐庚：《斗茶记》，说郛三种·宛委山堂本。
（宋）赵汝砺：《北苑别录》，文渊阁《四库全书》本。
（宋）熊蕃：《宣和北苑贡茶录》，《读画斋丛书》辛集本。
（宋）张舜民：《画墁录》，文渊阁《四库全书》本。
（宋）曾敏行：《独醒杂志》，文渊阁《四库全书》本。
（宋）叶梦得：《石林燕语》，《丛书集成初编》本。

（宋）沈括：《梦溪笔谈》，上海古籍出版社 1987 年点校本。
（宋）蔡绦：《铁围山丛谈》，中华书局 1983 年点校本。
（宋）孔平仲：《谈苑》，文渊阁《四库全书》本。
（宋）释文莹：《玉壶清话》，中华书局 1984 年点校本。
（宋）王明清：《摭青杂说》，《宋人说粹》，上海文艺社 1990 年影印。
（旧题宋）王暐：《道山清话》，文渊阁《四库全书》本。
（宋）彭乘：《墨客挥犀》，文渊阁《四库全书》本。
（宋）洪迈：《夷坚志》，中华书局 1981 年点校本。
（宋）佚名：《锦绣万花谷》，文渊阁《四库全书》本。
（宋）庄绰：《鸡肋编》，宋人说粹·上海文艺社 1990 年影印。
（宋）陆游：《剑南诗稿》，陆放翁全集·中国书店 1986 年版。
（宋）江休复：《江邻几杂志》，《笔记小说大观》第七编。
（宋）苏舜钦：《苏学士集》，文渊阁《四库全书》本。
（宋）杨万里：《诚斋集》，《四部丛刊》初编。
（宋）黎靖德辑：《朱子语类》，中华书局 1994 年点校本。
（宋）朱熹：《朱文公文集》，四部丛刊·初编。
（宋）赵升：《朝野类要》，文渊阁《四库全书》本。
（宋）王安石：《临川集》，文渊阁《四库全书》本。
（宋）高晦叟：《珍席放谈》，文渊阁《四库全书》本。
（宋）陈师道：《后山谈丛》，文渊阁《四库全书》本。
（宋）叶梦得：《避暑录话》，《学津讨原》第十七辑。
（宋）王巩：《随手杂录》，文渊阁《四库全书》本。
（宋）王巩：《闻见近录》，文渊阁《四库全书》本。
（宋）王从：《续闻见近录》，说郛三种·宛委山堂本。
（宋）赵令畤：《侯鲭录》，丛书集成·初编。
（宋）孙升：《孙公谈圃》，学津讨原·第十七辑。
旧题苏轼撰：《物类相感志》，宋人说粹·上海文艺社 1990 年影印。
（宋）邢凯：《坦斋通编》，文渊阁《四库全书》本。
（宋）程大昌：《演繁露》，文渊阁《四库全书》本。
（宋）程大昌：《演繁露续集》，文渊阁《四库全书》本。
（宋）王称：《东都事略》，宋史资料萃编·第一辑。

（宋）费衮：《梁溪漫志》，上海古籍出版社 1985 年点校本。
（宋）杨亿：《杨文公谈苑》，上海古籍出版社 1993 年辑校本。
（宋）吴曾：《能改斋漫录》，上海古籍出版社 1984 年点校本。
（宋）周辉：《清波杂志》，中华书局 1994 年点校本。
（宋）陈鹄：《耆旧续闻》，文渊阁《四库全书》本。
（宋）宗赜：《禅苑清规》，苏军点校本，中州古籍出版社 2001 年版。
（宋）王象之：《舆地纪胜》，江苏广陵古籍刻印社 1991 年版。
（宋）审安老人：《茶具图赞》，欣赏编本。
（宋）周密：《武林旧事》，西湖书社出版社 1981 年版。
（宋）吴自牧：《梦粱录》，浙江人民出版社 1980 年版。
（宋）罗大经：《鹤林玉露》，中华书局 1983 年点校本。
（宋）姚宽：《西溪丛语》，中华书局 1983 年点校本。
（宋）王辟之：《渑水燕谈录》，中华书局 1981 年点校本。
（宋）王曾：《王文正笔录》，文渊阁《四库全书》本。
（宋）李觏：《盱江集》，文渊阁《四库全书》本。
（宋）杨亿：《武夷新集》，文渊阁《四库全书》本。
（宋）王庭珪：《卢溪文集》，文渊阁《四库全书》本。
（宋）林駉：《古今源流至论续集》，文渊阁《四库全书》本。
（宋）朱弁：《曲洧旧闻》，文渊阁《四库全书》本。
（宋）王钦臣：《王氏谈录》，文渊阁《四库全书》本。
（宋）高承：《事物纪原》，文渊阁《四库全书》本。
（宋）邵博：《闻见后录》，文渊阁《四库全书》本。
（宋）朱彧：《萍洲可谈》，文渊阁《四库全书》本。
（宋）不著撰人：《南窗纪谈》，文渊阁《四库全书》本。
（宋）王观国：《学林》，文渊阁《四库全书》本。
（宋）王十朋：《梅溪王先生文集》，《丛书集成初编》本。
（宋）李清照：《李清照集》，人民文学出版社 1979 年校注本。
（宋）皇都风月主人：《绿窗新话》，上海古籍出版社 1991 年点校本。
（宋）宋祁：《景文集》，《丛书集成初编》本。
（宋）苏轼：《苏轼文集》，中华书局 1986 年点校本。
（宋）葛立方：《韵语阳秋》，文渊阁《四库全书》本。

（宋）刘弇：《龙云集》，文渊阁《四库全书》本。
（宋）惟勉：《丛林校定清规总要》，蓝吉富主编《禅宗全书》，台北文殊文化有限公司 1990 年版。
（元）德辉：《敕修百丈清规》，蓝吉富主编《禅宗全书》，台北文殊文化有限公司 1990 年版。
（元）李衎：《竹谱》，文渊阁《四库全书》本。
（元）虞集：《道园遗稿》，文渊阁《四库全书》本。
（元）谢枋得：《叠山集》，文渊阁《四库全书》本。
（元）陈栎：《定宇集》，文渊阁《四库全书》本。
（明）曹昭：《格古要论》，文渊阁《四库全书》本。
（明）喻政：《茶集》，平安考槃亭藏本。
（明）田汝成：《西湖游览志》，浙江人民出版社 1980 年版。
（明）田艺蘅：《煮泉小品》，说郛三种·续说郛。
（明）许次纾：《茶疏》，说郛三种·续说郛。
（明）朱权：《茶谱》，艺海汇涵钞本。
（明）屠隆：《考槃余事》，丛书集成·初编。
（明）冯梦龙：《警世通言》，人民文学出版社 1980 年版。
（明）洪楩：《清平山堂话本》，上海古籍出版社 1987 年排印本。
（明）臧晋叔编：《元曲选》，中华书局 1989 年重排版。
钱南扬：《永乐大典戏文三种校注》，中华书局 1979 年版。
（清）曹雪芹、高鹗：《红楼梦》，人民文学 1957 年版。
《雍正福建通志》，文渊阁《四库全书》本。
（清）厉鹗：《南宋院画录》，文渊阁《四库全书》本。
（清）孙岳颁等：《佩文斋书画谱》，文渊阁《四库全书》本。
（清）毕沅：《续资治通鉴》，上海古籍出版社 1987 年影印本。
（清）陆廷灿：《续茶经》，文渊阁《四库全书》本。
（清）卞永：《式古堂书画汇考》，文渊阁《四库全书》本。
（清）潘永因：《宋稗类钞》，书目文献出版社 1985 年版。
《石渠宝笈》，文渊阁《四库全书》本。
《新校元刊杂剧三十种》，中华书局 1980 年版。

二　今人论著

胡士莹:《话本小说概论》，中华书局 1980 年版。
严耕望:《唐仆尚丞郎表》，中华书局 1986 年影印本。
吴觉农:《茶经述评》，农业出版社 1987 年版。
周宝珠:《〈清明上河图〉与清明上河学》，河南大学出版社 1997 年版。
徐规:《王禹偁事迹著作编年》，中国社会科学出版社 1982 年版。
钱钟书:《宋诗选注》，人民文学出版社 1958 年 9 月版，1979 年 6 月第三次印刷。
沈从文:《沈从文集》，中国社会科学出版社 2007 年版。
袁旃:《三希堂茶话》，台湾故宫博物院 1984 年版。
张宏庸:《茶艺》，台湾幼狮文化事业公司 1987 年版。
梁子:《中国唐宋茶道》，陕西人民出版社 1994 年版。
滕军:《日本茶道文化概论》，东方出版社 1992 年版。
于良子:《谈艺》，浙江摄影出版社 1995 年版。
吕思勉:《中国制度史》，上海教育出版社 1985 年版。
廖奔:《宋元戏曲文物与民俗》，文化艺术出版社 1989 年版。
水赍佑:《蔡襄书法史料集》，上海书画出版社 1983 年版。
《茶文化论》，文化艺术出版社 1991 年版。
《西湖茶思录》，浙江文艺出版社 1991 年版。
《茶的历史与文化》，浙江摄影出版社 1991 年版。
朱重圣:《我国饮茶成风之原因及其对唐宋社会及官府之影响》，《宋史研究集》第 14 辑。
万国鼎:《茶书总目提要》，《农业遗产研究集刊》第一辑。
宋涛等:《洛阳邙山宋代壁画墓》，《文物》1992 年第 12 期。
李献奇:《北宋乐重进画像石棺进茶图》，《农业考古》1994 年第 2 期。
郑绍宗:《河北宣化辽墓壁画茶道图的研究》，《农业考古》1994 年第 2 期。
李玉昆:《泉州所见与茶有关的石刻》，《农业考古》1991 年第 4 期。
胡长春:《我国古代茶叶贮藏技术考略》，《农业考古》1994 年第 2 期。

三　日人论著

圆仁:《入唐求法巡礼行记》，上海古籍出版社 1986 年版。

荣西:《吃茶养生记》，淡交社《茶道古典全集》本。

千利休:《南方录》，淡交社《茶道古典全集》本。

芳贺幸四郎等:《图说茶道大系》，角川书店 1962 年版。

布目潮沨等:《中国の茶书》，平凡社 1976 年版。

村井康彦:《日本文化小史》，角川书店 1979 年版。

斯波义信:《宋代江南经济史の研究》，汲古书院 1988 年版。

永平道元:《永平清规》，京都大学文学部藏本。

再版后记

本书作为笔者的博士论文，初稿完成于 1997 年。2007 年，在根据导师和答辩专家的意见修改后，由中国社会科学出版社“中国社会科学博士论文库”出版。出版以来，得到学界前辈和同仁以及茶文化界的关注，在社会文化史研究和茶文化研究领域起到了一定的作用，很快即脱销。中国社会科学出版社于 2014 年决意重印，以满足各界读者之需。笔者即着手修订。

一是删除校订错误。本书第一稿第十一章第二节“种茶”“采茶”“拣茶”诸条，因引征有误，作了多处删改。另有少量校对之误亦做了订正。

二是增加内容。近年来，笔者对建州贡茶、宋代茶艺术、清规与禅茶、赵佶《大观茶论》等作了进一步的深入研究，此次将相关内容增入，同时在原书基础上增加图片二十余幅，以丰富本书的内容。

茶叶对中国以及世界历史的发展曾经发生了很大的影响，以至于英国社会人类学家麦克法兰教授说：“茶和中国在某种程度上已经是同义词”，从茶出发去研究中国历史、中国文化乃至世界历史与文化，将有助于我们更深入地了解历史、理解中国与世界，对任何一个历史阶段的茶深入开展研究，都将向这一目标迈进一大步。谨以此自勉。